China Engineering Cost Consulting Industry Development Report

中国工程造价咨询行业发展报告

（2021版）

主编◎中国建设工程造价管理协会

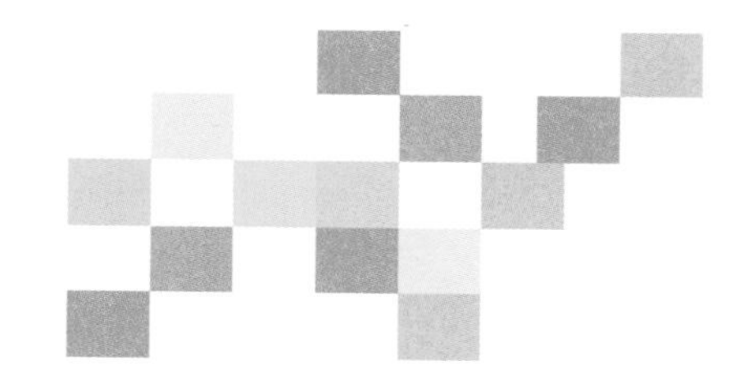

中国建筑工业出版社

图书在版编目（CIP）数据

中国工程造价咨询行业发展报告：2021版：China Engineering Cost Consulting Industry Development Report / 中国建设工程造价管理协会主编．—北京：中国建筑工业出版社，2021.11

ISBN 978-7-112-26904-4

Ⅰ.①中…　Ⅱ.①中…　Ⅲ.①工程造价—咨询业—研究报告—中国—2021　Ⅳ.①TU723.3

中国版本图书馆CIP数据核字（2021）第243799号

责任编辑：赵晓菲　朱晓瑜　张智芊
责任校对：张　颖

中国工程造价咨询行业发展报告（2021版）
China Engineering Cost Consulting Industry Development Report
主编　中国建设工程造价管理协会

*

中国建筑工业出版社出版、发行（北京海淀三里河路9号）
各地新华书店、建筑书店经销
逸品书装设计制版
北京京华铭诚工贸有限公司印刷

*

开本：787毫米×1092毫米　1/16　印张：20½　字数：353千字
2021年12月第一版　2021年12月第一次印刷
定价：**109.00**元

ISBN 978-7-112-26904-4
（38669）

本书编委会

编委会主任：

杨丽坤

编委会副主任：

王中和　方　俊

编写人员：

李　萍　付建华　谢莎莎　王诗悦　谢定坤　叶　炯
吴定远　胡　军　叶紫桢　王玉珠　张大平　沈　萍
陈慧敏　李　莉　徐　波　赵振宇　柳雨含　施小芹
沈春霞　丁　燕　洪　梅　谢　磊　刘　伟　于振平
金志刚　张其涛　关　艳　许锡雁　王燕蓉　贺　垒
宋欣逾　潘　敏　冯安怀　白显文　王　涛　吕疆红
何　燕　韩晓琴　周小溪　肖　倩　常　乐　杨冬雪

主　审：

赵毅明

审查人员：

林乐彬　刘大同　冯志祥　郭婧娟　于振平　刘晓光
张　超　金铁英　朱　坚　林　萌　杨树海　庞红杰
郭爱国　刘宇珍　梁祥玲　龚春杰　徐逢治　王如三
陈　奎　王　磊　金玉山　邵重景　荀志远　高丽萍
恽其鋆　谭平均　叶巧昌　温丽梅　王禄修　邓　飞
陶学明　彭吉新　柳　晶　殷小玲　赵　强　金　强
刘汉君　郭建欣　付小军　潘昌栋　杨晓春

PREFACE 序

2020年，面对新冠肺炎疫情冲击，我国经济展现出强大韧性，在政策引导和市场需求的双推动下，工程造价咨询行业仍保持较快发展态势，企业数量比上年增长28%，营业收入比上年增长40%，为保障固定资产投资效益、促进建筑市场健康发展发挥了重要作用。但随着建筑业高质量发展理念的贯彻落实，各项改革工作持续推进，工程造价咨询行业面临着新的挑战和机遇。

为深化行政审批制度改革，进一步发挥市场在资源配置中的决定性作用，2020年2月，《住房和城乡建设部关于修改〈工程造价咨询企业管理办法〉〈注册造价工程师管理办法〉的决定》(住房和城乡建设部令第50号)发布，取消“注册造价工程师人数不低于出资人总人数的60%，且其出资额不低于企业认缴出资总额的60%”限制，打破了工程造价咨询领域的壁垒，国有企业以及设计、监理等专业咨询企业数量大幅增加。市场供给侧的过度饱和，以及原有工程造价咨询企业未能形成差异化发展，导致市场同质化竞争激烈，低价竞争加剧。工程造价咨询企业保持专业优势和发挥全过程造价管控特长，实现持续健康发展，将成为未来行业发展的重点方向。

为进一步推进工程造价市场化改革，正确处理政府和市场的关系，2020年7月，《住房和城乡建设部办公厅关于印发工程造价改革工作方案的通知》(建办标〔2020〕38号)提出“政府逐步停止发布预算定额”。将计价活动与传统定额计价模式解绑，鼓励市场自由选择合理的计价依据，这对工程造价咨询企业提出了更高要求。定额和信息价“包打天下”已经成为过去，造价数据积累和新技术应用将被提升到企业未来发展战略层面，工程造价咨询行业正进入拼数据、拼专业能力的新阶段。强化数据积累和应用，创新和拓展业务空间，提升咨询服务水平，是企业发展的必经之路。

当前，建筑业转型升级步伐进一步加快。《关于推动智能建造与建筑工业化协同发展的指导意见》(建市〔2020〕60号)、《关于加快新型建筑工业化发展的若干意见》(建标规〔2020〕8号)等文件陆续印发，明确了建筑业工业化、信息化、数字化、智能化转型升级的目标，提出了发展装配式建筑，推动绿色建造，打造“中国建造”升级版等新的任务要求。随着工程建设组织方式变革不断推进，建设单位越来越看重咨询企业在投资控制中的能动作用，潜在市场需求有待进一步发掘和培育。工程咨询行业作为工程建设价值链的前端，应加快转型升级，努力提升核心竞争力，主动适应并积极推动行业高质量发展。

工程造价咨询作为我国建筑市场经济活动的基础，面临着改革创新、转型升级的巨大挑战。行业上下要加强研判分析，立足新发展阶段、贯彻新发展理念、构建新发展格局，坚持“数字造价”驱动行业转型升级，整合资源实现跨界融合，积极培育高素质、创新型人才，不断提升服务质量，拓展业务范围，大力推进全过程工程咨询服务，形成更多探索性、创新性、引领性的发展成果，共同推动行业可持续发展。

住房和城乡建设部标准定额司
中国建设工程造价管理协会

CONTENTS 目录

第一部分 全国篇

第二部分 地方及专业工程篇

第一部分

全 国 篇

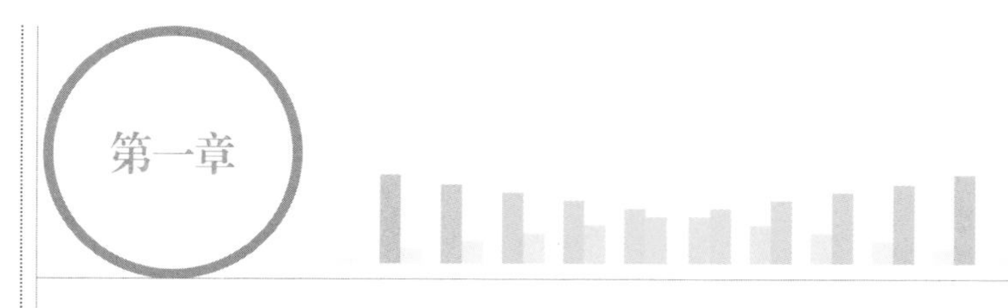

行业发展状况

2020年，是全面建成小康社会和“十三五”规划收官之年。站在“两个一百年”奋斗目标的历史交会点上，面对新冠肺炎疫情的严峻考验，工程造价咨询行业上下凝心聚力，以市场化改革为方向，积极稳妥推动工程造价改革，服务行业拓展全过程工程咨询业务，充分发挥行业引领与服务新业态的专业支撑作用，助力建筑业高质量发展。

第一节　整体发展水平

一、固定资产投资总体情况

2020年全年全社会固定资产投资527270亿元，比上年增长2.7%。其中，固定资产投资（不含农户）518907亿元，增长2.9%。

在固定资产投资（不含农户）中，第一产业投资13302亿元，占全年固定资产投资（不含农户）2.56%，比上年增长19.5%；第二产业投资149154亿元，占全年固定资产投资（不含农户）28.74%，增长0.1%；第三产业投资356451亿元，占全年固定资产投资68.69%，增长3.6%。民间固定资产投资289264亿元，增长1.0%；基础设施投资增长0.9%。2020年固定资产投资（不含农户）的分布情况如图1-1-1所示。

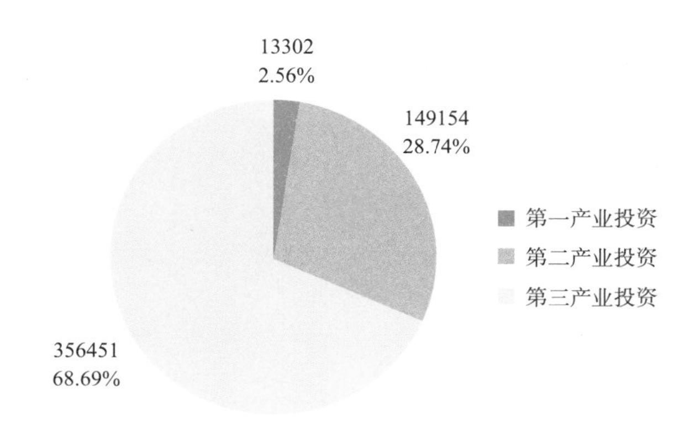

图 1-1-1　2020 年固定资产投资（不含农户）的分布情况（单位：亿元）
（数据来源：国家统计局 2020 年国民经济和社会发展统计公报）

二、建筑业发展情况

2020 年，全国有施工活动的建筑业企业（指具有资质等级的总承包和专业承包建筑业企业，不含劳务分包建筑业企业，下同）共 116716 家；全国建筑业从业人数为 5366.92 万人；全国建筑业总产值为 263947.04 亿元；全国建筑业企业实现利润 8303 亿元。全国建筑业发展情况具体分析如下：

1. 全国建筑业企业数量持续增加

截至 2020 年底，全国共有建筑业企业 116716 家，比上年增加 12902 家，增速为 12.43%，比上年增加了 3.61 个百分点，增速连续五年增加并达到近十年的最高点。

2018～2020 年全国建筑业企业的数量分别为 95400 家、103814 家、116716 家，数量变化情况如图 1-1-2 所示。

2. 全国建筑业从业人数持续减少

2020 年，建筑业从业人数为 5366.92 万人，比上年末减少 60.45 万人，减少 1.11%，人数连续两年减少。

2018～2020 年全国建筑业从业人数分别为 5563.30 万人、5427.37 万人、5366.92 万人，数量变化情况如图 1-1-3 所示。

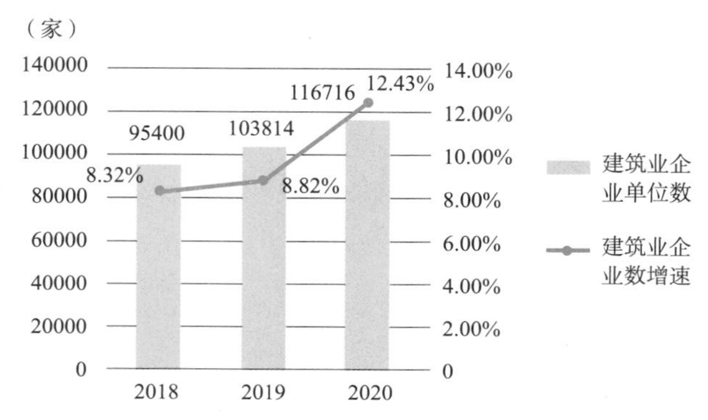

图 1-1-2　2018～2020 年全国建筑业企业数量变化情况

（数据来源：中国建筑业协会 2020 年建筑业发展统计分析）

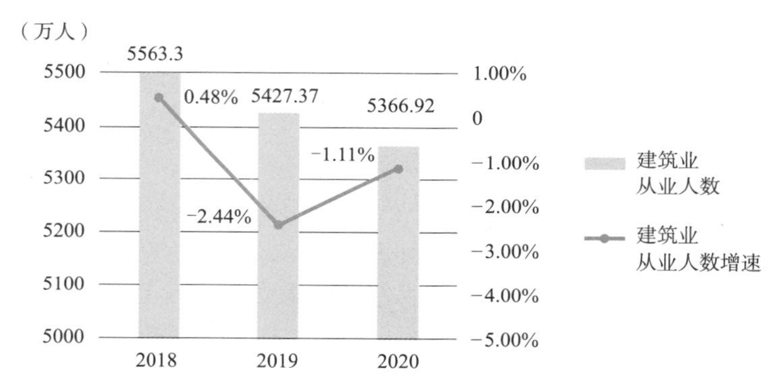

图 1-1-3　2018～2020 年全国建筑业从业人员数量变化情况

（数据来源：中国建筑业协会 2020 年建筑业发展统计分析）

3. 建筑业总产值持续增长

2020 年，全国建筑业总产值为 263947.04 亿元，比上年增长了 6.24%，增速比上年提高了 0.56 个百分点，在连续两年下降后出现增长。

2018～2020 年全国建筑业总产值分别为 235085.53 亿元、248445.77 亿元、263947.04 亿元，变化情况如图 1-1-4 所示。

4. 建筑业企业利润总额增速继续放缓

2020 年，全国建筑业企业实现利润 8303 亿元，比上年增加 23.45 亿元，增速为 0.28%，增速比上年降低 2.63 个百分点。

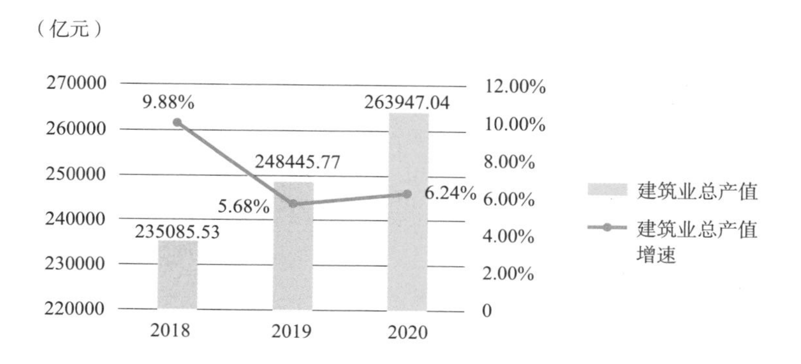

图 1-1-4 2018～2020 年全国建筑业总产值变化情况

（数据来源：中国建筑业协会 2020 年建筑业发展统计分析）

2018～2020 年全国建筑业企业利润总额分别为 7974.82 亿元、8279.55 亿元、8303 亿元，变化情况如图 1-1-5 所示。

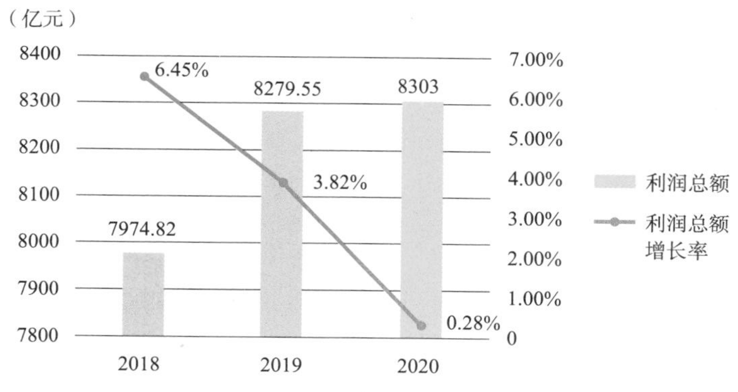

图 1-1-5 2018～2020 年全国建筑业企业利润总额变化情况

（数据来源：国家统计局年度数据）

三、工程造价咨询行业发展情况

2020 年，全国工程造价咨询企业 10489 家，含甲级工程造价咨询企业 5180 家，乙级工程造价咨询企业 5309 家；从业人员 790604 人，含正式员工 733436 人，临时聘用人员 57168 人；营业收入 2570.64 亿元，其中：工程造价咨询业务收入 1002.69 亿元，占工程造价咨询企业全部营业收入的 39.01%；营业利润 264.72 亿元，上缴所得税 50.06 亿元。行业发展情况具体分析如下：

1. 企业数量比上一年大幅增加，增速变化明显

2020 年，全国工程造价咨询企业 10489 家，较上年增长 28.01%。其中，甲级资质企业 5180 家，较上年增长 13.67%；乙级资质企业 5309 家，较上年增长 45.97%。专营工程造价咨询企业 3268 家，较上年下降 10.42%；兼营工程造价咨询企业 7221 家，较上年增长 58.84%。2018～2020 年全国各类工程造价咨询企业数量变化情况如图 1-1-6 所示。

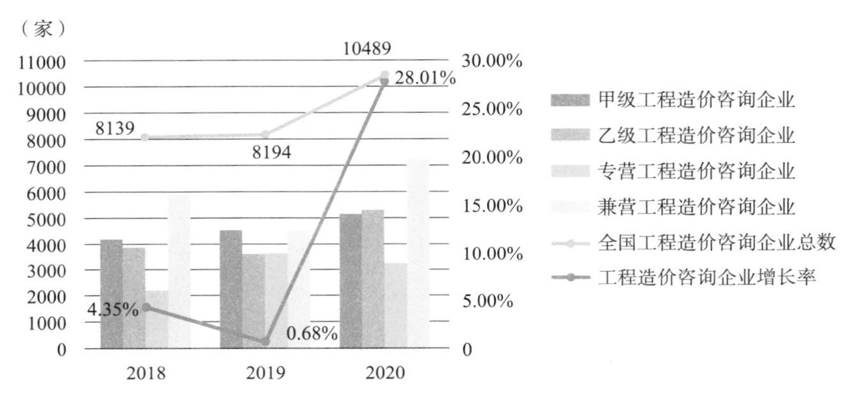

图 1-1-6　2018～2020 年全国各类工程造价咨询企业数量变化情况

（数据来源：中国建设工程造价管理协会 2020 年工程造价咨询统计资料汇编）

2018～2020 年，我国工程造价咨询企业数量增长速度经历了先小幅下降后大幅回升的过程，2020 年工程造价咨询企业数量与 2019 年相比大幅增加，增长势头较猛。

2. 从业人员数量不断增加，增速大幅提升

2020 年，全国工程造价咨询企业从业人员 790604 人，较上年增长 34.77%。其中，正式员工 733436 人，占 92.77%；临时聘用人员 57168 人，占 7.23%。2018～2020 年全国工程造价咨询企业从业人员数量变化及聘用情况如图 1-1-7 所示。

从近三年数据来看，我国工程造价咨询企业从业人员数量、正式聘用员工数量、临时聘用人员数量均逐年增长，2020 年各数量增速上升明显。

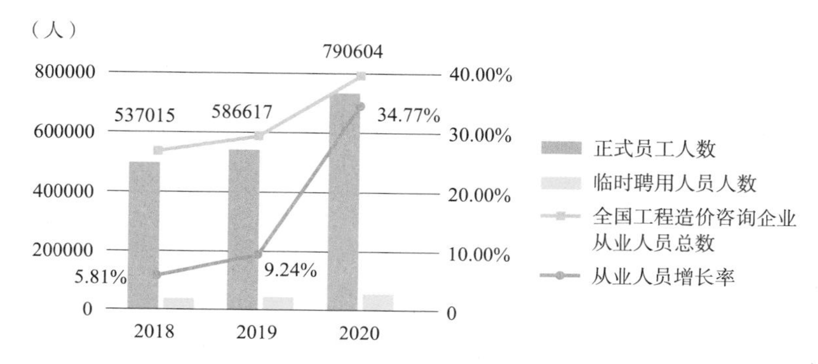

图 1-1-7　2018～2020 年全国工程造价咨询企业从业人员数量变化及聘用情况

（数据来源：中国建设工程造价管理协会 2020 年工程造价咨询统计资料汇编）

3. 营业收入呈逐年递增态势，增速显著提升

2020 年，工程造价咨询企业营业收入 2570.64 亿元，较上年增长 39.96%。其中，工程造价咨询业务收入 1002.69 亿元，较上年增长 12.35%，占全部营业收入的 39.01%；招标代理业务收入 285.87 亿元，建设工程监理业务收入 696.10 亿元，项目管理业务收入 384.69 亿元，工程咨询业务收入 201.29 亿元，分别占全部营业收入的 11.12%、27.08%、14.96%、7.83%。2020 年工程造价咨询企业营业收入的分布情况、2018～2020 年全国工程造价咨询企业营业收入变化情况如图 1-1-8、图 1-1-9 所示。

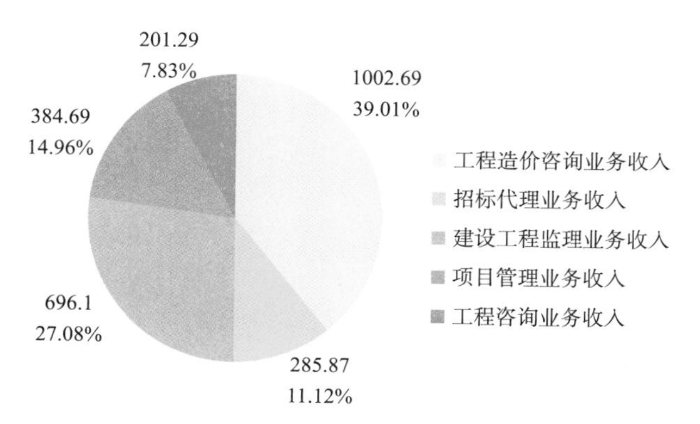

图 1-1-8　2020 年工程造价咨询企业营业收入的分布情况（单位：亿元）

（数据来源：中国建设工程造价管理协会 2020 年工程造价咨询统计资料汇编）

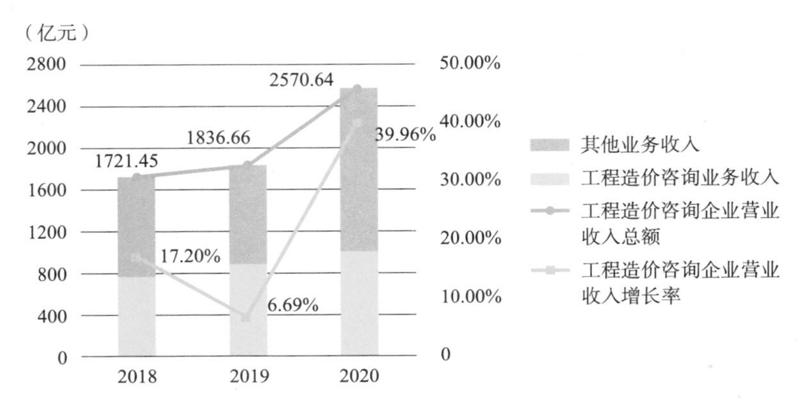

图 1-1-9　2018～2020 年全国工程造价咨询企业营业收入变化情况

（数据来源：中国建设工程造价管理协会 2020 年工程造价咨询统计资料汇编）

2018～2020 年，全国工程造价咨询企业营业收入分别为 1721.45 亿元、1836.66 亿元、2570.64 亿元，较上年分别增长 17.20%、6.69%、39.96%，营业收入规模不断扩大，且增速显著提升。其中工程造价咨询业务营业收入分别占全部营业收入的 44.87%、48.59%、39.01%，其他业务收入占比连续三年超过 50%。

4. 利润总额逐年增加，增速大幅提升

2020 年，全国工程造价咨询企业利润总额 264.72 亿元，较上年增长 25.57%，上缴所得税 50.06 亿元，2018～2020 年全国工程造价咨询企业利润总额变化情况如图 1-1-10 所示。

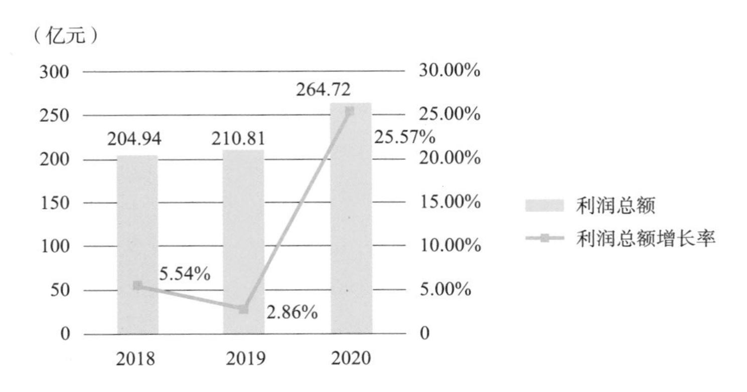

图 1-1-10　2018～2020 年全国工程造价咨询企业营业利润变化情况

（数据来源：中国建设工程造价管理协会 2020 年工程造价咨询统计资料汇编）

2018～2020年，全国工程造价咨询企业利润总额为204.94亿元、210.81亿元、264.72亿元，分别较上年增长5.54%、2.86%、25.57%，利润总额逐年增加，2020年利润总额增速大幅提升。

2020年工程造价咨询企业数量、从业人员数量和营业收入、利润总额较上一年均大幅增长，增速上涨明显。主要原因包括以下几点：

第一，工程造价咨询行业改革变革，原工程造价咨询企业资质中的“双60%”取消后，一些建设单位、施工单位、其他中介咨询机构纷纷进入工程造价咨询行业，导致行业企业绝对数量的迅速增长。

第二，工程造价咨询行业作为建筑业的重要组成部分，其发展情况历来与建筑业密切相关，近几年我国建筑业总产值虽然逐年增加，但增速缓慢，不可避免地影响了工程造价咨询行业的整体发展。

第三，大多数工程造价咨询企业的业务仍维持服务于项目建设某个阶段或某个阶段某一部分的业务，使得造价咨询服务缺乏系统性、完整性，很难从提升项目价值方面提供更高层次的咨询服务，影响了企业的发展。

第四，全过程工程咨询服务模式的推行、“双60%”的取消、BIM等新技术的应用给工程造价咨询行业带来了前所未有的冲击，工程造价咨询行业正处于产业结构调整阶段。

第二节　人才队伍建设

2020年，中国工程造价咨询行业积极响应党和国家科技兴国和人才强国战略，组织各地方协会开展人才培养体系建设，工程造价咨询行业人才队伍不断壮大，从业人员综合素质不断增强，工程造价咨询行业服务水平不断提升。

一、行业从业人员分布情况

2020年，工程造价咨询企业共有从业人员790604人，较上年增长34.77%。其中，注册造价工程师111808人，较上年增长18.42%，占全部工程造价咨询企业从业人员的14.14%。专业技术人员473799人，较上年增长33.18%，占全部工程造价咨询企业从业人员的59.93%。工程造价咨询企业专业技术人员中，高级职称人员119253人，比上年增长45.21%，占专业技术人员25.17%；中级职称人员235366人，比上年增长29.94%，占专业技术人员49.68%；初级职称人员119180人，比上年增长28.83%，占专业技术人员25.15%。

2018～2020年，工程造价咨询企业从业人员、注册造价工程师人员、专业技术人员数量变化情况如图1-1-11所示。

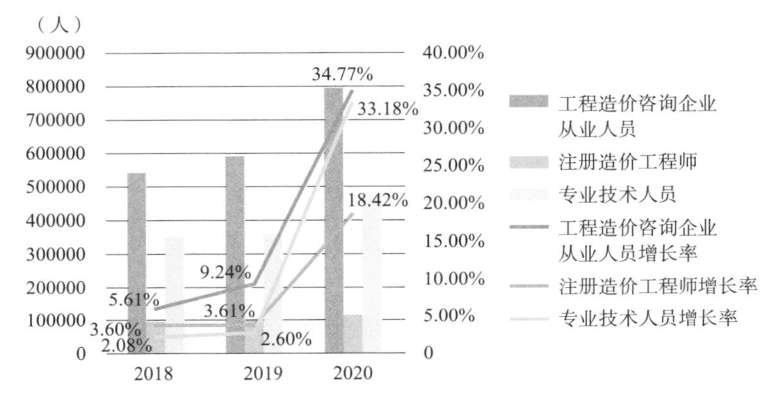

图1-1-11　工程造价咨询企业从业人员、注册造价工程师、专业技术人员数量变化情况

（数据来源：中国建设工程造价管理协会2020年工程造价咨询统计资料汇编）

2018～2020年，全国工程造价咨询企业从业人员、注册造价工程师以及专业技术人员的数量均逐年增加，其中，2020年工程造价咨询企业注册造价工程师的增长率在经历平缓状态后得到较大提升，从业人员和专业技术人员增长率与前两年相比提升较快。

工程造价咨询企业专业技术人员中，高级职称人员119253人，比上年增长45.21%，占专业技术人员25.17%；中级职称人员235366人，比上年增长29.94%，占专业技术人员49.68%；初级职称人员119180人，比上年增长28.83%，占专业技术人员25.15%。2018～2020年全国工程造价咨询企业专业技术人员分布情况以及各类职称人数的变化情况如图1-1-12所示。

2018～2020年，我国工程造价咨询企业从业人员结构不断趋于优化，高级职称人员、中级职称人员、初级职称人员的数量均逐年增加，高级职称人员所占比例不断增大。其中，高级职称人员、中级职称人员的增长率先减后增，初级职称人员的增长率逐年提升，2020年初、中、高级职称人员的增长率均达到近三年最高。

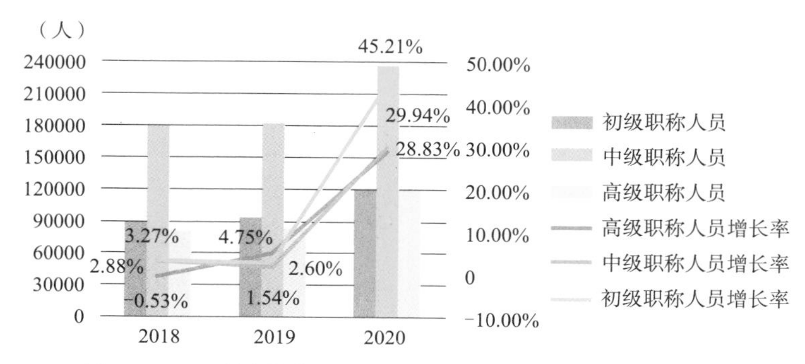

图 1-1-12 工程造价咨询企业专业技术人员分布及变化情况

（数据来源：中国建设工程造价管理协会 2020 年工程造价咨询统计资料汇编）

二、人才培养体系建设工作开展情况

2020 年，为完善工程造价专业人才培养体系，提高人才培养质量，全行业积极开展课题研究、专项培训，进一步推动行业人才队伍建设。

1. 进一步加强行业人才规划和统筹实施

分析行业人才现状、新时期人才发展需求和教育培训内容及方式，逐步形成工程造价行业人才培养体系的思路、架构，以及改进人才培养工作的建设性意见，并提出积极构建以学历教育为基础、以职业教育为核心、以高端人才为引领的人才培养体系，促进学历教育与实践相结合，逐步形成行业梯队形人才队伍。行业积极探索工程造价行业高端人才培养机制，制定工程造价领军人才选拔方案和管理办法，研究高端人才建设规模、选拔办法、管理和使用机制，以期培养符合时代需求的工程造价行业高端人才。

2. 做好执业人员的专业继续教育

研究完善继续教育服务机制、组织模式和服务方式及内容，引导行业改进继续教育组织方式和丰富继续教育课程内容，增强服务意识、提升服务能力。同时，围绕工程造价热点难点专业问题，依据培训知识分类和造价工程师分级做好课程规划设计。全年开发近 50 个网络课件，服务行业近 12 万从业人员。

3. 有针对性地开展专项培训

按照分类分级分层整体思路，利用各种教育培训资源，组织项目经理线上主题培训，联合开展工程造价骨干人才线下专题培训等活动。同时，为积极应对新冠肺炎疫情的影响，开展《新冠肺炎疫情影响下的工期与费用索赔》等免费网络直播；为积极落实工程造价改革，积极宣讲《工程造价改革工作方案》，引导专业人才适应改革发展形势、提升执业水平。据统计，2020 年全行业组织培训 38.16 万人次，其中，线上培训 35.80 万人次、线下培训 2.36 万人次。

第三节　行业自律和诚信体系建设

2020 年，全行业认真落实党中央、国务院的决策部署，不断优化营商环境，逐步建立健全多元共治、互为支撑的协同监管格局。

一、加强以信用为基础的监管模式

按照国务院关于进一步发挥信用在创新监管机制、提高监管能力和水平方面的基础性作用，更好的激发市场主体活力，推动高质量发展，工程造价行业各相关方正积极探讨以信用为基础的监管模式。

2020 年，住房和城乡建设部办公厅发布《关于实行工程造价咨询甲级资质审批告知承诺制的通知》（建办标〔2020〕18 号），对申请企业简化审批流程，加强事中事后监管，明确将不良行为记入企业社会信用档案；《关于开展工程建设行业专项整治的通知》（建办市函〔2020〕298 号）中指出，要按照“双随机、一公开”原则，通过现场巡查、档案抽查、专项检查等多种方式，加强对招标投标活动的日常监管，及时查找和填补监管漏洞，并加强对评标专家和招标代理机构的监管，引导和督促其依法依规履职。同时，要进一步加强招标投标活动监管，全面推行电子招标投标，推动市场形成价格机制，加快推行工程担保制度，完善建筑市场信用体系；《关于落实建设单位工程质量首要责任的通知》提出，要强化信用管理，加快推进行业信用体系建设，加强对建设单位及其法定代表人、项目负责人质量信用信息归集，及时向社会公开相关行政许可、行政处罚、抽查检查、质量投诉处理情况等信息，记入企业和个人信用档案，并与工程建设项目审批管理系统等实现数据共享和交换。充分运用守信激励和失信惩戒手段，加大对守信建设单位的政策支持和失信建设单位的联合惩戒力度，营造“一处失信，处处受罚”的良好信用环境。

住房和城乡建设部标准定额司开展了《工程造价咨询企业诚信监管模式研究》课题，明确提出：一是要加强信用监管，规范执业行为；二是依法监管，依法行政；三是抓紧实施，优化营商环境。建立健全以政府监管为重，行业监管为主，社会监督为辅的三位一体监管模式。

二、动态开展信用评价工作

为增强企业诚信经营意识，规范行业市场秩序，持续推进和完善工程造价咨询行业信用体系建设。中国建设工程造价管理协会提出动态开展信用评价工作，确保企业信用等级的真实性和有效性，同时形成协同信用评价的工作氛围。2020年发布的《关于工程造价咨询企业信用评价工作的补充通知》强调，取得评价等级的企业应及时在系统中更新维护本企业信息，省级每年3月底前制定当年本地区或本行业对已取得信用评价结果的企业的核查计划，核查比例不低于20%，每年年底前上报对企业上报信息的核查情况。全国不定期抽查，对核查或抽查企业中发现不符合条件的企业予以信用降级或取消信用等级，并计入企业不良行为记录。

三、完善行业自律体系建设

全行业重视行业自律制度建设，以期规范工程造价咨询企业从业行为，逐步建立全国互联互通的自律平台。启动《工程造价咨询行业自律体系落地深化研究》课题，进一步理顺自律管理相关主体的责权关系，完成自律管理信息化平台功能设计，发挥行业协会服务政府、服务企业、规范行业行为、维护行业秩序的重要作用，逐渐形成企业自治、行业自律、社会监督、政府监管的社会共治新机制。

行业主管部门及行业协会重视行业自律和诚信体系建设，并做出了诸多努力。随着“双60%”取消、证照分离和资质认定取消等政策的发布，行业自律和诚信体系建设更加成为工程造价咨询行业监管的重点，需要全行业共同努力重塑行业自律和诚信体系，为全行业规范发展提供良好的产业生态和市场环境。

第二章

行业结构分析

第一节　企业结构分析

一、企业结构不断优化，工程造价咨询企业总量快速增长

2020 年，工程造价咨询企业 10489 家，比 2019 年增长 28.01%。2018 年和 2019 年全国工程造价咨询企业分别为 8139 家和 8194 家，分别比上年增长 4.35% 和 0.68%。

2020 年 3 月 3 日，住房和城乡建设部发布《住房和城乡建设部关于修改〈工程造价咨询企业管理办法〉〈注册造价工程师管理办法〉的决定》（住房和城乡建设部令 50 号），正式取消《工程造价咨询企业管理办法》（建设部令第 149 号）中“注册造价工程师人数不低于出资人总人数的 60%，且其出资额不低于企业认缴出资总额的 60%”的要求，也被称为取消“双 60%”。这一举措打破了工程建设领域其他专业咨询进入工程造价领域的壁垒，使得 2020 年全国工程造价咨询企业总量相较于 2019 年大幅增长。

在 10489 家工程造价咨询企业中，甲级工程造价咨询企业 5180 家，增长 13.67%；乙级工程造价咨询企业 5309 家，增长 45.97%。各地区 10266 家，各行业 223 家。

2020 年末，我国工程造价咨询企业中，甲级资质企业与乙级资质企业占比汇总统计信息如图 1-2-1 所示。

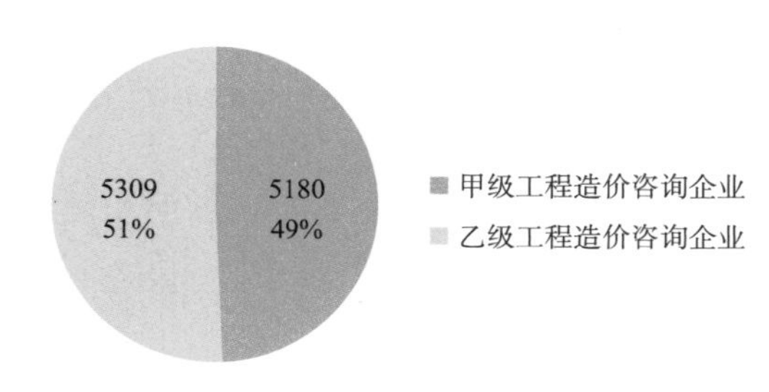

图 1-2-1　2020 年工程造价咨询企业按资质等级分类饼状图

2018～2020 年，我国工程造价咨询企业中，甲级资质企业与乙级资质企业数量如表 1-2-1 所示。

工程造价咨询企业按资质分类统计表（家）　表 1-2-1

序号	年份	工程造价咨询企业数量		
		合计	甲级	乙级
1	2018 年	8139	4236	3903
2	2019 年	8194	4557	3637
3	2020 年	10489	5180	5309

2018～2020 年，甲级资质企业占比分别为 52.05%、55.61%、49.39%，分别比上年增长 13.35%、7.58%、13.67%；乙级资质企业占比分别为 47.95%、44.39%、50.61%，分别比上年变化 -3.94%、-6.82%、45.97%。

通过以上数据可以看出，工程造价咨询企业总体数量上升，且增速较快。但是从近三年数据来看，甲级工程造价咨询企业数量增速平稳，2020 年乙级工程造价咨询企业大幅增长，这与国家“放管服”改革和“双 60%”取消等政策有关。

二、行业多元化发展，具有多种资质的工程造价咨询企业占比大幅上升

工程造价咨询企业是知识密集型的智力服务行业伴随着经济建设的快速发展，以及“放管服”改革的逐步深化，工程造价咨询行业发展迅速。10489 家工程造价咨询企业中，专营工程造价咨询企业 3268 家，占 31.16%；具有多种资质的工程造价咨询企业有 7221 家，占 68.84%。专营企业相比具有多种资质企

业少 3953 家，差额约占整体 37.69%。专营工程造价咨询企业数量比上年减少 10.42%，具有多种资质的工程造价咨询企业数量比上年增加 58.84%。

2020 年末，我国专营工程造价咨询企业与具有多种资质的工程造价咨询企业占比汇总统计信息如图 1-2-2 所示。

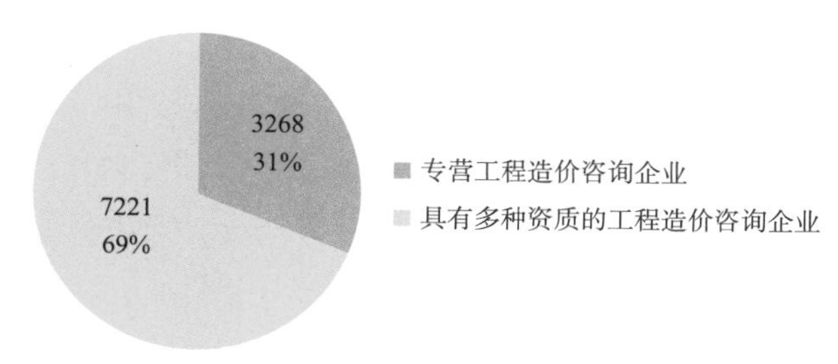

图 1-2-2　2020 年工程造价咨询企业按资质种类分类饼状图

2018～2020 年，专营工程造价咨询企业与具有多种资质的工程造价咨询企业数量如表 1-2-2 所示。

工程造价咨询企业按业务分类统计（家）　　表 1-2-2

序号	年份	工程造价咨询企业数量		
		合计	专营工程造价咨询企业	具有多种资质工程造价咨询企业
1	2018 年	8139	2207	5932
2	2019 年	8194	3648	4546
3	2020 年	10489	3268	7221

结合 2018～2020 年数据，专营工程造价咨询企业分别占全部工程造价咨询企业的 27.12%、44.52%、31.16%；具有多种资质的工程造价咨询业务所占比例分别为 72.88%、55.48%、68.84%。

通过上述数据可以看出，拥有单一工程造价咨询资质的企业数量有所减少，具有多种资质的工程造价咨询企业则呈现剧增态势。产生这种变化的原因是多方面的，一是“双 60%”取消后，与工程造价有业务相关和交叉的工程监理、招标代理、工程咨询企业进入工程造价行业的门槛降低；二是 2019 年国务院发布《关于促进建筑业持续健康发展的意见》（国办发〔2017〕19 号），提出全过程工程咨询等工程组织模式的变革；三是建筑业市场化改革，使具有多种资质的企业更具竞争优势。

三、市场化发展成果显著，有限责任公司占据主要地位

国家“放管服”政策的影响效力持续发挥，行业市场化进程继续推进，一些国有独资公司及国有控股公司向有限责任公司转型。2020 年 10489 家工程造价咨询企业中，有限责任公司有 10208 家，约占企业总数的 97.32%，其他登记注册类型企业仅占企业总数的 2.68%，其中包括 220 家国有独资公司及国有控股公司、48 家合伙企业、13 家合资经营和合作经营企业。2020 年，我国工程造价咨询企业按登记注册类型分类占比统计信息如图 1-2-3 所示。

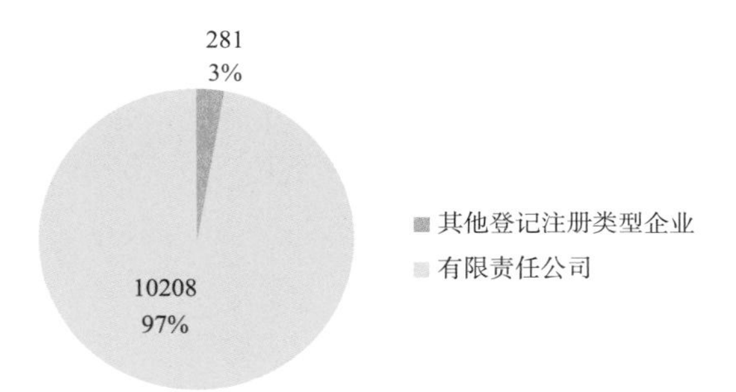

图 1–2–3　2020 年工程造价咨询企业按登记注册类型分类饼状图

2018～2020 年，按登记注册类型分类企业数量如表 1-2-3 所示。

工程造价咨询企业按企业登记注册类型分类统计（家）　　表 1-2-3

序号	年份	企业数量	国有独资公司及国有控股公司	有限责任公司	合伙企业	合资经营和合作经营企业	其他企业
1	2018	8139	128	7924	61	4	22
2	2019	8194	116	8016	54	8	0
3	2020	10489	220	10208	48	13	0

通过上述数据可以看出，工程造价咨询企业数量呈逐年上升态势，这与行业整体发展趋势相适应。而国有独资公司及国有控股公司取得工程造价咨询资质的数量呈明显增长，这与“双 60%”取消政策是分不开的，国有独资公司及国有控股公司取得工程造价咨询资质不再受注册造价工程师持股的限制。

四、各省（市）工程造价咨询企业总体情况

在行业规模方面，2020年工程造价咨询企业数量呈上升态势的省市有28个。安徽省、浙江省、广东省、江苏省在企业数量领先的前提下依旧保持扩张态势。四川省虽然企业数量一直保持前列，但2020年的扩张趋势逐渐放缓。辽宁省、河北省、福建省、湖南省企业数量处于中上游，且规模稳定。贵州省、天津市、上海市企业数量逐年持续增长。在结构方面，大部分省市乙级资质企业数量大幅增加。

2020年末，我国工程造价咨询企业按资质分类汇总统计信息如表1-2-4所示。

2020年工程造价咨询企业按资质汇总统计信息（家） 表1-2-4

序号	省市	工程造价咨询企业数量			专营工程造价咨询企业数量	具有多种资质的工程造价咨询企业数量
		小计	甲级	乙级		
合计		10489	5180	5309	3268	7221
1	北京	385	282	103	125	260
2	天津	143	56	87	27	116
3	河北	464	237	227	196	268
4	山西	393	139	254	193	200
5	内蒙古	294	152	142	145	149
6	辽宁	335	139	196	135	200
7	吉林	176	83	93	52	124
8	黑龙江	255	103	152	140	115
9	上海	226	137	89	56	170
10	江苏	921	466	455	141	780
11	浙江	661	335	326	83	578
12	安徽	781	207	574	212	569
13	福建	257	124	133	39	218
14	江西	210	98	112	70	140
15	山东	764	379	385	239	525
16	河南	444	203	241	179	265
17	湖北	365	214	151	146	219

续表

序号	省市	工程造价咨询企业数量			专营工程造价咨询企业数量	具有多种资质的工程造价咨询企业数量
		小计	甲级	乙级		
18	湖南	352	175	177	118	234
19	广东	652	275	377	160	492
20	广西	168	89	79	39	129
21	海南	74	38	36	37	37
22	重庆	232	163	69	120	112
23	四川	499	318	181	166	333
24	贵州	243	79	164	100	143
25	云南	164	91	73	98	66
26	西藏	1	1	0	0	1
27	陕西	256	153	103	39	217
28	甘肃	168	69	99	34	134
29	青海	67	16	51	20	47
30	宁夏	93	40	53	19	74
31	新疆	214	96	118	92	122
32	新疆兵团	9	1	8	1	8
33	行业归口	223	222	1	47	176

2020 年各省（市）工程造价咨询企业按资质等级分类汇总统计数据如图 1-2-4 所示。2018～2020 年各省（市）工程造价咨询企业按资质分类统计如表 1-2-5 所示。

通过上述数据可以看出，2018～2020 年除北京、天津、黑龙江、广西、云南、宁夏地区甲级工程造价咨询企业数量增长率有所下滑，其余省市甲级工程造价咨询企业数量的增长率均有不同程度的上浮。

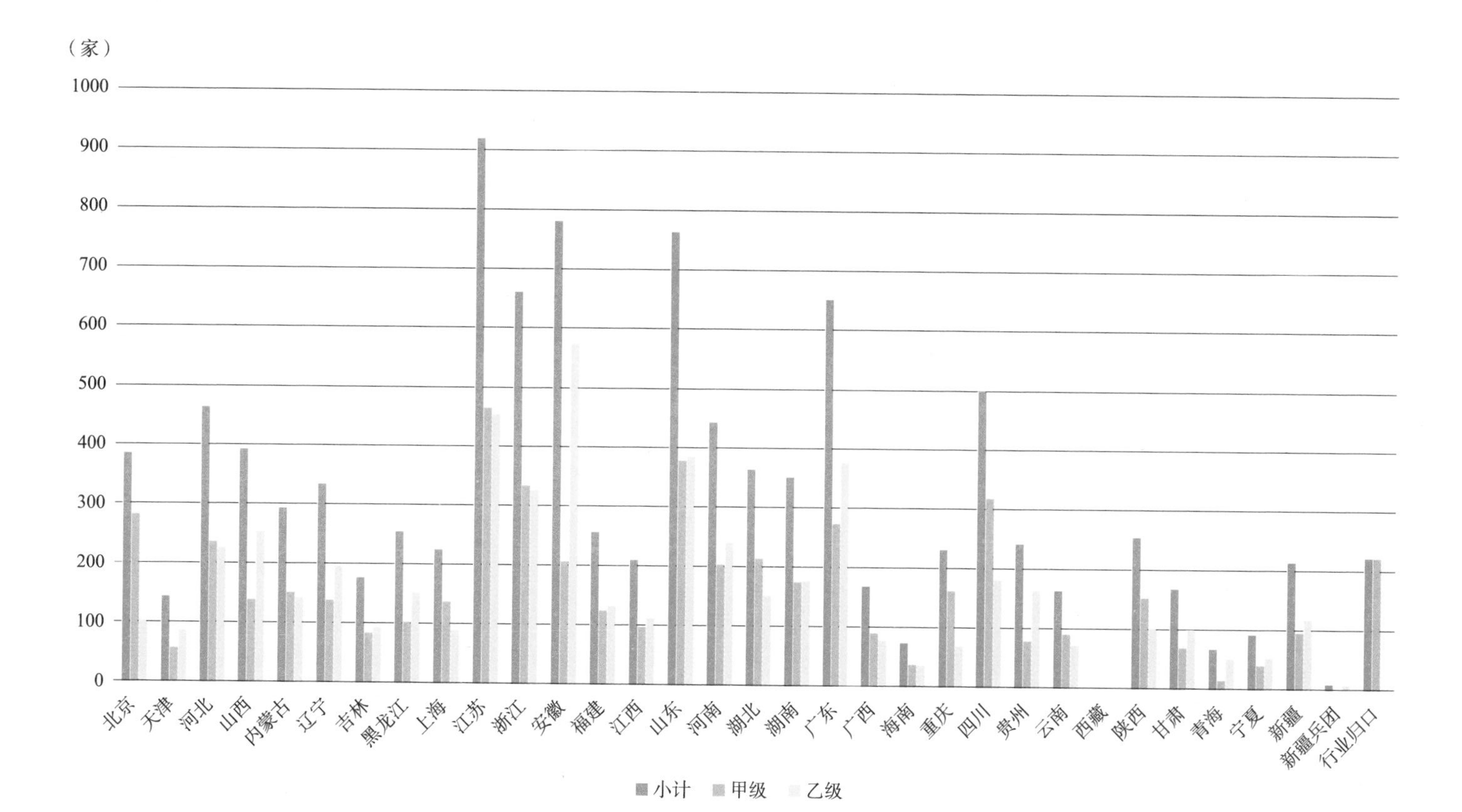

图1-2-4　2020年各省市工程造价咨询企业按资质等级分类数量变化

2018～2020年各省（市）工程造价咨询企业按资质分类统计（家）　表1-2-5

序号	省市	2018年		2019年				2020年			
		合计	甲级	合计	增长（%）	甲级	增长（%）	合计	增长（%）	甲级	增长（%）
合计		8139	4236	8194	0.68	4557	7.58	10489	28.01	5180	13.67
1	北京	340	278	342	0.59	282	1.44	385	12.57	282	0.00
2	天津	74	52	76	2.70	54	3.85	143	88.16	56	3.70
3	河北	390	186	388	-0.51	203	9.14	464	19.59	237	16.75
4	山西	246	97	234	-4.88	111	14.43	393	67.95	139	25.23
5	内蒙古	305	130	292	-4.26	135	3.85	294	0.68	152	12.59
6	辽宁	267	113	246	-7.87	117	3.54	335	36.18	139	18.80
7	吉林	161	67	166	3.11	72	7.46	176	6.02	83	15.28
8	黑龙江	148	71	205	38.51	94	32.39	255	24.39	103	9.57
9	上海	152	123	167	9.87	128	4.07	226	35.33	137	7.03
10	江苏	703	390	721	2.56	408	4.62	921	27.74	466	14.22
11	浙江	406	278	417	2.71	296	6.47	661	58.51	335	13.18
12	安徽	433	155	453	4.62	169	9.03	781	72.41	207	22.49
13	福建	168	93	184	9.52	106	13.98	257	39.67	124	16.98
14	江西	185	66	193	4.32	80	21.21	210	8.81	98	22.50
15	山东	639	239	645	0.94	277	15.90	764	18.45	379	36.82
16	河南	313	138	294	-6.07	164	18.84	444	51.02	203	23.78
17	湖北	369	197	354	-4.07	201	2.03	365	3.11	214	6.47
18	湖南	304	140	280	-7.89	152	8.57	352	25.71	175	15.13
19	广东	415	244	420	1.20	254	4.10	652	55.24	275	8.27
20	广西	150	69	148	-1.33	80	15.94	168	13.51	89	11.25
21	海南	66	29	64	-3.03	33	13.79	74	15.63	38	15.15
22	重庆	245	143	229	-6.53	148	3.50	232	1.31	163	10.14
23	四川	441	273	443	0.45	288	5.49	499	12.64	318	10.42
24	贵州	122	64	104	-14.75	68	6.25	243	133.65	79	16.18
25	云南	163	81	165	1.23	88	8.64	164	-0.61	91	3.41
26	西藏	3	2	1	-66.67	1	-50.00	1	0	1	0
27	陕西	206	122	253	22.82	136	11.48	256	1.19	153	12.50
28	甘肃	204	61	191	-6.37	62	1.64	168	-12.04	69	11.29

续表

序号	省市	2018 年		2019 年				2020 年			
		合计	甲级	合计	增长（%）	甲级	增长（%）	合计	增长（%）	甲级	增长（%）
29	青海	58	7	54	-6.90	9	28.57	67	24.07	16	77.78
30	宁夏	75	29	77	2.67	35	20.69	93	20.78	40	14.29
31	新疆	165	77	166	0.61	84	9.09	214	28.92	96	14.29
32	新疆兵团	—	—	—	—	—	—	9	—	1	—
行业归口		223	222	222	-0.45	222	0.00	223	0.45	222	0.00

注：新疆兵团 2020 年新列入统计调查对象。

第二节　从业人员结构分析

一、从业人员数量持续增长

2020 年，工程造价咨询企业共有从业人员 790604 人，比上年增长 34.77%。其中，正式聘用员工 733436 人，占 92.77%，比上年增长 35.36%；临时聘用人员 57168 人，占 7.23%，比上年增长 27.68%。2020 年，从业人员数量随着工程造价咨询企业数量保持同步增长。

2018～2020 年末，工程造价咨询企业从业人员分别为 537015 人、586617 人、790604 人，分别比上年增长 5.81%、9.24%、34.77%。其中，正式聘用员工分别为 497933 人、541841 人、733436 人，分别占年末从业人员总数的 92.72%、92.38%、92.77%；临时聘用人员分别为 39082 人、44776 人、57168 人，分别占年末从业人员总数的 7.28%、7.63%、7.23%。

工程造价咨询企业从业人员情况如表 1-2-6、图 1-2-5 所示。

工程造价咨询企业从业人员情况　　表 1-2-6

序号	年份	期末从业人员		
		合计	正式聘用人员	临时聘用人员
1	2018 年	537015	497933	39082
2	2019 年	586617	541841	44776
3	2020 年	790604	733436	57168

2018～2020 年，工程造价咨询企业从业人员数量统计变化如图 1-2-5 所示。

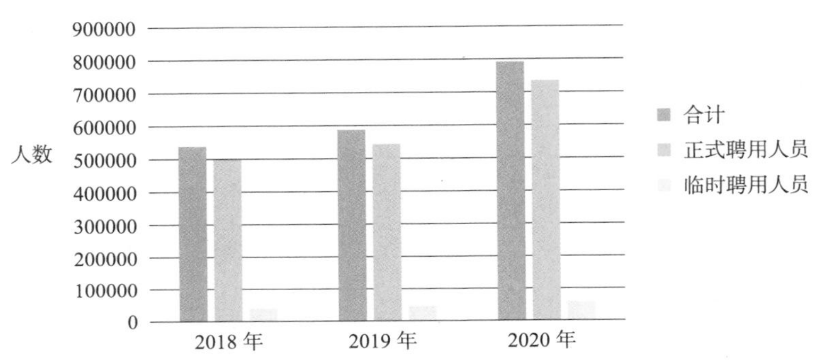

图 1-2-5　工程造价咨询企业从业人员聘用情况数量统计变化

从上述图表可见，近三年我国工程造价咨询企业从业人员总数逐年增加，但增长态势稳中有升，其中正式聘用员工数量持续增加，且占年末从业人员总数比例保持 90% 以上。

二、注册造价工程师数量大幅增加

2020 年末，工程造价咨询企业共有注册造价工程师 111808 人，比上年增长 18.42%，占全部造价咨询企业从业人员 14.14%。其中，一级注册造价工程师 101320 人，增加 12.87%，占比 90.62%；二级注册造价工程师 10488 人，增长 125.55%，占比 9.38%。其他专业注册执业人员 110607 人，增长 42.64%，占全部从业人员的 13.99%。其分布如图 1-2-6 所示。

2018～2020 年末，工程造价咨询企业拥有注册造价工程师分别为 91128 人、94417 人、111808 人，占年末从业人员总数的 17.0%、16.10%、14.14%，分别比上年增长 3.60%、3.61%、18.42%。

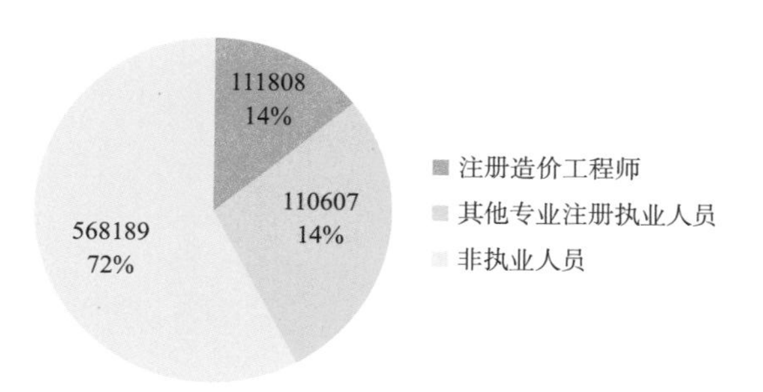

图 1-2-6　专业执业（从业）人员分布饼状图

注册（登记）执业（从业）人员情况如表 1-2-7 所示。

注册（登记）执业（从业）人员情况（人）　　表 1-2-7

序号	年份	注册（登记）执业（从业）人员情况	
		注册造价工程师	期末其他专业注册执业人员
1	2018 年	91128	73360
2	2019 年	94417	77543
3	2020 年	111808	110607

其中，2018～2020 年工程造价咨询企业从业人员注册情况如图 1-2-7 所示。

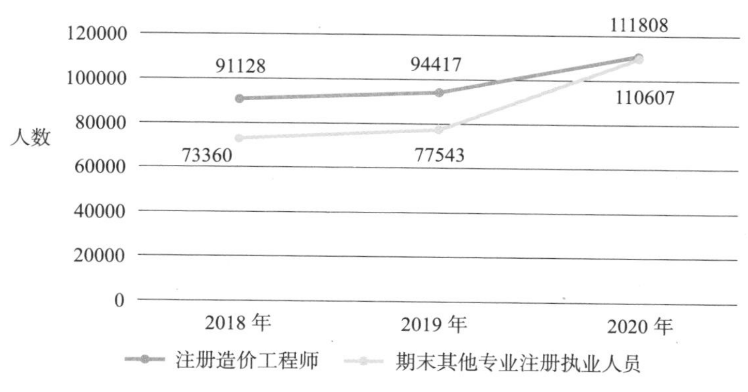

图 1-2-7　工程造价咨询企业从业人员注册情况数量统计变化

通过上述图表可以看出，我国工程造价咨询企业注册造价工程师人员总数较大，且数量逐年上升，同时拥有其他专业注册执业人员数量也在逐年增长，但注册造价工程师较其他专业注册执业人员增速放缓，占工程造价咨询企业从业人员的比例，呈逐年下降趋势，这与 50 号令进一步降低工程造价咨询企业注册造价工程师人数要求相关。

三、人才结构逐步改善

2020 年末，工程造价咨询企业共有专业技术人员 473799 人，比上年增长 33.18%，占全体从业人员 59.93%。其中，高级职称人员 119253 人，中级职称人员 235366 人，初级职称人员 119180 人，各级别职称人员占专业技术人员比例分别为 25.17%、49.68%、25.15%，其分布如图 1-2-8 所示。

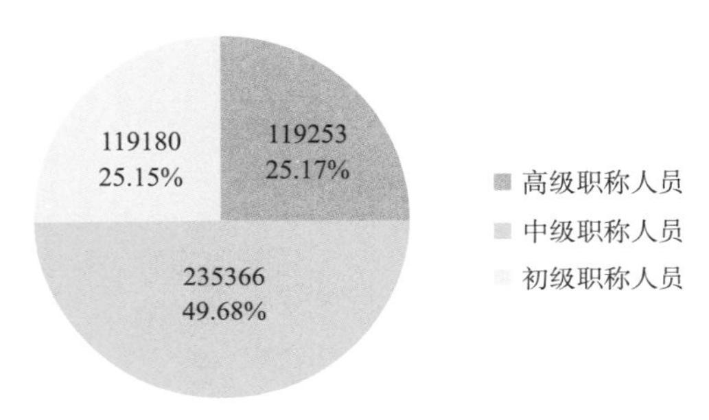

图 1–2–8　技术职称人员分布饼状图

2018～2020 年末，工程造价咨询企业专业技术人员分别为 346752 人、355768 人、473799 人，占年末从业人员总数的 64.57%、60.65%、59.93%，分别比上年增长 2.08%、2.60%、33.18%。其中，高级职称人员分别为 80041 人、82123 人、119253 人，占全部专业技术人员的比例分别为 23.08%、23.08%、25.17%，分别比上年增长 3.27%、2.60%、45.21%。专业技术人员职称情况如表 1-2-8 所示。

专业技术人员职称情况（人）　　表 1-2-8

序号	年份	期末专业技术人员			
		合计	高级职称人员	中级职称人员	初级职称人员
1	2018 年	346752	80041	178398	88313
2	2019 年	355768	82123	181137	92508
3	2020 年	473799	119253	235366	119180

其中，2018～2020年工程造价咨询企业专业技术人员数量统计变化如图1-2-9所示。

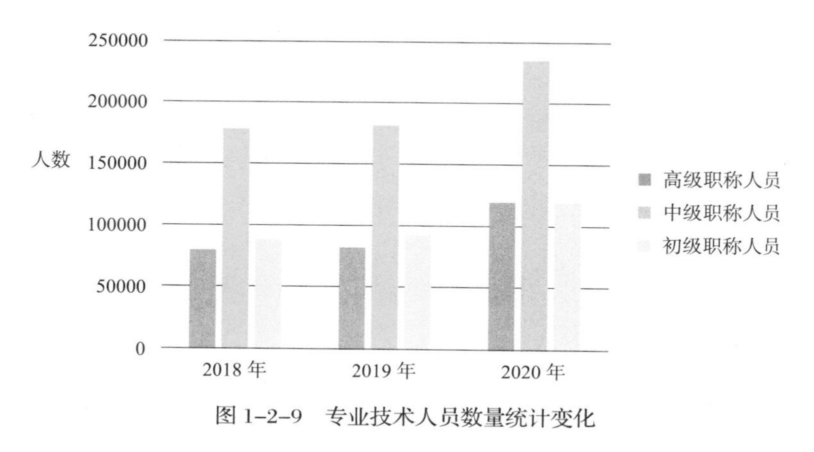

图1-2-9　专业技术人员数量统计变化

以上统计数据表明，近三年来，专业技术人员占工程造价咨询企业从业人员的比例较高，工程造价咨询企业拥有专业技术人员规模呈较为平稳的增长趋势，2018年和2019年专业技术人员数量稳定增长，2020年增速显著提高。

四、行业人员分布呈地域性差异

受地理环境、区域发展战略以及行业发展水平等影响，我国各地工程造价咨询企业从业人员分布不均衡。浙江省、广东省、江苏省等地从业人员总数排前三位，就专业技术人员总数而言，浙江省、广东省、江苏省位列前三位，其中浙江省、广东省、江苏省拥有高级职称人员数量排前三位，浙江省、广东省、江苏省拥有中级职称人员总数排前三位，浙江省、广东省、山东省拥有初级职称人员总数排前三位。就期末注册（登记）执业（从业）人员数量而言，浙江省、江苏省、北京市企业注册造价工程师总数排前三位，分别为10619人、10507人、8966人，浙江省、四川省、江苏省其他专业注册执业人员总数排前三位，分别为12578人、12034人、11705人。青海、西藏等地工程造价咨询从业人员与专业技术人员总数较少，总体情况同往年一致。

2020年各省（市）工程造价咨询企业从业人员分类统计数量如表1-2-9所示。

2020 年各省（市）工程造价咨询企业从业人员分类统计（人）　表 1-2-9

序号	省市	期末从业人员			期末专业技术人员				期末注册（登记）执业（从业）人员	
		合计	正式聘用人员	临时工作人员	合计	高级职称人员	中级职称人员	初级职称人员	注册造价工程师	期末其他专业注册执业人员
合计		790604	733436	57168	473799	119253	235366	119180	111808	110607
1	北京	48052	45665	2387	23223	6280	12007	4936	8966	4898
2	天津	9309	8425	884	6420	2212	2761	1447	1252	1019
3	河北	21788	19721	2067	12807	2719	7609	2479	3717	2350
4	山西	15384	11893	3491	9310	1917	5755	1638	2706	1996
5	内蒙古	8047	7146	901	5229	1348	3090	791	2130	712
6	辽宁	10732	9975	757	6970	1927	3861	1182	2307	930
7	吉林	7963	7193	770	5197	1438	2472	1287	1276	842
8	黑龙江	9021	7651	1370	5591	1870	2783	938	1460	869
9	上海	14596	13664	932	8677	1773	4325	2579	3989	791
10	江苏	55990	53587	2403	35803	8254	18235	9314	10507	11705
11	浙江	81214	78356	2858	48673	9724	22561	16388	10619	12578
12	安徽	37518	32522	4996	21385	4746	10596	6043	6308	4843
13	福建	21596	20407	1189	12643	2077	6374	4192	2453	2951
14	江西	9657	8664	993	5282	1253	2765	1264	1969	1079
15	山东	45084	41271	3813	27844	4481	13960	9403	7424	6014
16	河南	37943	33875	4068	23110	4443	11178	7489	4019	5700
17	湖北	14929	14193	736	8162	1488	5306	1368	3140	1414
18	湖南	23532	21204	2328	13045	2499	8123	2423	3285	2922
19	广东	76750	72860	3890	38621	9124	19268	10229	6277	9624
20	广西	12861	12359	502	7383	1856	3778	1749	2075	2271
21	海南	2198	2012	186	1226	257	678	291	536	206
22	重庆	12740	12152	588	6459	1334	3359	1766	2735	2049
23	四川	48954	46410	2544	28045	6588	15656	5801	6105	12034
24	贵州	11708	10535	1173	6840	1882	3452	1506	1612	1208
25	云南	8779	7961	818	5288	1294	2444	1550	1661	838
26	西藏	53	46	7	6	3	2	1	10	5
27	陕西	19159	17113	2046	10863	2055	5759	3049	3399	1792

续表

序号	省市	期末从业人员			期末专业技术人员				期末注册（登记）执业（从业）人员	
		合计	正式聘用人员	临时工作人员	合计	高级职称人员	中级职称人员	初级职称人员	注册造价工程师	期末其他专业注册执业人员
28	甘肃	10090	9163	927	7290	1649	3530	2111	1184	2026
29	青海	1391	1271	120	927	207	450	270	378	139
30	宁夏	2729	2543	186	1841	337	927	577	686	221
31	新疆	5334	5051	283	2990	869	1829	292	1539	459
32	新疆兵团	556	554	2	444	71	208	165	55	188
行业归口		104947	97994	6953	76205	31278	30265	14662	6029	13934

近三年统计数据表明，我国工程造价咨询行业的发展仍然具有明显的区域差异性。在经济发展较好的地区，工程造价咨询行业的执业（专业）人员分布更多。就各地区从业人员的变化情况而言，除甘肃和新疆外各地区行业从业人员规模保持增长趋势，福建、四川和陕西地区增速放缓，各省市从业人员数量增长情况如表 1-2-10 所示。受限于各地经济发展状况以及对于工程造价专业人才需求的不同，经济发展较好地区注册造价工程师数量处于较高水平。除内蒙古、湖北、重庆、甘肃和宁夏外各地区注册造价工程师的数量均有所增加，浙江、山东和陕西增加幅度稍有减少。

2018～2020 年，各省（市）期末注册（登记）执业（从业）人员情况如表 1-2-11、图 1-2-10 所示。

各省（市）期末从业人员情况（人） 表 1-2-10

序号	省市	2018 年		2019 年				2020 年			
		合计	其中正式聘用人员	合计	增长（%）	其中正式聘用人员	增长（%）	合计	增长（%）	其中正式聘用人员	增长（%）
合计		537015	497933	586617	9.24	541841	8.82	790604	34.77	733436	35.36
1	北京	34123	32331	39890	16.90	38208	18.18	48052	20.46	45665	19.52
2	天津	5910	4963	6501	10.00	5297	6.73	9309	43.19	8425	59.05
3	河北	15353	13948	17802	15.95	16095	15.39	21788	22.39	19721	22.53

续表

序号	省市	2018年		2019年				2020年			
		合计	其中正式聘用人员	合计	增长（%）	其中正式聘用人员	增长（%）	合计	增长（%）	其中正式聘用人员	增长（%）
4	山西	7569	6310	7438	-1.73	6413	1.63	15384	106.83	11893	85.45
5	内蒙古	7571	6803	6846	-9.58	6216	-8.63	8047	17.54	7146	14.96
6	辽宁	7183	6897	6976	-2.88	6577	-4.64	10732	53.84	9975	51.66
7	吉林	6519	5819	6804	4.37	6231	7.08	7963	17.03	7193	15.44
8	黑龙江	3844	3386	5447	41.70	4621	36.47	9021	65.61	7651	65.57
9	上海	11609	10544	12397	6.79	11573	9.76	14596	17.74	13664	18.07
10	江苏	27126	25851	30878	13.83	29506	14.14	55990	81.33	53587	81.61
11	浙江	30689	29589	36690	19.55	35208	18.99	81214	121.35	78356	122.55
12	安徽	20577	17633	21025	2.18	18791	6.57	37518	78.44	32522	73.07
13	福建	15829	15161	18591	17.45	17789	17.33	21596	16.16	20407	14.72
14	江西	6835	6355	7721	12.96	7177	12.93	9657	25.07	8664	20.72
15	山东	34743	31978	38218	10.00	35243	10.21	45084	17.97	41271	17.10
16	河南	19348	17468	21175	9.44	19487	11.56	37943	79.19	33875	73.83
17	湖北	13760	12771	13381	-2.75	12498	-2.14	14929	11.57	14193	13.56
18	湖南	12758	11584	13089	2.59	11767	1.58	23532	79.78	21204	80.20
19	广东	38465	37505	50813	32.10	43222	15.24	76750	51.04	72860	68.57
20	广西	9661	9346	10156	5.12	9846	5.35	12861	26.63	12359	25.52
21	海南	2322	2210	2131	-8.23	2006	-9.23	2198	3.14	2012	0.30
22	重庆	12126	11348	12200	0.61	11573	1.98	12740	4.43	12152	5.00
23	四川	42463	39587	46868	10.37	43449	9.76	48954	4.45	46410	6.81
24	贵州	10001	8898	8201	-18.00	7557	-15.07	11708	42.76	10535	39.41
25	云南	8284	7385	8202	-0.99	7341	-0.60	8779	7.03	7961	8.45
26	西藏	152	147	50	-67.11	47	-68.03	53	6.00	46	-2.13
27	陕西	15339	13461	17367	13.22	15142	12.49	19159	10.32	17113	13.02
28	甘肃	10447	8822	10315	-1.26	8997	1.98	10090	-2.18	9163	1.85
29	青海	1350	1260	1146	-15.11	1064	-15.56	1391	21.38	1271	19.45
30	宁夏	2663	2503	2640	-0.86	2477	-1.04	2729	3.37	2543	2.66

续表

序号	省市	2018年		2019年				2020年			
		合计	其中正式聘用人员	合计	增长（%）	其中正式聘用人员	增长（%）	合计	增长（%）	其中正式聘用人员	增长（%）
31	新疆	4843	4459	5524	14.06	5236	17.43	5334	−3.44	5051	−3.53
32	新疆兵团	—	—	—	—	—	—	556	—	554	—
行业归口		97553	91611	100135	2.65	95187	3.90	104947	4.81	97994	2.95

注：新疆兵团2020年新列入统计调查对象。

各省（市）期末注册（登记）执业（从业）人员情况（人）　　表1-2-11

序号	省市	2018年		2019年				2020年			
		注册造价工程师	其他专业注册执业人员	注册造价工程师	增长(%)	其他专业注册执业人员	增长(%)	注册造价工程师	增长(%)	其他专业注册执业人员	增长(%)
合计		91128	73360	94417	3.61	77543	5.70	111808	18.42	110607	42.64
1	北京	6599	2908	6942	5.20	3007	3.40	8966	29.16	4898	62.89
2	天津	907	666	864	−4.74	433	−34.98	1252	44.91	1019	135.33
3	河北	3587	1702	3385	−5.63	1762	3.53	3717	9.81	2350	33.37
4	山西	2281	730	2103	−7.80	865	18.49	2706	28.67	1996	130.75
5	内蒙古	2544	550	2391	−6.01	668	21.45	2130	-10.92	712	6.59
6	辽宁	2358	396	2168	−8.06	443	11.87	2307	6.41	930	109.93
7	吉林	1384	962	1113	−19.58	739	−23.18	1276	14.65	842	13.94
8	黑龙江	1198	397	1267	5.76	412	3.78	1460	15.23	869	110.92
9	上海	3089	991	3393	9.84	826	−16.65	3989	17.57	791	−4.24
10	江苏	8522	2887	8886	4.27	3669	27.09	10507	18.24	11705	219.02
11	浙江	5337	4432	8788	64.66	4513	1.83	10619	20.84	12578	178.71
12	安徽	3932	2499	3893	−0.99	7937	217.61	6308	62.03	4843	−38.98
13	福建	2016	3274	1784	−11.51	2454	−25.05	2453	37.50	2951	20.25
14	江西	1700	633	1654	−2.71	901	42.34	1969	19.04	1079	19.76
15	山东	6682	4498	7067	5.76	5023	11.67	7424	5.05	6014	19.73
16	河南	3217	2560	3241	0.75	1834	−28.36	4019	24.00	5700	210.80
17	湖北	3676	1331	3294	−10.39	1056	−20.66	3140	−4.68	1414	33.90

续表

序号	省市	2018年		2019年				2020年			
		注册造价工程师	其他专业注册执业人员	注册造价工程师	增长(%)	其他专业注册执业人员	增长(%)	注册造价工程师	增长(%)	其他专业注册执业人员	增长(%)
18	湖南	3025	1815	2899	-4.17	2051	13.00	3285	13.31	2922	42.47
19	广东	4998	4521	4628	-7.40	4340	-4.00	6277	35.63	9624	121.75
20	广西	1518	1690	1529	0.72	2022	19.64	2075	35.71	2271	12.31
21	海南	593	277	454	-23.44	138	-50.1	536	18.06	206	49.28
22	重庆	2657	1456	3150	18.55	2225	52.82	2735	-13.17	2049	-7.91
23	四川	5481	8223	5368	-2.06	10554	28.35	6105	13.73	12034	14.02
24	贵州	1244	2196	896	-27.97	767	-65.07	1612	79.91	1208	57.50
25	云南	1561	917	1559	-0.13	1112	21.26	1661	6.54	838	-24.64
26	西藏	29	18	10	-65.52	8	-55.56	10	0.00	5	-37.50
27	陕西	2429	2478	2960	21.86	2025	-18.28	3399	14.83	1792	-11.51
28	甘肃	1589	1857	1284	-19.19	1686	-9.21	1184	-7.79	2026	20.17
29	青海	390	204	329	-15.64	108	-47.06	378	14.89	139	28.70
30	宁夏	696	258	725	4.17	280	8.53	686	-5.38	221	-21.07
31	新疆	1622	463	1531	-5.61	445	-3.89	1539	0.52	459	3.15
32	新疆兵团	—	—	—	—	—	—	55	—	188	—
行业归口		4267	15571	4862	13.94	13240	-14.97	6029	24.00	13934	5.24

注：新疆兵团2020年新列入统计调查对象。

其中，不同省（市）注册造价工程师数量变化的统计分析如图1-2-10所示。

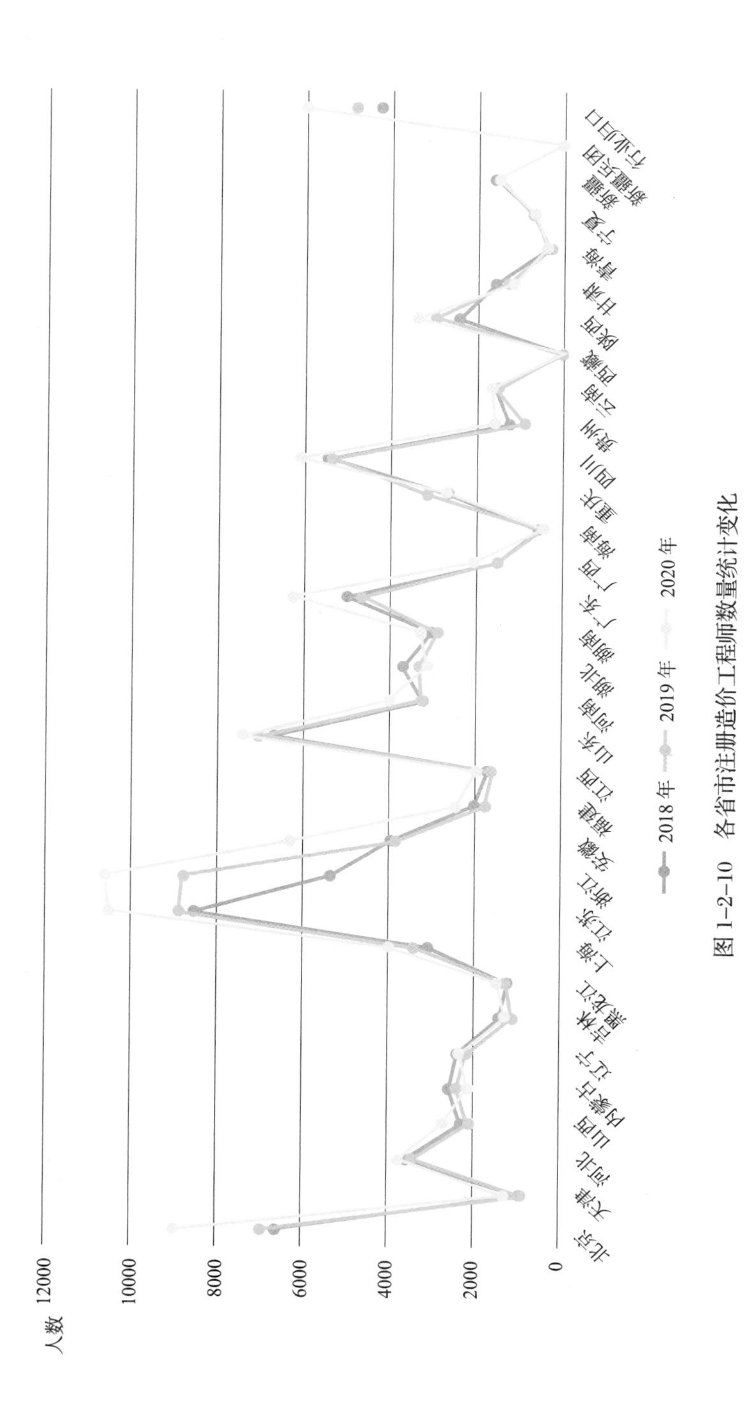

图 1-2-10　各省市注册造价工程师数量统计变化

注：本章数据来源于 2020 年工程造价咨询统计资料汇编。

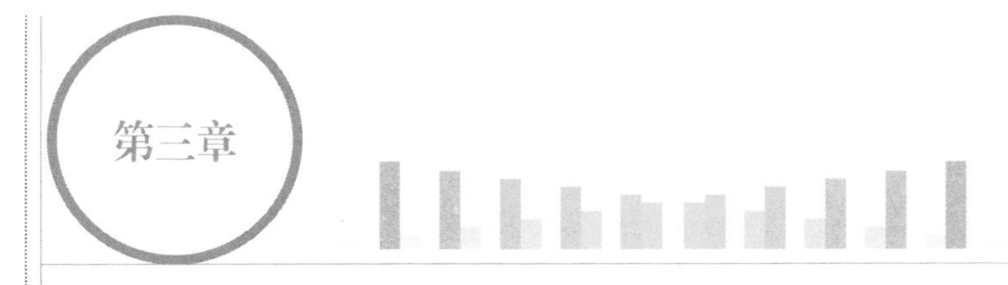

行业收入统计分析

第一节 营业收入统计分析

一、工程造价咨询行业营业收入大幅增长

2018～2020年全国工程造价咨询行业整体营业收入汇总情况如表1-3-1所示，根据表1-3-1中2020年整体营业收入的相关数据绘制2020年整体营业收入基本情况，如图1-3-1所示。

2018～2020年全国工程造价咨询行业整体营业收入区域汇总（亿元） 表1-3-1

省份	2018年			2019年			2020年		
	工程造价咨询业务收入	其他业务收入	整体营业收入	工程造价咨询业务收入	其他业务收入	整体营业收入	工程造价咨询业务收入	其他业务收入	整体营业收入
合计	772.49	948.96	1721.45	892.47	944.19	1836.66	1002.69	1567.95	2570.64
北京	105.37	32.32	137.70	126.76	35.94	162.70	144.60	91.82	236.42
天津	10.57	9.58	20.14	11.15	8.40	19.55	11.21	21.69	32.90
河北	18.03	14.68	32.71	20.34	19.67	40.01	21.31	30.08	51.39
山西	10.78	4.85	15.64	12.17	6.28	18.45	14.90	18.09	32.99
内蒙古	12.89	4.09	16.99	13.18	4.75	17.93	12.37	7.81	20.18
辽宁	11.83	2.63	14.47	12.88	3.01	15.89	14.41	7.39	21.80
吉林	7.70	6.42	14.12	7.79	6.35	14.14	7.75	7.87	15.62
黑龙江	5.88	1.72	7.60	8.01	3.06	11.07	9.80	11.92	21.72
上海	48.36	33.88	82.24	54.57	38.78	93.35	59.25	77.50	136.75

续表

省份	2018年			2019年			2020年		
	工程造价咨询业务收入	其他业务收入	整体营业收入	工程造价咨询业务收入	其他业务收入	整体营业收入	工程造价咨询业务收入	其他业务收入	整体营业收入
江苏	74.28	73.74	148.01	82.12	90.05	172.17	89.22	129.92	219.14
浙江	59.18	40.69	99.86	74.04	55.19	129.23	87.15	150.57	237.72
安徽	22.30	23.85	46.15	24.58	29.00	53.58	27.09	50.21	77.30
福建	11.77	18.17	29.94	13.38	17.41	30.79	14.64	33.40	48.04
江西	9.54	9.32	18.87	11.60	7.64	19.24	12.93	14.21	27.14
山东	43.86	39.85	83.70	53.33	47.79	101.12	62.50	62.90	125.40
河南	19.99	36.66	56.65	23.10	24.16	47.26	25.54	111.53	137.07
湖北	25.05	41.47	66.52	28.79	9.49	38.28	27.15	10.75	37.90
湖南	21.83	15.82	37.65	23.94	15.97	39.91	27.16	32.45	59.61
广东	51.02	52.65	103.67	65.08	63.83	128.91	81.88	170.01	251.89
广西	8.66	12.62	21.28	9.59	15.90	25.49	10.47	19.75	30.22
海南	3.87	1.29	5.16	3.47	1.44	4.91	4.53	1.07	5.60
重庆	23.72	8.85	32.57	23.00	11.83	34.83	24.60	11.34	35.94
四川	51.79	45.44	97.23	62.47	61.16	123.63	69.03	70.76	139.79
贵州	9.56	20.26	29.82	9.04	9.06	18.10	10.40	13.60	24.00
云南	18.37	4.70	23.08	21.57	4.55	26.12	22.83	20.56	43.39
西藏	0.20	0.18	0.38	0.07	0.05	0.12	0.08	0.04	0.12
陕西	19.20	21.20	40.40	25.85	27.58	53.43	34.75	33.11	67.86
甘肃	6.13	10.60	16.73	6.17	10.68	16.85	6.40	14.51	20.91
青海	1.88	2.56	4.44	2.05	3.6	5.65	2.02	4.08	6.10
宁夏	3.91	1.25	5.16	3.99	1.66	5.65	4.15	1.79	5.94
新疆	8.89	4.45	13.34	9.54	3.57	13.11	11.07	10.80	21.87
新疆兵团	—	—	—	—	—	—	0.13	0.86	0.99
行业归口	46.09	353.16	399.25	48.85	306.34	355.19	51.37	325.56	376.93

注：新疆兵团2020年新列入统计调查对象。

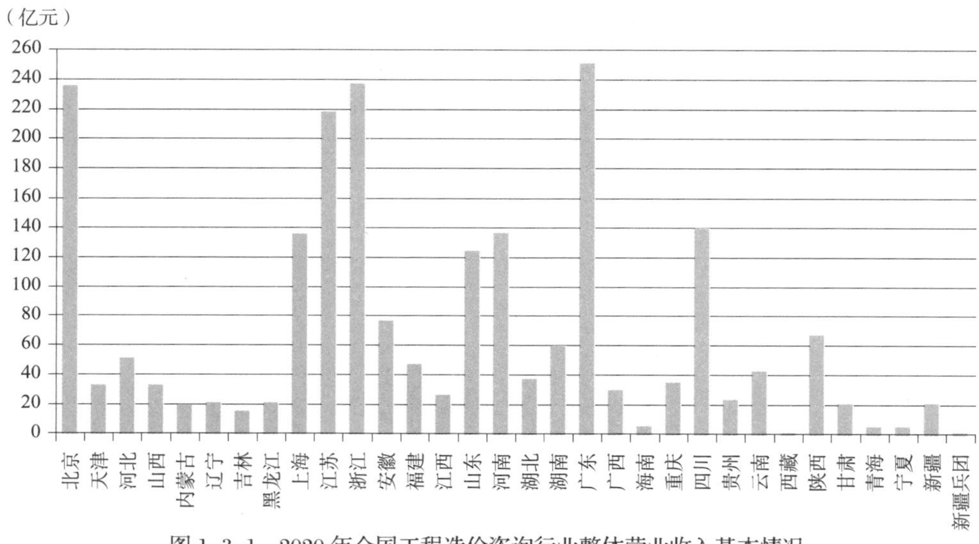

图 1-3-1　2020 年全国工程造价咨询行业整体营业收入基本情况

通过统计结果及图示信息可知：

1. 工程造价咨询行业营业收入增长迅速

2020 年我国工程造价咨询行业营业收入增长较快，全国工程造价咨询行业整体营业收入 2570.64 亿元，较 2019 年增长 733.98 亿元，同比上升 39.96 个百分点，整体发展势头良好。

2. 地域性差异显著

2020 年整体营业收入排名前三的分别是广东 251.89 亿元、浙江 237.72 亿元、北京 236.42 亿元。

工程造价咨询行业在各地区间发展不均衡。在华北地区，北京整体营业收入为 236.42 亿元，明显高于其他省份；在华东地区，浙江、江苏、上海、山东工程造价咨询企业整体营业收入均突破 120 亿元；在华南地区，广东省实现 251.89 亿元的营业收入；在西南地区，四川省整体营业收入 139.79 亿元。2020 年各省份全社会固定资产投资与工程造价咨询行业整体营业收入对比情况也正体现了地区发展的不均衡，具体如表 1-3-2 所示。

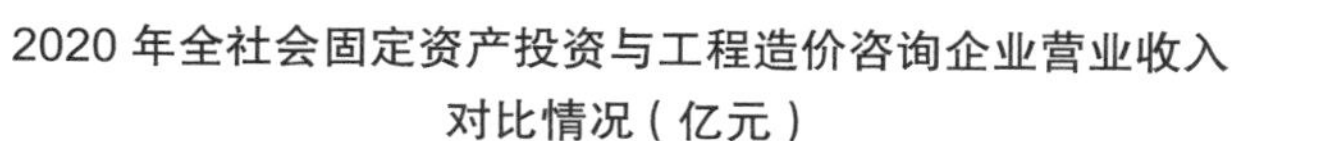

2020年全社会固定资产投资与工程造价咨询企业营业收入对比情况（亿元）

表 1-3-2

省份	全社会固定资产投资	工程造价咨询企业营业收入	占比
北京	8041.86	236.42	2.94%
天津	12486.41	32.90	0.26%
河北	38442.44	51.39	0.13%
山西	7846.61	32.99	0.42%
内蒙古	10891.18	20.18	0.19%
辽宁	6891.20	21.80	0.32%
吉林	12222.08	15.62	0.13%
黑龙江	11628.24	21.72	0.19%
上海	8837.48	136.75	1.55%
江苏	58943.19	219.14	0.37%
浙江	38684.83	237.72	0.61%
安徽	37449.13	77.30	0.21%
福建	31039.36	48.04	0.15%
江西	28991.27	27.14	0.09%
山东	53578.88	125.40	0.23%
河南	53444.49	137.07	0.26%
湖北	31772.49	37.90	0.12%
湖南	40825.01	59.61	0.15%
广东	49412.00	251.89	0.51%
广西	25915.32	30.22	0.12%
海南	3539.84	5.60	0.16%
重庆	20494.39	35.94	0.18%
四川	33989.83	139.79	0.41%
贵州	18708.60	24.00	0.13%
云南	24093.03	43.39	0.18%
西藏	2158.41	0.12	0.01%
陕西	27846.57	67.86	0.24%
甘肃	6290.60	20.91	0.33%
青海	3855.05	6.10	0.16%
宁夏	2884.02	5.94	0.21%

续表

省份	全社会固定资产投资	工程造价咨询企业营业收入	占比
新疆	10508.80	21.87	0.21%
新疆兵团	1277.65	0.99	0.08%

注：北京、天津、山西、辽宁、吉林、黑龙江、安徽、江西、山东、河南、湖北、湖南、广西、海南、贵州、云南、新疆、新疆兵团全社会固定资产投资不含农户投资。

统计分析表明，2020年全国32个省、自治区、直辖市中，全社会固定资产投资排名前三的地区是江苏、山东、河南；工程造价咨询行业整体营业收入占当年全社会固定资产投资的比例排前两位的为北京、上海。

二、企业平均营业收入保持平稳态势

2018～2020年，工程造价咨询企业平均营业收入变化情况如表1-3-3、图1-3-2所示。

2018～2020年工程造价咨询企业平均营业收入变化情况　　表1-3-3

省份	工程造价咨询企业平均营业收入（万元/家）					
	2018年	2019年	增长率（%）	2020年	增长率（%）	平均增长（%）
合计	2115.06	2241.47	5.98	2450.80	9.34	7.66
北京	4050.00	4757.31	17.46	6140.78	29.08	23.27
天津	2721.62	2572.37	−5.48	2300.70	−10.56	−8.02
河北	838.72	1031.19	22.95	1107.54	7.40	15.18
山西	635.77	788.46	24.02	839.44	6.47	15.24
内蒙古	557.05	614.04	10.23	686.39	11.78	11.01
辽宁	541.95	645.93	19.19	650.75	0.74	9.97
吉林	877.02	851.81	−2.87	887.50	4.19	0.66
黑龙江	513.51	540.00	5.16	851.76	57.73	31.45
上海	5410.53	5589.82	3.31	6050.88	8.25	5.78
江苏	2105.41	2387.93	13.42	2379.37	−0.36	6.53
浙江	2459.61	3099.04	26.00	3596.37	16.05	21.02
安徽	1065.82	1182.78	10.97	989.76	−16.32	−2.67

续表

省份	工程造价咨询企业平均营业收入（万元 / 家）					
	2018 年	2019 年	增长率（%）	2020 年	增长率（%）	平均增长（%）
福建	1782.14	1673.37	−6.10	1869.26	11.71	2.80
江西	1020.00	996.89	−2.27	1292.38	29.64	13.69
山东	1309.86	1567.75	19.69	1641.36	4.70	12.19
河南	1809.90	1607.48	−11.18	3087.16	92.05	40.43
湖北	1802.71	1081.36	−40.01	1038.36	−3.98	−22.00
湖南	1238.49	1425.36	15.09	1693.47	18.81	16.95
广东	2498.07	3069.29	22.87	3863.34	25.87	24.37
广西	1418.67	1722.30	21.40	1798.81	4.44	12.92
海南	781.82	767.19	−1.87	756.76	−1.36	−1.62
重庆	1329.39	1520.96	14.41	1549.14	1.85	8.13
四川	2204.76	2790.74	26.58	2801.40	0.38	13.48
贵州	2444.26	1740.38	−28.80	987.65	−43.25	−36.02
云南	1415.95	1583.03	11.80	2645.73	67.13	39.47
西藏	1266.67	1200.00	−5.26	1200.00	0.00	0.00
陕西	1961.17	2111.86	7.68	2650.78	25.52	16.60
甘肃	820.10	882.20	7.57	1244.64	41.08	24.33
青海	765.52	1046.30	36.68	910.45	−12.98	11.85
宁夏	688.00	733.77	6.65	638.71	−12.95	−3.15
新疆	808.48	789.76	−2.32	1021.96	29.40	13.54
新疆兵团	—	—	—	1100.00	—	—
行业归口	17903.59	15999.55	−10.63	16902.69	5.64	−2.50

注：新疆兵团 2020 年新列入统计调查对象。

通过统计结果及图示信息可知：

1. 工程造价咨询企业平均营业收入稳定增长

从全国总体变化趋势而言，企业平均营业收入稳定增长，2019 年增速为 5.98%，2020 年增速为 9.34%。

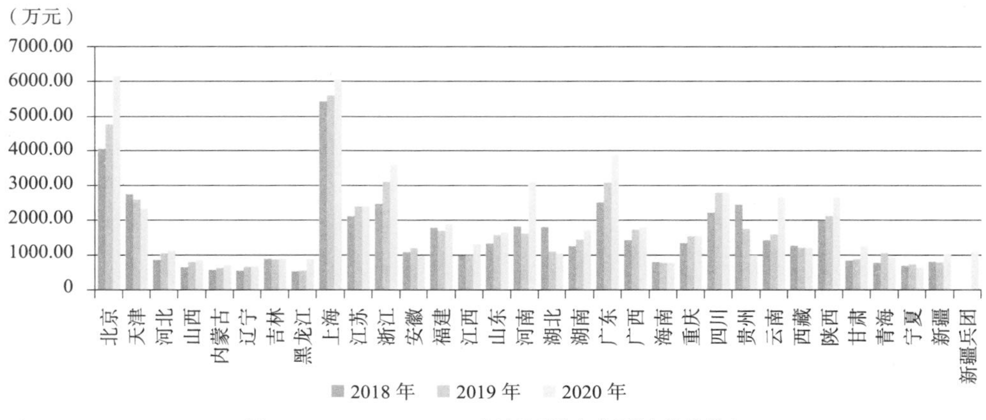

图 1-3-2 2018～2020 年各区域企业平均营业收入

2. 个别地区企业营业收入水平变化不均

2018～2020 年，北京企业平均营业收入超过上海位居榜首。由图 1-3-2 可看出 2018～2020 年，全国大部分地区平均每家企业营业收入变化总体在小范围上下波动，河南、云南、青海则出现较大程度波动。河南增长率由 2019 年的 −11.18% 上升至 2020 年的 92.05%，涨幅为 103.23 个百分点；云南从 2019 年 11.80% 上升至 2020 年 67.13%，涨幅为 55.33 个百分点，而青海由 2019 年的 36.68% 跌至 2020 年的 −12.98%，下浮 49.66 个百分点。

3. 行业集中度提升

2020 年工程造价咨询业务收入前 100 名企业合计收入 209.29 亿元，占总收入的 20.87%，行业集中度有所提升。2020 年工程造价咨询业务收入前 100 名企业的收入占比情况如图 1-3-3 所示。

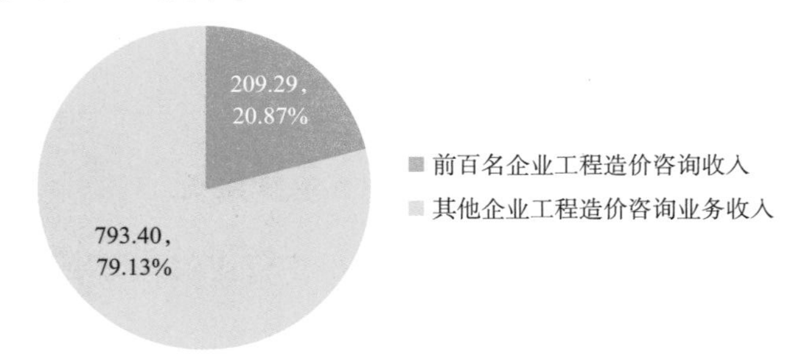

图 1-3-3 前百名企业工程造价咨询业务收入占比（单位：亿元）

三、企业人均收入平稳增加

2018～2020年，工程造价咨询企业从业人员人均收入变化情况如表1-3-4、图1-3-4所示。

2018～2020年各区域从业人员人均收入变化情况　　表1-3-4

省份	人均收入（万元/人）					
	2018年	2019年	增长率（%）	2020年	增长率（%）	平均增长（%）
合计	32.06	31.31	−2.33	32.51	3.85	0.76
北京	40.35	40.79	1.07	49.20	20.63	10.85
天津	34.08	30.07	−11.75	35.34	17.52	2.88
河北	21.31	22.48	5.49	23.59	4.94	5.22
山西	20.66	24.81	20.04	21.44	−13.55	3.25
内蒙古	22.44	26.19	16.71	25.08	−4.25	6.23
辽宁	20.14	22.78	13.07	20.31	−10.82	1.13
吉林	21.66	20.78	−4.05	19.62	−5.61	−4.83
黑龙江	19.77	20.32	2.79	24.08	18.47	10.63
上海	70.84	75.30	6.29	93.69	24.42	15.36
江苏	54.56	55.76	2.19	39.14	−29.81	−13.81
浙江	32.54	35.22	8.24	29.27	−16.90	−4.33
安徽	22.43	25.48	13.63	20.60	−19.15	−2.76
福建	18.91	16.56	−12.44	22.24	34.31	10.94
江西	27.61	24.92	−9.74	28.10	12.78	1.52
山东	24.09	26.46	9.83	27.81	5.12	7.48
河南	29.28	22.32	−23.77	36.13	61.86	19.04
湖北	48.34	28.61	−40.82	25.39	−11.26	−26.04
湖南	29.51	30.49	3.32	25.33	−16.92	−6.80
广东	26.95	25.37	−5.87	32.82	29.37	11.75
广西	22.03	25.10	13.95	23.50	−6.38	3.78
海南	22.22	23.04	3.68	25.48	10.58	7.13
重庆	26.86	28.55	6.29	28.21	−1.19	2.55
四川	22.90	26.38	15.20	28.56	8.25	11.73

续表

省份	人均收入（万元 / 人）					
	2018 年	2019 年	增长率（%）	2020 年	增长率（%）	平均增长（%）
贵州	29.82	22.07	−25.98	20.50	−7.12	−16.55
云南	27.86	31.85	14.30	49.42	55.20	34.75
西藏	25.00	24.00	−4.00	22.64	−5.66	−5.66
陕西	26.34	30.77	16.81	35.42	15.13	15.97
甘肃	16.01	16.34	2.01	20.72	26.86	14.43
青海	32.89	49.30	49.90	43.85	−11.05	19.43
宁夏	19.38	21.40	10.45	21.77	1.70	6.08
新疆	27.54	23.73	−13.84	41.00	72.76	29.46
新疆兵团	—	—	—	17.81	—	—
行业归口	40.93	35.47	−13.33	35.92	1.25	−6.04

注：新疆兵团 2020 年新列入统计调查对象。

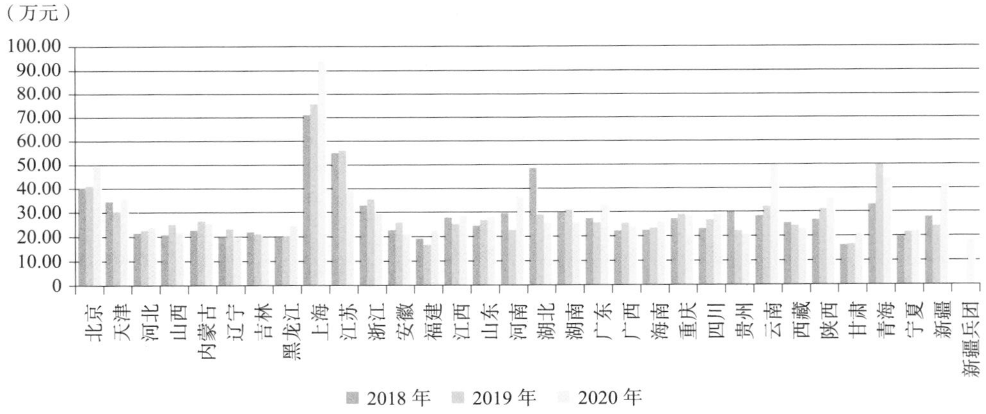

图 1–3–4 2018～2020 年各区域从业人员人均收入

从以上统计结果及图示信息可知：

1. 企业人均收入持续增长

从全国整体情况看，2018～2020 年，工程造价咨询企业从业人员人均收入分别为 32.06 万元 / 人、31.31 万元 / 人、32.51 万元 / 人，表现较为平稳。在增长率方面，人均收入增长率由 2019 年的 −2.33% 增加至 2020 年的 3.85%，变化了 6.18 个百分点。新冠疫情形势下，一方面国家在政策上大力扶持湖北等受疫情影响严重地区，加大了财政投资规模，特别是卫生基础设施建设投资规模；另一方面工程造价咨询业务，特别是工程竣工结算审核本身具有一定的滞后性，使得行业人均收入未受到太大影响，增长趋势平稳。

2. 各地区人均收入变化情况各异

华北地区的山西变化幅度较大，增长率下浮了 33.59 个百分点；东北地区的吉林人均收入变化幅度较大，增长率由 2019 年的 -4.05% 增加到 2020 年的 19.62%；华东地区福建、安徽两省人均收入变化幅度较大且相反，福建人均收入增长率增加 46.75 个百分点，而安徽人均收入增长率较 2019 年降低了 32.78 个百分点；华中地区河南人均收入大幅增加，增长率由 2019 年的 -23.77% 增加到 2020 年的 61.86%，增加了 85.63 个百分点；华南地区各省人均收入增长情况各异；西南地区的云南省增长幅度较大，云南省人均收入增长率增加了 40.90 个百分点；西北地区新疆、青海变化幅度最大，新疆人均收入增长率由 2019 年的 -13.84% 增加至 2020 年的 72.76%，增加了 86.60 个百分点；青海人均收入增长率由 2019 年的 49.90% 跌落至 2020 年的 -11.05%，降低了 60.96 个百分点。

四、工程造价咨询业务收入保持平稳增速发展

2020 年工程造价咨询行业整体营业收入按业务类别分类的基本情况如表 1-3-5、图 1-3-5 所示。

2020 年营业收入按业务类别划分汇总表（亿元）　　表 1-3-5

省份	工程造价咨询业务收入		其他业务收入					
	合计	占比（%）	合计	占比（%）	招标代理业务	建设工程监理业务	项目管理业务	工程咨询业务
合计	1002.69	39.01	1567.95	60.99	285.87	696.10	384.69	201.29
北京	144.60	61.16	91.82	38.84	45.92	16.08	12.89	16.93
天津	11.21	34.07	21.69	65.93	4.86	8.00	3.43	5.40
河北	21.31	41.47	30.08	58.53	5.59	20.74	0.66	3.09
山西	14.90	45.17	18.09	54.83	5.51	10.38	0.85	1.35

续表

省份	工程造价咨询业务收入		其他业务收入					
	合计	占比（%）	合计	占比（%）	招标代理业务	建设工程监理业务	项目管理业务	工程咨询业务
内蒙古	12.37	61.30	7.81	38.70	2.92	3.36	0.48	1.05
辽宁	14.41	66.10	7.39	33.90	3.38	3.00	0.20	0.81
吉林	7.75	49.62	7.87	50.38	2.05	4.60	0.38	0.84
黑龙江	9.80	45.12	11.92	54.88	2.53	5.23	3.55	0.61
上海	59.25	43.33	77.50	56.67	24.68	35.02	6.69	11.11
江苏	89.22	40.71	129.92	59.29	26.98	77.33	6.33	19.28
浙江	87.15	36.66	150.57	63.34	18.81	86.63	36.73	8.40
安徽	27.09	35.05	50.21	64.95	12.86	30.91	1.98	4.46
福建	14.64	30.47	33.40	69.53	3.53	16.64	10.67	2.56
江西	12.93	47.64	14.21	52.36	3.31	8.16	1.28	1.46
山东	62.50	49.84	62.90	50.16	15.64	37.16	4.29	5.81
河南	25.54	18.63	111.53	81.37	25.33	38.38	43.23	4.59
湖北	27.15	71.64	10.75	28.36	5.23	4.10	0.32	1.10
湖南	27.16	45.56	32.45	54.44	10.60	14.13	1.85	5.87
广东	81.88	32.51	170.01	67.49	24.79	106.78	13.29	25.15
广西	10.47	34.65	19.75	65.35	4.98	11.43	0.86	2.48
海南	4.53	80.89	1.07	19.11	0.20	0.41	0.11	0.35
重庆	24.60	68.45	11.34	31.55	1.93	6.09	1.85	1.47
四川	69.03	49.38	70.76	50.62	7.99	51.98	6.01	4.78
贵州	10.40	43.33	13.60	56.67	3.30	6.02	1.10	3.18
云南	22.83	52.62	20.56	47.38	2.01	2.44	15.49	0.62
西藏	0.08	66.67	0.04	33.33	0.04	0.00	0.00	0.00
陕西	34.75	51.21	33.11	48.79	12.81	18.00	0.58	1.72
甘肃	6.40	30.61	14.51	69.39	1.61	11.31	0.78	0.81
青海	2.02	33.11	4.08	66.89	0.60	1.78	0.16	1.54
宁夏	4.15	69.87	1.79	30.13	1.04	0.66	0.07	0.02
新疆	11.07	50.62	10.80	49.38	2.53	4.18	3.43	0.66
新疆兵团	0.13	13.13	0.86	86.87	0.09	0.73	0.04	0.00
行业归口	51.37	13.63	325.56	86.37	2.22	54.44	205.11	63.79

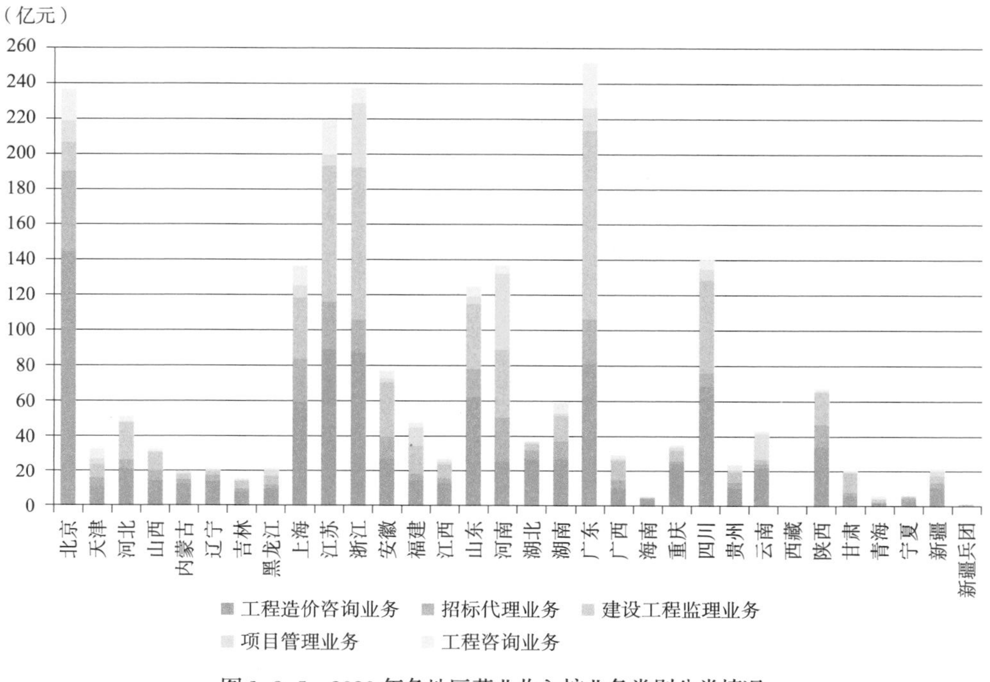

图 1-3-5 2020 年各地区营业收入按业务类别分类情况

从以上统计结果及图示信息可知：

2020 年全国工程造价咨询企业整体营业收入为 2570.64 亿元。其中：工程造价咨询业务收入 1002.69 亿元，占营业收入比例为 39.01%；其他业务收入 1567.95 亿元，其中，招标代理业务收入 285.87 亿元，占整体营业收入比例为 11.12%；建设工程监理业务收入 696.10 亿元，占比 27.08%；项目管理业务收入 384.69 亿元，占比 14.96%；工程咨询业务收入 201.29 亿元，占比 7.83%。

北京、江苏、浙江三省市工程造价咨询业务收入位居三甲，分别为 144.60 亿元、89.22 亿元、87.15 亿元。

2018～2020 年工程造价咨询行业营业收入按业务类别分类的总体变化情况如表 1-3-6、图 1-3-6 所示。

2018～2020年营业收入按业务类别分类的总体变化（亿元）　表1-3-6

内容		2018年		2019年			2020年		
		收入	占比（%）	收入	占比（%）	增长率（%）	收入	占比（%）	增长率（%）
工程造价咨询业务收入		722.49	43.23	892.47	48.59	23.53	1002.69	39.01	12.35
其他业务收入	合计	948.96	56.77	944.19	51.41	-0.50	1567.95	60.99	66.06
	招标代理业务收入	176.59	10.57	183.85	10.01	4.11	285.87	11.12	55.49
	建设工程监理业务收入	339.05	20.28	423.29	23.05	24.85	696.10	27.08	64.45
	项目管理业务收入	326.57	19.54	207.03	11.27	-36.60	384.69	14.96	85.81
	工程咨询业务收入	106.76	6.39	130.02	7.08	21.79	201.29	7.83	54.81

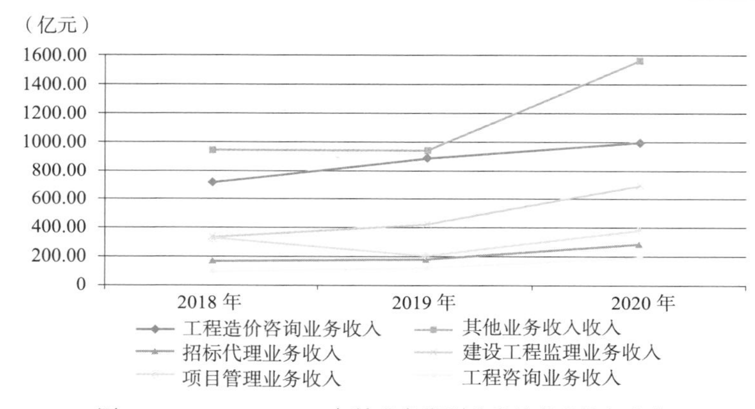

图1-3-6　2018～2020年按业务类别分类的营业收入变化

从以上统计结果及图示信息可知，工程造价咨询业务收入占比有所下降。从变化趋势角度分析，2018～2020年，工程造价咨询业务收入处于平稳增长态势，2020年其他业务收入占比增速明显。

第二节　工程造价咨询业务收入统计分析

一、房屋建筑工程专业咨询收入仍占主要地位

2020年，工程造价咨询业务收入按专业分类的基本情况如表1-3-7所示。从统计结果及图示信息可知：

2020 年按专业分类的工程造价咨询业务收入汇总表（亿元）

表 1-3-7

省份	工程造价咨询业务收入合计	房屋建筑工程	市政工程	公路工程	铁路工程	城市轨道交通工程	航空工程	航天工程	火电工程	水电工程	核工业工程	新能源工程
		专业 1	专业 2	专业 3	专业 4	专业 5	专业 6	专业 7	专业 8	专业 9	专业 10	专业 11
合计	1002.69	597.85	170.13	50.19	7.07	15.68	2.25	0.33	25.62	14.85	2.33	6.34
北京	144.60	87.98	18.69	4.94	1.30	4.68	1.13	0.26	4.89	2.05	0.27	1.55
天津	11.21	7.69	1.98	0.39	0.03	0.25	0.00	0.00	0.09	0.06	0.00	0.06
河北	21.31	12.72	4.60	1.24	0.05	0.03	0.00	0.00	0.21	0.16	0.10	0.04
山西	14.90	8.36	2.06	0.93	0.06	0.04	0.00	0.00	0.26	0.05	0.00	0.14
内蒙古	12.37	7.56	2.12	0.77	0.05	0.02	0.00	0.00	0.30	0.12	0.00	0.06
辽宁	14.41	8.96	2.40	0.43	0.05	0.22	0.04	0.00	0.30	0.21	0.03	0.07
吉林	7.75	4.51	1.53	0.37	0.07	0.07	0.01	0.00	0.11	0.13	0.00	0.01
黑龙江	9.80	5.86	1.81	0.57	0.07	0.07	0.00	0.00	0.41	0.08	0.00	0.02
上海	59.25	42.50	7.87	1.01	0.33	0.60	0.07	0.01	1.02	0.78	0.00	0.47
江苏	89.22	56.87	14.32	3.30	0.26	2.11	0.05	0.01	3.35	1.54	0.00	0.36
浙江	87.15	58.41	15.21	4.32	0.16	1.46	0.02	0.00	0.73	0.92	0.01	0.06
安徽	27.09	17.03	5.16	1.57	0.20	0.21	0.00	0.00	0.07	0.45	0.00	0.04
福建	14.64	9.01	3.19	0.77	0.01	0.07	0.00	0.00	0.15	0.25	0.06	0.01
江西	12.93	7.60	2.47	0.65	0.04	0.04	0.04	0.00	0.66	0.36	0.00	0.03
山东	62.50	40.71	10.10	2.57	0.20	0.67	0.04	0.00	0.86	0.50	0.04	0.23
河南	25.54	15.65	5.12	1.33	0.09	0.10	0.03	0.01	0.60	0.42	0.01	0.06
湖北	27.15	17.08	5.53	1.23	0.06	0.17	0.00	0.00	0.06	0.35	0.00	0.04
湖南	27.16	15.11	5.51	2.21	0.06	0.42	0.03	0.00	0.65	0.57	0.00	0.08

续表

省份	工程造价咨询业务收入合计	房屋建筑工程	市政工程	公路工程	铁路工程	城市轨道交通工程	航空工程	航天工程	火电工程	水电工程	核工业工程	新能源工程
		专业 1	专业 2	专业 3	专业 4	专业 5	专业 6	专业 7	专业 8	专业 9	专业 10	专业 11
广东	81.88	49.52	16.75	3.76	0.21	1.13	0.08	0.00	3.44	0.90	0.01	0.30
广西	10.47	6.32	1.80	0.57	0.05	0.00	0.00	0.00	0.14	0.39	0.01	0.03
海南	4.53	2.44	0.94	0.44	0.00	0.00	0.00	0.00	0.00	0.06	0.00	0.00
重庆	24.60	12.52	6.83	1.87	0.12	0.37	0.01	0.00	0.09	0.32	0.00	0.03
四川	69.03	38.85	15.40	4.65	0.36	1.18	0.34	0.01	0.17	0.85	0.04	0.15
贵州	10.40	5.93	2.21	0.81	0.01	0.02	0.02	0.00	0.25	0.11	0.00	0.03
云南	22.83	9.73	3.60	5.34	0.04	0.12	0.06	0.00	0.02	0.67	0.00	0.06
西藏	0.08	0.06	0.02	0.00	0.00	0.00	0.00	0.00	0.00	0.00	0.00	0.00
陕西	34.75	21.30	6.11	1.96	0.06	0.44	0.13	0.01	0.30	0.13	0.01	0.20
甘肃	6.40	4.49	0.78	0.33	0.02	0.00	0.00	0.00	0.02	0.03	0.00	0.02
青海	2.02	1.39	0.28	0.06	0.00	0.00	0.00	0.00	0.09	0.01	0.00	0.00
宁夏	4.15	2.67	0.60	0.24	0.01	0.00	0.00	0.00	0.04	0.10	0.00	0.03
新疆	11.07	6.69	1.56	0.93	0.02	0.03	0.06	0.00	0.24	0.10	0.00	0.03
新疆兵团	0.13	0.10	0.03	0.00	0.00	0.00	0.00	0.00	0.00	0.00	0.00	0.00
行业归口	51.37	12.23	3.55	0.63	3.08	1.16	0.09	0.02	6.10	2.18	1.74	2.13

续表

省份	水利工程	水运工程	矿山工程	冶金工程	石油天然气工程	石化工程	化工医药工程	农业工程	林业工程	电子通信工程	广播影视电视工程	其他
	专业 12	专业 13	专业 14	专业 15	专业 16	专业 17	专业 18	专业 19	专业 20	专业 21	专业 22	专业 23
合计	24.61	3.75	6.11	4.82	8.30	6.49	4.82	4.73	2.22	11.68	0.71	31.81
北京	2.82	0.67	1.19	0.82	1.69	0.75	0.94	0.67	0.50	3.13	0.11	3.57
天津	0.07	0.02	0.00	0.00	0.15	0.04	0.10	0.04	0.01	0.04	0.01	0.18
河北	0.43	0.06	0.06	0.14	0.06	0.03	0.18	0.20	0.09	0.17	0.00	0.74
山西	0.31	0.00	1.05	0.04	0.12	0.03	0.29	0.10	0.11	0.08	0.00	0.87
内蒙古	0.28	0.00	0.12	0.14	0.04	0.01	0.07	0.05	0.15	0.14	0.02	0.35
辽宁	0.25	0.05	0.02	0.00	0.22	0.15	0.03	0.08	0.03	0.17	0.03	0.67
吉林	0.13	0.00	0.01	0.00	0.06	0.00	0.00	0.06	0.01	0.51	0.00	0.16
黑龙江	0.32	0.00	0.00	0.00	0.09	0.03	0.02	0.10	0.00	0.03	0.00	0.32
上海	1.13	0.05	0.05	0.28	0.11	0.08	0.23	0.17	0.11	0.61	0.03	1.74
江苏	1.79	0.43	0.04	0.03	0.10	0.28	0.37	0.37	0.03	0.40	0.10	3.11
浙江	2.20	0.26	0.04	0.02	0.15	0.31	0.35	0.16	0.11	0.59	0.06	1.60
安徽	0.83	0.05	0.07	0.15	0.05	0.05	0.04	0.18	0.05	0.14	0.01	0.74
福建	0.47	0.06	0.02	0.01	0.01	0.08	0.01	0.02	0.03	0.17	0.01	0.23
江西	0.29	0.00	0.09	0.00	0.05	0.03	0.02	0.09	0.01	0.14	0.00	0.32
山东	1.50	0.35	0.12	0.22	0.22	1.03	0.60	0.48	0.12	0.34	0.03	1.57
河南	0.57	0.02	0.00	0.00	0.06	0.17	0.04	0.18	0.08	0.19	0.00	0.81
湖北	0.48	0.05	0.00	0.13	0.02	0.03	0.04	0.18	0.05	0.12	0.02	1.51
湖南	0.56	0.13	0.03	0.03	0.07	0.13	0.03	0.22	0.03	0.41	0.04	0.84

续表

省份	水利工程	水运工程	矿山工程	冶金工程	石油天然气工程	石化工程	化工医药工程	农业工程	林业工程	电子通信工程	广播影视电视工程	其他
	专业 12	专业 13	专业 14	专业 15	专业 16	专业 17	专业 18	专业 19	专业 20	专业 21	专业 22	专业 23
广东	2.42	0.21	0.01	0.00	0.08	0.29	0.04	0.12	0.04	0.76	0.07	1.74
广西	0.32	0.02	0.01	0.01	0.01	0.04	0.01	0.04	0.02	0.03	0.00	0.65
海南	0.14	0.02	0.00	0.00	0.00	0.00	0.00	0.06	0.02	0.05	0.00	0.36
重庆	0.60	0.05	0.01	0.00	0.06	0.02	0.05	0.15	0.05	0.14	0.01	1.30
四川	1.83	0.03	0.02	0.01	0.80	0.05	0.27	0.48	0.14	1.54	0.03	1.83
贵州	0.41	0.00	0.02	0.03	0.01	0.03	0.02	0.09	0.03	0.06	0.00	0.31
云南	1.36	0.02	0.12	0.20	0.05	0.09	0.09	0.07	0.28	0.08	0.04	0.79
西藏	0.00	0.00	0.00	0.00	0.00	0.00	0.00	0.00	0.00	0.00	0.00	0.00
陕西	0.43	0.00	0.46	0.07	0.38	0.22	0.21	0.16	0.03	1.29	0.00	0.85
甘肃	0.26	0.00	0.03	0.01	0.04	0.01	0.02	0.03	0.01	0.05	0.00	0.25
青海	0.04	0.00	0.02	0.01	0.00	0.00	0.01	0.00	0.00	0.00	0.00	0.11
宁夏	0.16	0.00	0.02	0.00	0.00	0.01	0.01	0.03	0.06	0.01	0.00	0.16
新疆	0.63	0.00	0.03	0.01	0.05	0.04	0.04	0.10	0.01	0.06	0.00	0.44
新疆兵团	0.00	0.00	0.00	0.00	0.00	0.00	0.00	0.00	0.00	0.00	0.00	0.00
行业归口	1.58	1.20	2.45	2.46	3.55	2.46	0.69	0.05	0.01	0.23	0.09	3.69

工程造价咨询业务收入按所涉及专业划分，房屋建筑工程专业收入最高，为597.85亿元，占全部工程造价咨询业务收入比例的59.62%；市政工程专业收入170.13亿元，占16.97%；公路工程专业收入50.19亿元，占5.01%；火电工程专业收入25.62亿元，占2.56%；水利工程专业收入24.61亿元，占2.45%；其他18个专业收入合计134.29亿元，占13.39%。

房屋建筑工程、市政工程、火电工程、水利工程专业收入最高的地区均为北京，其收入分别为87.98亿元、18.69亿元、4.89亿元、2.82亿元；公路工程专业收入最高的地区为云南，其收入为5.34亿元。

2018～2020年，按专业分类的工程造价咨询业务收入情况如表1-3-8所示，2018～2020年平均占比最大的前5个专业为房屋建筑工程、市政工程、公路工程、火电工程和水利工程专业，其工程造价咨询业务收入情况如图1-3-7所示。

2018～2020年按专业分类的工程造价咨询业务收入情况（万元）　表1-3-8

专业分类	2018年		2019年			2020年			平均增长（%）	平均占比（%）
	收入	占比（%）	收入	占比（%）	增长率（%）	收入	占比（%）	增长率（%）		
房屋建筑工程	4495700	58.20	5243600	58.75	16.64	5978500	59.62	14.02	15.33	58.86
市政工程	1281600	16.59	1494800	16.75	16.64	1701300	16.97	13.81	15.23	16.77
公路工程	380400	4.92	436400	4.89	14.72	501900	5.01	15.01	14.87	4.94
铁路工程	118100	1.53	84000	0.94	−28.87	70700	0.71	−15.83	−22.35	1.06
城市轨道交通	135200	1.75	159600	1.79	18.05	156800	1.56	−1.75	8.15	1.70
航空工程	24100	0.31	26000	0.29	7.88	22500	0.22	−13.46	−2.79	0.28
航天工程	4500	0.06	4800	0.05	6.67	3300	0.03	−31.25	−12.29	0.05
火电工程	170300	2.20	213100	2.39	25.13	256200	2.56	20.23	22.68	2.38
水电工程	126600	1.64	139800	1.57	10.43	148500	1.48	6.22	8.32	1.56
核工业工程	13100	0.17	10400	0.12	−20.61	23300	0.23	124.04	51.71	0.17
新能源工程	43200	0.56	53300	0.60	23.38	63400	0.63	18.95	21.16	0.60
水利工程	176500	2.28	214600	2.40	21.59	246100	2.45	14.68	18.13	2.38
水运工程	27300	0.35	34200	0.38	25.27	37500	0.37	9.65	17.46	0.37
矿山工程	52200	0.68	57600	0.65	10.34	61100	0.61	6.08	8.21	0.64
冶金工程	41000	0.53	56300	0.63	37.32	48200	0.48	−14.39	11.46	0.55

续表

专业分类	2018年		2019年			2020年			平均增长（%）	平均占比（%）
	收入	占比（%）	收入	占比（%）	增长率（%）	收入	占比（%）	增长率（%）		
石油天然气	68400	0.89	73100	0.82	6.87	83000	0.83	13.54	10.21	0.84
石化工程	57800	0.75	66100	0.74	14.36	64900	0.65	−1.82	6.27	0.71
化工医药工程	52600	0.68	51700	0.58	−1.71	48200	0.48	−6.77	−4.24	0.58
农业工程	39400	0.51	37300	0.42	−5.33	47300	0.47	26.81	10.74	0.47
林业工程	19400	0.25	21200	0.24	9.28	22200	0.22	4.72	7.00	0.24
电子通信工程	101600	1.32	111000	1.24	9.25	116800	1.16	5.23	7.24	1.24
广播影视电视	10200	0.13	11800	0.13	15.69	7100	0.07	−39.83	−12.07	0.11
其他	286000	3.70	324000	3.63	13.29	318100	3.17	−1.82	5.73	3.50

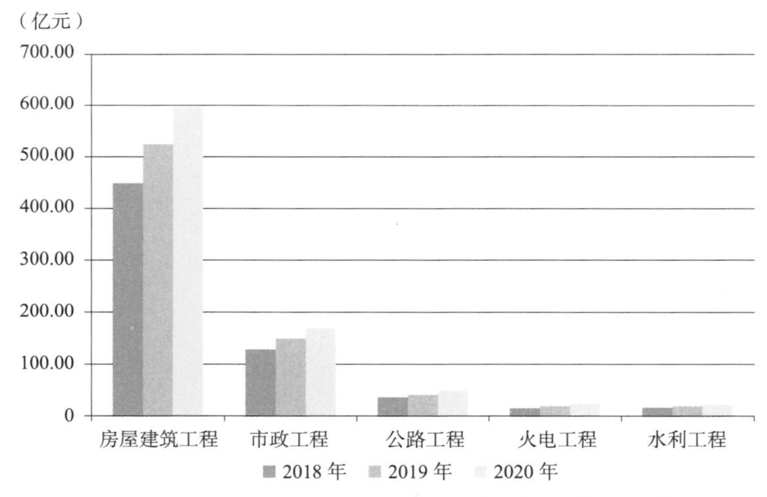

图 1-3-7　2018～2020 年分专业收入总体变化（平均占比前 5）

从以上统计结果及图示信息可知：

2018～2020 年，在 23 个专业中，房屋建筑工程、市政工程、公路工程、火电工程、水利工程专业收入平均占比分别为 58.86%、16.77%、4.94%、2.38%、2.38%，合计占比 85.33%，说明房屋建筑工程、市政工程、公路工程、火电工程、水利工程专业收入成为工程造价咨询业务收入的主要来源。

从变化趋势角度分析，2018～2020年核工业工程、火电工程、新能源工程专业的工程造价咨询业务收入平均增长率排名前三，平均增长率分别为51.71%、22.68%、21.16%；核工业工程波动幅度最大，2019年专业收入下降20.61%，2020年增加124.04%，变动幅度高达144.65个百分点。

二、竣工决算阶段、全过程工程造价咨询收入重要地位凸显

2020年，按工程建设阶段分类的工程造价咨询业务收入如表1-3-9、图1-3-8所示。

2020年按工程建设阶段分类的工程造价咨询业务收入基本情况（亿元）　表1-3-9

省份	合计	前期决策阶段咨询	实施阶段咨询	竣工决算阶段咨询	全过程工程造价咨询	工程造价经济纠纷的鉴定和仲裁的咨询	其他
合计	1002.69	83.96	199.56	361.35	308.47	26.68	22.67
北京	144.60	8.66	20.72	50.89	57.53	3.26	3.54
天津	11.21	0.59	2.07	2.37	5.16	0.62	0.40
河北	21.31	1.96	5.33	9.06	3.49	0.86	0.61
山西	14.90	1.15	2.55	7.92	2.43	0.48	0.37
内蒙古	12.37	0.70	1.93	7.59	1.57	0.38	0.20
辽宁	14.41	1.25	2.13	5.71	3.94	0.88	0.50
吉林	7.75	0.82	1.99	3.51	0.95	0.21	0.27
黑龙江	9.80	1.30	2.05	4.51	1.36	0.32	0.26
上海	59.25	2.33	6.24	19.76	29.19	0.59	1.14
江苏	89.22	4.36	16.58	39.19	25.18	2.22	1.69
浙江	87.15	6.15	16.00	36.46	25.27	1.56	1.71
安徽	27.09	2.24	7.22	10.72	5.36	1.19	0.36
福建	14.64	1.66	5.78	4.77	1.98	0.30	0.15
江西	12.93	1.06	2.78	5.60	2.88	0.41	0.20
山东	62.50	3.86	9.81	23.64	22.06	2.38	0.75
河南	25.54	1.89	7.52	9.20	5.06	1.34	0.53
湖北	27.15	2.39	5.79	10.52	6.98	0.63	0.84
湖南	27.16	3.61	6.18	9.70	6.60	0.57	0.50
广东	81.88	9.40	17.65	19.72	30.88	2.21	2.02

续表

省份	合计	前期决策阶段咨询	实施阶段咨询	竣工决算阶段咨询	全过程工程造价咨询	工程造价经济纠纷的鉴定和仲裁的咨询	其他
广西	10.47	1.51	2.73	4.04	1.70	0.36	0.13
海南	4.53	0.99	0.90	1.33	0.88	0.25	0.18
重庆	24.60	2.96	6.01	8.07	6.31	0.66	0.59
四川	69.03	6.90	16.78	21.33	21.22	1.50	1.30
贵州	10.40	0.72	1.69	4.51	2.41	0.76	0.31
云南	22.83	1.39	3.27	4.83	12.15	0.53	0.66
西藏	0.08	0.01	0.01	0.04	0.01	0.00	0.01
陕西	34.75	1.93	8.81	15.74	6.65	0.63	0.99
甘肃	6.40	0.79	1.49	2.76	0.88	0.40	0.08
青海	2.02	0.27	0.50	0.82	0.27	0.07	0.09
宁夏	4.15	0.16	1.22	1.70	0.71	0.25	0.11
新疆	11.07	1.20	1.79	4.95	2.46	0.40	0.27
新疆兵团	0.13	0.01	0.03	0.05	0.03	0.00	0.01
行业归口	51.37	9.74	14.01	10.34	14.92	0.46	1.90

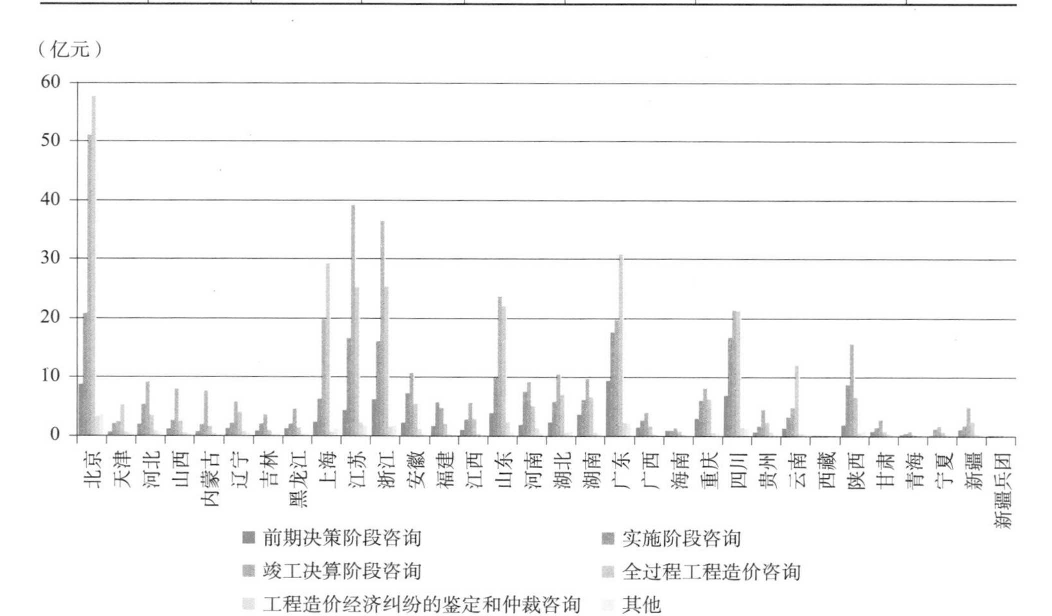

图 1-3-8 2020 年按工程建设阶段分类的工程造价咨询业务收入变化

从以上统计结果及图示信息可知：

2020年，工程造价咨询业务收入中的前期决策阶段咨询业务收入为83.96亿元、实施阶段咨询业务收入199.56亿元、竣工决算阶段咨询业务收入为361.35亿元、全过程工程造价咨询业务收入308.47亿元、工程造价经济纠纷的鉴定和仲裁的咨询业务收入26.68亿元，各类业务收入占工程造价咨询业务收入比例分别为8.37%、19.90%、36.04%、30.76%和2.66%。此外，其他工程造价咨询业务收入22.67亿元，占2.26%。在各类工程造价咨询业务收入中，竣工决算阶段咨询业务收入占比最高。

2020年，在各建设阶段中，前期决策阶段咨询业务收入在广东、北京、四川占比较高，分别为9.40亿元、8.66亿元、6.90亿元；实施阶段咨询业务收入在北京、广东、四川占比均较高，分别为20.72亿元、17.65亿元、16.78亿元；北京、江苏、浙江竣工决算阶段咨询业务收入位列前三，分别为50.89亿元、39.19亿元、36.46亿元；全过程工程造价咨询业务收入在北京、广东、上海占比较高，分别为57.53亿元、30.88亿元、29.19亿元；工程造价经济纠纷的鉴定和仲裁咨询业务收入在北京、山东、江苏占比较高，分别为3.26亿元、2.38亿元、2.22亿元；其他业务收入在北京、广东、浙江占比较高，分别为3.54亿元、2.02亿元、1.71亿元。

在工程建设的六个阶段类别中，竣工决算阶段、全过程工程造价咨询收入占据重要地位。随着国家对全过程工程咨询的大力推行，全过程咨询已经成为行业发展的必然趋势，全过程工程造价咨询收入也逐渐占据重要地位，其咨询收入在北京、天津、上海、广东、云南占比均为最高。除此之外的27个地区均在竣工决算阶段咨询收入占比最高。

2018～2020年，按工程建设阶段分类的工程造价咨询业务收入变化情况如表1-3-10、图1-3-9所示。

2018～2020年按工程建设阶段分类的工程造价咨询收入总体变化（亿元）　表1-3-10

阶段分类	2018年		2019年			2020年			平均增长（%）	平均占比（%）
	收入	占比（%）	收入	占比（%）	增长（%）	收入	占比（%）	增长（%）		
前期决策阶段咨询	69.01	8.91	76.43	8.56	10.75	83.96	8.37	9.85	10.30	8.62

续表

阶段分类	2018年		2019年			2020年			平均增长(%)	平均占比(%)
	收入	占比(%)	收入	占比(%)	增长(%)	收入	占比(%)	增长(%)		
实施阶段咨询	162.81	21.03	184.07	20.62	13.06	199.56	19.90	8.42	10.74	20.52
竣工决算阶段咨询	309.28	39.94	340.67	38.17	10.15	361.35	36.04	6.07	8.11	38.05
全过程工程造价咨询	198.31	25.61	248.96	27.90	25.54	308.47	30.76	23.90	24.72	28.09
工程造价鉴定和仲裁	15.74	2.03	22.33	2.50	41.87	26.68	2.66	19.48	30.67	2.40
其他	19.16	2.47	20.01	2.24	4.44	22.67	2.26	13.29	8.86	2.33

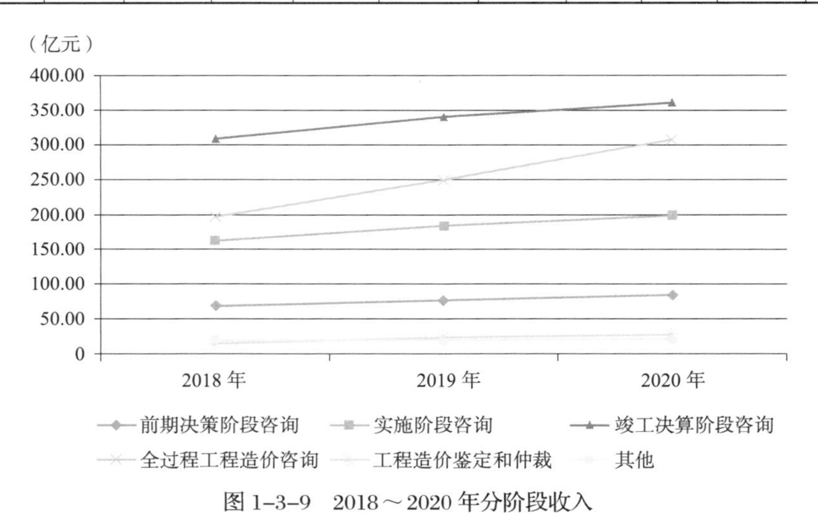

图1-3-9 2018～2020年分阶段收入

从以上统计结果及图示信息可知：

各阶段收入占工程造价咨询业务收入比例前三的均为竣工决算阶段咨询、全过程工程造价咨询、实施阶段咨询；工程造价经济纠纷的鉴定和仲裁业务收入占比也逐渐增加，超过了其他咨询业务收入。上述收入关系表明，竣工决算阶段咨询仍为现阶段造价咨询企业的主营业务；全过程工程造价咨询是行业的重要发展方向；工程造价经济纠纷的鉴定和仲裁业务收入比例较低，主要原因是此类业务对专业技术要求高，业务实施难度大。

各阶段咨询收入均呈逐年增长态势。其中，2020年除其他咨询收入外，其他各阶段收入增速均放缓。2018～2020年各阶段收入中，平均增速最快的是工程造价经济纠纷的鉴定和仲裁，平均增长率为30.67%；平均增速最慢的是竣工决算阶段咨询业务，平均增长率为8.11%。

三、地区发展仍不均衡

2018～2020年，按工程建设阶段分类的工程造价咨询业务收入区域变化情况如表1-3-11所示。

2018～2020年按工程建设阶段分类的工程造价咨询业务收入变化情况（平均占比排名前4的省份）（亿元） 表1-3-11

省份	2018年		2019年			2020年			平均占比（%）	平均增长（%）
	收入	占比（%）	收入	占比（%）	增长率（%）	收入	占比（%）	增长率（%）		
前期决策阶段咨询收入										
海南	0.58	14.99	0.59	17.00	1.72	0.99	21.85	67.80	17.95	34.76
广西	1.21	13.97	1.18	12.30	−2.48	1.51	14.42	27.97	13.57	12.74
黑龙江	0.66	11.22	1.15	14.36	74.24	1.30	13.27	13.04	12.95	43.64
广东	6.34	12.43	8.51	13.08	34.23	9.40	11.48	10.46	12.33	22.34
实施阶段咨询收入										
宁夏	2.79	71.36	1.52	38.10	−45.52	1.22	29.40	−19.74	46.28	−32.63
福建	4.88	41.46	5.34	39.91	9.43	5.78	39.48	8.24	40.28	8.83
河南	5.81	29.06	7.29	31.56	25.47	7.52	29.44	3.16	30.02	14.31
青海	0.61	32.45	0.54	26.34	−11.48	0.50	24.75	−7.41	27.85	−9.44
竣工决算阶段咨询收入										
内蒙古	8.25	64.00	8.02	60.85	−2.79	7.59	61.36	−5.36	62.07	−4.07
山西	5.79	53.71	6.36	52.26	9.84	7.92	53.15	24.53	53.04	17.19
西藏	0.10	50.00	0.04	57.14	−60.00	0.04	50.00	0.00	52.38	−30.00
黑龙江	3.34	56.80	3.90	48.69	16.77	4.51	46.02	15.64	50.50	16.20
全过程工程造价咨询收入										
上海	20.12	41.60	24.16	44.27	20.08	29.19	49.27	20.82	45.05	20.45
云南	6.42	34.95	9.49	44.00	47.82	12.15	53.22	28.03	44.05	37.92
天津	3.63	34.34	4.23	37.94	16.53	5.16	46.03	21.99	39.44	19.26
北京	34.17	32.43	44.00	34.71	28.77	57.53	39.79	30.75	35.64	29.76

续表

省份	2018年		2019年			2020年			平均占比（%）	平均增长（%）
	收入	占比（%）	收入	占比（%）	增长率（%）	收入	占比（%）	增长率（%）		
工程造价经济纠纷的鉴定和仲裁咨询收入										
甘肃	0.29	4.73	0.39	6.32	34.48	0.40	6.25	2.56	5.77	18.52
辽宁	0.66	5.58	0.72	5.59	9.09	0.88	6.11	22.22	5.76	15.66
贵州	0.37	3.87	0.42	4.65	13.51	0.76	7.31	80.95	5.27	47.23
海南	0.21	5.43	0.12	3.46	−42.86	0.25	5.52	108.33	4.80	32.74
其他收入										
黑龙江	0.22	3.74	0.73	9.11	231.82	0.26	2.65	−64.38	5.17	83.72
海南	0.16	4.13	0.16	4.61	0.00	0.18	3.97	12.50	4.24	6.25
安徽	2.10	9.42	0.35	1.42	−83.33	0.36	1.33	2.86	4.06	−40.24
山西	0.61	5.66	0.37	3.04	−39.34	0.37	2.48	0.00	3.73	−19.67

从以上统计结果可知：

前期决策阶段咨询收入平均占比前四的省份为海南、广西、黑龙江、广东；实施阶段咨询收入平均占比前四的省份为宁夏、福建、河南、青海；竣工决算阶段咨询收入平均占比前四的省份为内蒙古、山西、西藏、黑龙江；全过程工程造价咨询收入平均占比前四的省市为上海、云南、天津、北京；工程造价经济纠纷的鉴定和仲裁收入平均占比前四的省份为甘肃、辽宁、贵州、海南；其他咨询业务收入平均占比前四的省份为黑龙江、海南、安徽、山西。

从区域平均占比来看，前期决策阶段咨询业务收入华南地区各省平均占比最高；实施阶段咨询业务收入华中地区各省平均占比较高；竣工决算阶段咨询业务收入东北、华北、西北地区各省平均占比较高；全过程工程造价咨询业务收入西南地区各省平均占比较高；工程造价经济纠纷的鉴定和仲裁的咨询业务收入东北地区各省平均占比最高。

从各阶段咨询收入平均增幅来看，天津、青海其他咨询业务收入平均增长幅度明显，平均增长率分别为176.01%、138.53%；云南工程造价经济纠纷的鉴定和仲裁收入平均增长率也高达164.61%。

第三节 财务收入统计分析

一、工程造价咨询企业利润情况呈现区域差异性

2020 年各省市工程造价咨询企业财务状况汇总信息如表 1-3-12 所示，利润总额变化情况如图 1-3-10 所示。

2020 年各省市财务状况汇总表（亿元） 表 1-3-12

省份	营业收入合计	工程造价咨询营业收入	其他收入	利润总额	所得税
合计	2570.64	1002.69	1567.95	264.72	50.06
北京	236.42	144.60	91.82	24.73	5.91
天津	32.90	11.21	21.69	3.81	0.54
河北	51.39	21.31	30.08	2.43	0.25
山西	32.99	14.90	18.09	1.45	0.20
内蒙古	20.18	12.37	7.81	1.83	0.13
辽宁	21.80	14.41	7.39	1.76	0.19
吉林	15.62	7.75	7.87	1.53	0.19
黑龙江	21.72	9.80	11.92	1.47	0.19
上海	136.75	59.25	77.50	10.69	3.28
江苏	219.14	89.22	129.92	22.49	4.26
浙江	237.72	87.15	150.57	16.59	2.74
安徽	77.30	27.09	50.21	10.87	1.68
福建	48.04	14.64	33.40	3.31	0.59
江西	27.14	12.93	14.21	7.20	0.68
山东	125.40	62.50	62.90	7.26	1.32
河南	137.07	25.54	111.53	3.99	0.63
湖北	37.90	27.15	10.75	2.64	0.31
湖南	59.61	27.16	32.45	3.52	0.62
广东	251.89	81.88	170.01	18.28	2.64
广西	30.22	10.47	19.75	1.62	0.24

续表

省份	营业收入合计	工程造价咨询营业收入	其他收入	利润总额	所得税
海南	5.60	4.53	1.07	0.47	0.05
重庆	35.94	24.60	11.34	1.51	0.18
四川	139.79	69.03	70.76	10.53	1.35
贵州	24.00	10.40	13.60	2.32	0.31
云南	43.39	22.83	20.56	3.79	0.46
西藏	0.12	0.08	0.04	0.01	0.00
陕西	67.86	34.75	33.11	4.66	0.72
甘肃	20.91	6.40	14.51	1.33	0.17
青海	6.10	2.02	4.08	0.93	0.14
宁夏	5.94	4.15	1.79	0.57	0.05
新疆	21.87	11.07	10.80	2.30	0.33
新疆兵团	0.99	0.13	0.86	0.10	0.01
行业归口	376.93	51.37	325.56	88.74	19.67

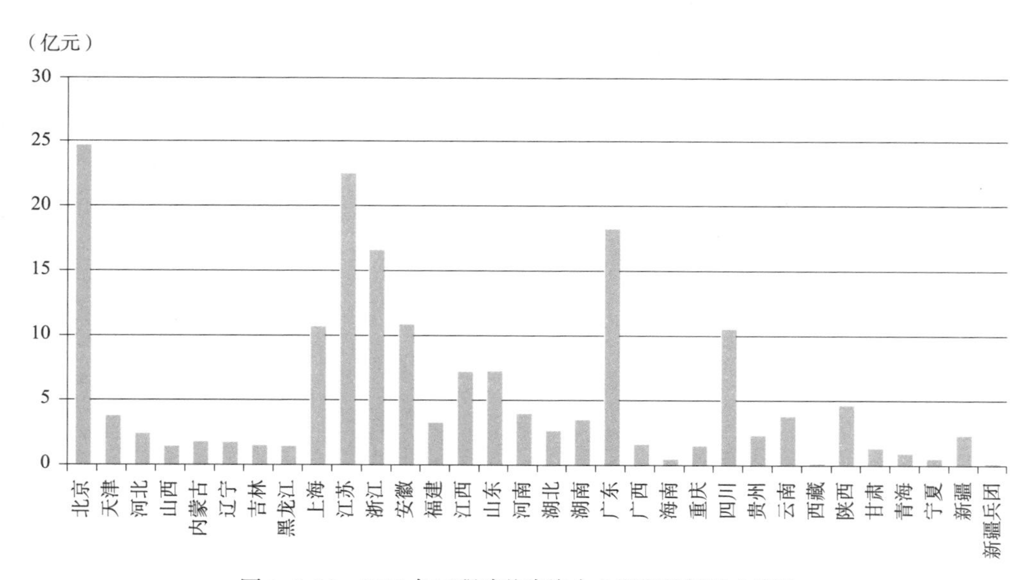

图 1-3-10　2020 年工程造价咨询企业利润总额基本情况

从以上统计结果及图示信息可知：

企业利润情况具有明显区域差异性。2020 年上报的工程造价咨询企业实现利润总额为 264.72 亿元。其中：利润总额较高的是北京、江苏、广东，分别为 24.73 亿元、22.49 亿元、18.28 亿元。

二、工程造价咨询行业利润大幅增长

2018～2020 年，工程造价咨询企业财务收入利润总额变化情况如表 1-3-13、图 1-3-11 所示。

2018～2020 年财务收入利润总额变化情况汇总表 表 1-3-13

省份	2018 年	2019 年		2020 年		平均增长率（%）
	利润总额（亿元）	利润总额（亿元）	增长率（%）	利润总额（亿元）	增长率（%）	
合计	204.94	210.81	2.86	264.72	25.57	14.22
北京	10.47	9.68	−7.55	24.73	155.48	73.96
天津	2.40	2.52	5.00	3.81	51.19	28.10
河北	2.25	2.14	−4.89	2.43	13.55	4.33
山西	0.66	1.09	65.15	1.45	33.03	49.09
内蒙古	1.56	1.96	25.64	1.83	−6.63	9.50
辽宁	0.86	1.39	61.63	1.76	26.62	44.12
吉林	1.50	2.14	42.67	1.53	−28.50	7.08
黑龙江	0.56	1.02	82.14	1.47	44.12	63.13
上海	8.99	8.33	−7.34	10.69	28.33	10.49
江苏	15.70	20.55	30.89	22.49	9.44	20.17
浙江	6.40	13.81	115.78	16.59	20.13	67.96
安徽	4.63	6.10	31.75	10.87	78.20	54.97
福建	2.46	2.52	2.44	3.31	31.35	16.89
江西	2.29	4.38	91.27	7.20	64.38	77.82
山东	4.79	5.83	21.71	7.26	24.53	23.12
河南	2.40	2.16	−10.00	3.99	84.72	37.36
湖北	2.03	3.15	55.17	2.64	−16.19	19.49
湖南	3.04	3.72	22.37	3.52	−5.38	8.50
广东	8.35	9.95	19.16	18.28	83.72	51.44
广西	1.24	1.31	5.65	1.62	23.66	14.65

续表

省份	2018 年	2019 年		2020 年		平均增长率（%）
	利润总额（亿元）	利润总额（亿元）	增长率（%）	利润总额（亿元）	增长率（%）	
海南	0.30	0.29	−3.33	0.47	62.07	29.37
重庆	1.39	2.38	71.22	1.51	−36.55	17.33
四川	6.29	8.82	40.22	10.53	19.39	29.81
贵州	1.56	2.73	75.00	2.32	−15.02	29.99
云南	2.15	3.22	49.77	3.79	17.70	33.73
西藏	0.04	0.02	−50.00	0.01	−50.00	−50.00
陕西	3.79	5.06	33.51	4.66	−7.91	12.80
甘肃	1.64	1.36	−17.07	1.33	−2.21	−9.64
青海	0.49	0.91	85.71	0.93	2.20	43.96
宁夏	0.27	0.39	44.44	0.57	46.15	45.30
新疆	0.95	1.88	97.89	2.30	22.34	60.12
新疆兵团	—	—	—	0.10	—	—
行业归口	103.50	80.00	−22.71	88.74	10.93	−5.89

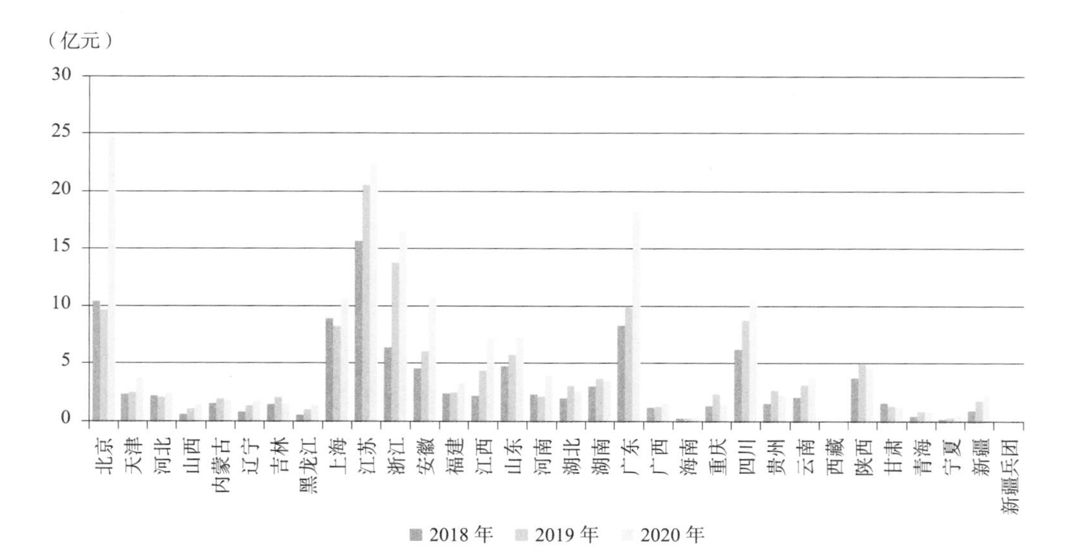

图 1–3–11 2018～2020 年财务收入利润总额区域变化

从以上统计结果及图示信息可知：

2020 年，全国工程造价咨询行业利润总额为 264.72 亿元，较上年增加 53.91 亿元，同比增长 25.57%，工程造价咨询行业利润大幅增长，行业发展形势趋好。

2020 年，北京、河南、广东以 155.48%、84.72%、83.72% 的增速位列前三。其中，北京、河南增速提高最为显著，北京 2019 年增长率为 −7.55%，2020 年提高了 163.03 个百分点；河南 2019 年增长率为 −10.00%，2020 年提高了 94.72 个百分点。除此之外，重庆增速减缓最为显著，重庆 2019 年增长率为 71.22%，与 2020 年相差了 107.78 个百分点。

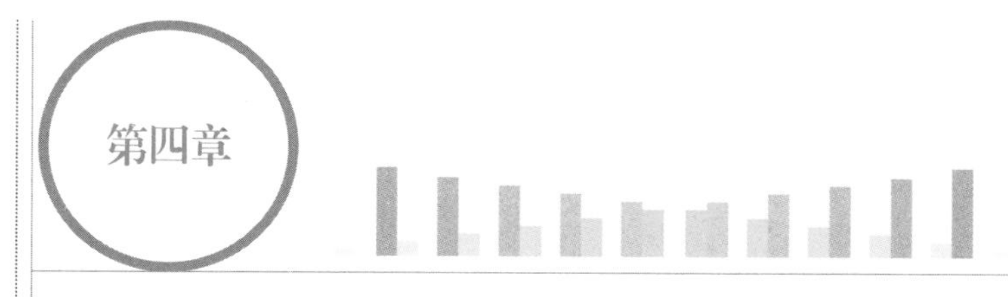

行业发展主要影响因素分析

第一节　政策环境

一、“两新一重”投资基调促进行业发展稳中向好

2019年12月中央经济工作会议指出，财政政策、货币政策要同消费、投资、就业、产业、区域等政策形成合力，引导资金投向供需共同受益、具有乘数效应的先进制造、民生建设、基础设施短板等领域，促进产业和消费的“双升级”。其中基础设施短板领域重点在于既促消费惠民生又调结构增后劲的“两新一重”建设，即：新型基础设施建设、新型城镇化建设，以及交通、水利等重大工程建设。2020年，国务院围绕“两新一重”建设出台了一系列的政策措施，各部门积极响应，促使行业发展稳中向好。

2020年4月3日，发布《国家发展改革委关于印发〈2020年新型城镇化建设和城乡融合发展重点任务〉的通知》(发改规划〔2020〕532号)。通知要求改革城市投融资机制，在防范化解地方政府债务风险、合理处置存量债务的前提下，完善与新型城镇化建设相匹配的投融资工具，并发挥中央预算内投资和国家城乡融合发展基金作用，支持引导工商资本和金融资本入乡发展。

2020年5月22日，国务院《政府工作报告》明确提出要加强新型城镇化建设，大力提升县城公共设施和服务能力，以适应农民日益增加的到县城就业安家需求。同时加强交通、水利等重大工程建设。增加国家铁路建设资本金1000亿元。健全市场化投融资机制，支持民营企业平等参与，要优选项目，不留后遗症，让投资持续发挥效益。

2020年5月29日，国家发展改革委印发《关于加快开展县城城镇化补短板强弱项工作的通知》(发改规划〔2020〕831号)。指出县城是我国推进工业化城镇化的重要空间、城镇体系的重要一环、城乡融合发展的关键纽带。针对县城准公益性及经营性固定资产投资项目，设计市场化的金融资本与工商资本联动投入机制，规范有序推广PPP模式，带动民间资本参与投资的积极性。

2020年7月9日，国家发展改革委办公厅印发《关于加快落实新型城镇化建设补短板强弱项工作有序推进县城智慧化改造的通知》(发改办高技〔2020〕530号)。该通知旨在强化投资建设政企协同，对于公益性建设项目，政府支持引导建设；对于有一定收益的智慧化建设项目，积极调动市场化资源投入，充分激发市场活力，形成良性市场化机制模式。

“两新一重”建设是促进我国经济社会发展的新机遇、新动能，成为扩大有效投资的重要抓手。新基建兼顾稳增长和促创新的双重任务，有利于充分发挥市场这只无形之手的调节作用，提升社会资本参与的积极性。新型城镇化促进大城市和小城镇协调发展，提升城市治理水平，推进城乡融合发展。交通、水利、能源、电力等重大工程仍是稳定生产体系、保障基本民生的重要且必要的项目，并能带动相关产业的发展，为我国的长远发展奠定基础，与“两新”一起为我国经济社会发展积蓄巨大发展潜能。

二、招标投标领域改革营造行业良好市场环境

2020年2月4日，国家发展改革委办公厅印发《关于加强投资项目远程审批服务保障新型冠状病毒感染肺炎疫情防控期间项目办理工作的通知》(发改电〔2020〕66号)。该通知要求围绕做好“六稳”工作，积极推进投资项目储备，保障投资项目申报、受理、审批和前期工作稳妥有序开展，保持新开工项目后劲。

2020年2月8日，国家发展改革委办公厅印发《关于积极应对疫情创新做好招投标工作保障经济平稳运行的通知》(发改电〔2020〕170号)。通知要求加快推进招标投标全流程电子化，着力消除全流程电子化的盲点、断点、堵点，尽快在各行业领域全面推广电子招标投标，扭转电子和纸质招标投标双规并行的局面。充分认识当前形势下创新开展招标投标工作的紧迫性和重要性，既要解决当

前突出问题，更要注重建立长效机制。

2020年9月22日，国家发展改革委办公厅，市场监管总局办公厅印发《关于进一步规范招标投标过程中企业经营资质资格审查工作通知》(发改办法规〔2020〕727号)。通知要求进一步明确招标投标过程中对企业经营资质资格的审查标准，持续深化招标投标领域“放管服”改革，落实“证照分离”改革要求，做好企业登记工作，形成各部门共同维护招标投标市场公平竞争的工作合力。其目的是贯彻落实《优化营商环境条例》要求，破除招标投标领域各种隐性壁垒和不合理门槛，维护公平竞争的招标投标营商环境。

2020年10月23日，国家发展改革委办公厅印发《关于进一步做好〈必须招标的工程项目规定〉和〈必须招标的基础设施和公用事业项目范围规定〉实施工作的通知》(发改办法规〔2020〕770号)。该通知旨在加强政策指导，进一步做好《必须招标的工程项目规定》(国家发展改革委2018年第16号令，以下简称“16号令”)和《必须招标的基础设施和公用事业项目范围规定》(发改法规规〔2018〕843号，以下简称“843号文”)实施工作，各地方应当严格执行16号令和843号文规定的范围和规模标准，不得另行制定必须进行招标的范围和规模标准，也不得作出与16号令、843号文和本通知相抵触的规定，持续深化招标投标领域“放管服”改革，努力营造良好市场环境。

三、智能建造与新型建筑工业化推动行业智慧化发展

2020年7月3日，住房和城乡建设部等部门印发《关于推动智能建造与建筑工业化协同发展的指导意见》(建市〔2020〕60号)。该指导意见是促进建筑业转型升级、实现高质量发展的必然要求，是有效拉动内需、做好“六稳”“六保”工作的重要举措，是顺应国际潮流、提升我国建筑业国际竞争力的有力抓手，有利于促使建筑工业化、数字化、智能化水平显著提高。

2020年8月28日，住房和城乡建设部等部门印发《关于加快新型建筑工业化发展的若干意见》(建标规〔2020〕8号)。要求行业相关单位加强系统化集成设计，优化构件和部品部件生产，推广精益化施工，加快信息技术融合发展，创新组织管理模式，强化科技支撑，加快专业人才培育，加大政策扶持力度。

智能建造是建筑业发展的必然趋势和转型升级的重要抓手，其面向工程产品

的全生命周期，是实现泛在感知条件下建造生产水平提升和现场作业赋能的高级阶段，是实现人工智能与建造要求深度融合的一种建造方式。把握数字化、网络化、智能化融合发展的契机，以信息化、智能化为杠杆培育新动能，带动建筑业转型升级。新型建筑工业化是以工业化发展成就为基础，通过现代信息技术驱动，以工程全生命周期系统化集成设计、精益化生产施工为主要手段，达到高效益、高质量、低能耗、低排放的发展目标。智能建造与新型建筑工业化相辅相成，是一项带有全局性的工作，是对行业自身的新跨越。

四、取消“双 60%”是我国工程造价咨询行业的重大阶段性变革

2020 年 2 月 19 日，住房和城乡建设部印发《关于修改〈工程造价咨询企业管理办法〉〈注册造价工程师管理办法〉的决定》（住房和城乡建设部令第 50 号）。该文件取消“注册造价工程师人数不低于出资人总人数 60%，且其出资额不低于企业认缴出资总额的 60%”规定。“双 60%”的取消打破了工程造价咨询产业的“隔离墙”，对工程造价咨询企业来说既是挑战也是机遇。一方面将易于与勘察、设计、招标代理、监理等企业实现合并重组，另一方面更易于其他产业跨界进入工程造价咨询产业，使其灵活发展。

（1）“双 60%”的取消，彻底打破了工程造价咨询企业进入资本市场的限制，同时打开了国企进入工程造价咨询行业的大门，将加快资本进入工程造价咨询行业的步伐，催生新工程造价咨询产业的形成，助推 1+N+X 全资模式，推动工程造价咨询企业与勘察设计企业、工程监理企业等合并、重组为“新工程咨询”企业。取消工程造价咨询企业专业人员对存档机构的限制，是国企进入工程造价咨询行业的信号，是工程造价咨询市场的重大阶段性变革。

（2）“双 60%”的取消和降低对工程造价咨询企业注册造价工程师人数要求，是 2020 年工程造价咨询企业数量剧增的重要原因，这也将进一步加剧中小微型工程造价咨询企业之间的竞争。在国家不断推进工程组织模式变革的背景下，如何将工程造价咨询业务做专做精，是中小微型工程造价咨询企业的发展方向。

五、工程造价改革推动实现行业市场化

2020年7月24日，住房和城乡建设部发布《关于印发工程造价改革工作方案的通知》（建办标〔2020〕38号）。通知指出要坚持市场在资源配置中的决定性作用，正确处理政府与市场的关系，通过改进工程计量和计价规则、完善工程计价依据发布机制、加强工程造价数据积累、强化建设单位造价管控责任、严格施工合同履约管理等措施，推行清单计量、市场询价、自主报价、竞争定价的工程计价方式，进一步完善工程造价市场形成机制。

此次改革中的"一取消一停止"引起行业广泛关注。"一取消一停止"是指取消最高投标限价按定额计价和逐步停止发布预算定额。改革的主要任务是改进工程计量和计价规则，完善工程计价依据发布机制。通过修订工程量计算规范，统一工程项目划分、特征描述、计量规则和计算口径，修订工程量清单计价规范，统一工程费用组成和计价规则，使之与国际工程承包市场通行的市场规则接轨，不断增强我国建筑业企业国内市场和国际市场竞争能力，使更多工程承包企业能够走出去，实现我国建筑业企业双循环发展战略。

六、行业相关政策保障行业持续稳定发展

2020年3月31日，财政部发布《关于印发〈政府和社会资本合作（PPP）项目绩效管理操作指引〉的通知》（财金〔2020〕13号），通知要求进一步规范PPP项目全生命周期绩效管理工作，提高公共服务供给质量和效率，保障合作各方合法权益。在落实新基建计划、适当提高财政赤字率、发行特别国债等方面，将进一步激发或扩大政府与社会资本合作积极性，有利于践行积极的财政政策。

2020年7月15日，国务院办公厅印发《关于进一步优化营商环境更好服务市场主体的实施意见》（国办发〔2020〕24号）。意见要求持续提升投资建设便利度，通过优化再造投资项目前期审批流程，进一步提升工程建设项目前期审批效率，深入推进"多规合一"等。简化行业手续流程，提高办事效率，促进行业持续高质量发展。

2020年10月1日，国务院颁布《中华人民共和国预算法实施条例》（中华人

民共和国国务院令第729号），要求严格遵循并贯彻落实修改后的预算法，与近年来推行的各项财政改革相衔接，进一步健全完善预算管理体制机制，全力做好“六稳”工作、全面落实“六保”任务，加快建立与国家治理体系和治理能力现代化相适应的现代财政制度，更好地发挥财政在国家治理中的重要支柱作用。

第二节　经济环境

一、宏观经济环境稳中有进

1. 经济结构优化升级持续推进

2020年国内生产总值1015986亿元，比上年增长2.3%。其中，第一产业增加值77754亿元，增长3.0%；第二产业增加值384255亿元，增长2.6%；第三产业增加值553977亿元，增长2.1%。第一产业增加值占国内生产总值比重为7.7%，第二产业增加值比重为37.8%，第三产业增加值比重为54.5%。全年最终消费支出拉动国内生产总值下降0.5个百分点，资本形成总额拉动国内生产总值增长2.2个百分点，货物和服务净出口拉动国内生产总值增长0.7个百分点。人均国内生产总值72447元，比上年增长2.0%。国民总收入1009151亿元，比上年增长1.9%。全国万元国内生产总值能耗比上年下降0.1%。全员劳动生产率为117746元/人，比上年提高2.5%。

2011年至2020年的国内生产总值和增长速度情况如图1-4-1所示，从图中可以看出从2011到2020年国内生产总值逐年提高，国内生产总值增长速度呈逐年降低趋势，我国经济总体增长放缓。

2. 固定资产投资增速放缓

2020年，全年全社会固定资产投资527270亿元，比上年增长2.7%。其中，固定资产投资（不含农户）518907亿元，增长2.9%。

分行业来看，卫生和社会工作行业增幅最大，相比于去年增长26.8%；科学研究和技术服务业增幅为3.4%；教育业增幅为12.3%；租赁和商务服务业增幅为5.0%；金融业降幅为13.3%；房地产业增幅为5.0%；信息传输、软件和信

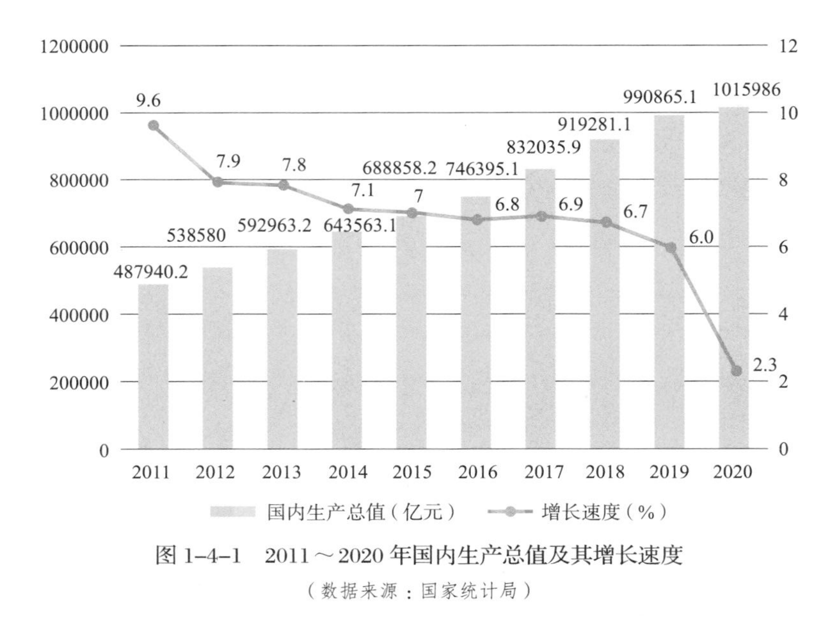

图 1-4-1　2011～2020 年国内生产总值及其增长速度

（数据来源：国家统计局）

息技术服务业增幅为 18.7%；建筑业增幅为 9.2%；批发零售行业降幅最大，为 21.5%；公共管理、社会保障和社会组织降幅为 6.4%；居民服务、修理和其他服务业降幅为 2.9%；与造价行业相关度比较大的是建筑行业和房地产行业，二者的增幅分别为 9.2%、5.0%，处于稳步增长的状态。

二、建筑业增长率整体保持稳中趋缓态势

2020 年全社会建筑业增加值 72996 亿元，比上年增长 3.5%；全国建筑业企业（指具有资质等级的总承包和专业承包建筑业企业，不含劳务分包建筑业企业，下同）完成建筑业总产值 263947.04 亿元，同比增长 6.24%；签订合同总额 595576.06 亿元，同比增长 9.27%；完成房屋施工面积 149.47 亿 m^2，同比增长 3.68%；完成房屋竣工面积 38.48 亿 m^2，同比下降 4.37%；实现利润 8303 亿元，同比增长 0.30%。截至 2020 年底，全国有施工活动的建筑业企业 116716 个，同比增长 12.43%；从业人数 5366.92 万人，同比下降 1.11%。

近十年建筑业总产值和增长率如图 1-4-2 所示，从图中可以看出，建筑业总产值近十年来一直呈增长趋势，而 2010 年至 2015 年建筑业总产值增长率增速放缓，从高位增长率 25.03% 下降至 2.29%，2015 年后增长率有所回升，2019 年回

升到 10.02%，2020 年又下降至 6.24%，总体来看，近五年建筑业总产值增速有所回落。

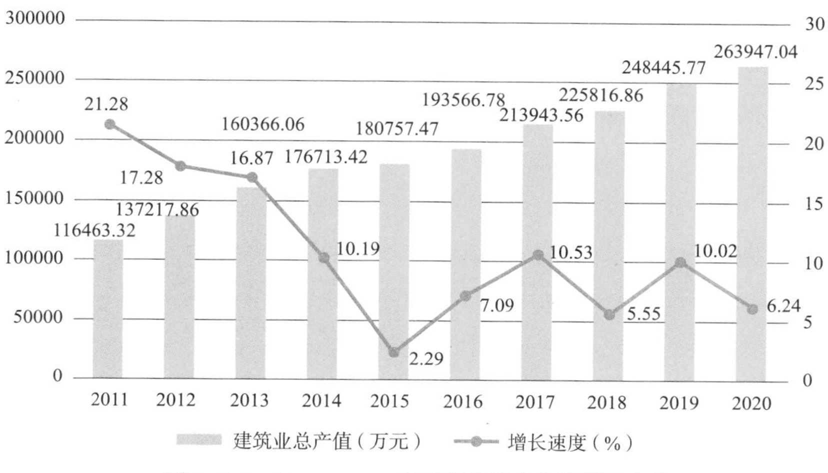

图 1-4-2 2011～2020 年建筑业总产值及增长速度

（数据来源：国家统计局）

三、房地产业保持平稳有序发展

2020 年房地产开发投资 141443 亿元，比上年增长 7.0%。其中住宅投资 104446 亿元，增长 7.6%；办公楼投资 6494 亿元，增长 5.4%；商业营业用房投资 13076 亿元，下降 1.1%。近十年的房地产开发投资额如图 1-4-3 所示，2011 年至 2015 年投资额增速逐渐放缓，从高位增长率 28.05% 下降至 0.99%，2015 年后增长速度逐渐增加，直至 2019 年的增速 10.01%，在 2020 年增速又回落至 7.0%。

2020 年，商品房销售面积 176086 万 m^2，比上年增长 2.6%。其中，住宅销售面积 154878 万 m^2，增长 3.2%；办公楼销售面积 3334 万 m^2，下降 10.4%；商业营业用房销售面积 9288 万 m^2，下降 10.4%。商品房销售额 173613 亿元，比去年增长 8.7%。其中，住宅销售额 154567 亿元，增长 10.8%；销售额 5047 亿元，比去年下降 5.3%；商业营业用房销售额 9889 亿元，比去年下降 11.2%。

2020 年，房地产开发企业房屋施工面积 926759 万 m^2，比上年增长 3.7%。其中，住宅施工面积 655558 万 m^2，增长 4.4%。房屋新开工面积 224433 万 m^2，下降 1.2%。其中，住宅新开工面积 164329 万 m^2，下降 1.9%；办公楼新开工面积

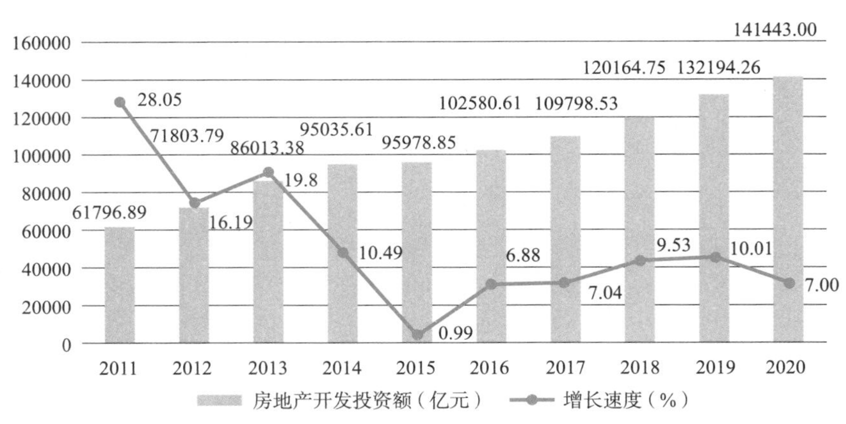

图 1-4-3　2010～2020 年房地产开发投资额和增长率

（数据来源：国家统计局）

6604 万 m^2，下降 6.8%；商业营业用房新开工面积 18012 万 m^2，下降 4.9%。房屋竣工面积 91218 万 m^2，下降 4.9%。其中，住宅竣工面积 65910 万 m^2，下降 3.1%。

2020 年，房地产开发企业土地购置面积 25536 万 m^2，比上年下降 1.1%；土地成交价款 17269 亿元，比去年增长 17.4%。

2020 年，房地产开发企业到位资金 193115 亿元，比去年增长 8.1%。其中，国内贷款 26676 亿元，比去年增长 5.7%；利用外资 192 亿元，比去年增长 9.3%；自筹资金 63377 亿元，增长 9.0%；定金及预收款 66547 亿元，比去年增长 8.5%；个人按揭贷款 29976 亿元，比去年增长 9.9%。

2020 年 1～12 月房地产开发景气指数如图 1-4-4 所示。

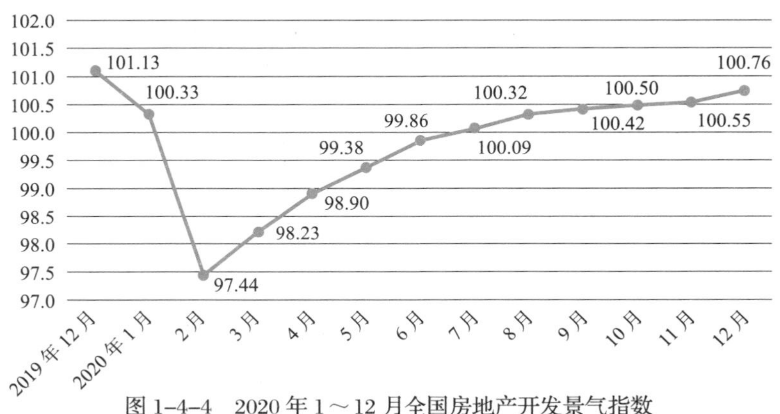

图 1-4-4　2020 年 1～12 月全国房地产开发景气指数

（数据来源：国家统计局）

从房地产投资、房地产销售、开工面积、土地成交、房地产开发企业到位资金、房地产开发景气指数等房地产领域指标综合来看，由于受疫情影响，2020年房地产业在2月份遭受严重影响，但在之后仍保持平稳有序发展。

第三节　技术环境

2020年7月，住房和城乡建设部印发的《工程造价改革工作方案》提出要加强工程造价数据积累、加快建立国有资金投资的工程造价数据库，按地区、工程类型、建筑结构等分类发布人工、材料、项目等造价指标指数，利用大数据、人工智能等信息化技术为概预算编制提供依据。从方案中可以明确，工程造价咨询行业将要大力推进信息化改革。

在信息化发展的新浪潮下，工程造价咨询行业正面临着新一轮的挑战。一方面，从工程造价咨询行业的工作对象，即具体的工程项目建设层面而言，国家正在大力推行新型建筑工业化，涉及系统化集成设计、信息技术融合发展、强化科技支撑等方面。这意味着在未来项目的全寿命周期信息化集成度会更高，BIM、大数据、物联网以及智能建造等技术与项目建设的结合程度也会更高。这些信息技术在工程项目上的进一步运用从更深层次的维度影响到了工程造价咨询行业，迫使企业进行相应的数字化转型升级。另一方面，从工程造价咨询行业的相关企业而言，企业自身数字化能力也面临着新的转型升级。传统的企业内部生产力平台只解决了项目级的作业分配、资料积累、审批流转、质量监测等功能，无法做到通过数据分析提供相应的服务。但随着大数据、云计算的快速发展，企业正在逐步优化自身的数据管理水平，形成对造价指数指标和数据库的积累以及对外服务和内部管控的一体化管理，做到通过对数据的分析整理，快速、精确地形成客户需求和企业管理需求所需要的、经过加工的数据和指数指标。

一、BIM技术提升工程造价咨询行业成本控制水平

BIM技术的应用是融合工程造价管理的全过程、全要素和各参与方。项目的BIM模型运用贯穿项目的全寿命周期，各参与方运用的都是同一套BIM模型，

从设计到施工不存在软件运用壁垒，施工阶段运用的BIM模型就是经过优化的设计BIM模型，这就可以大大提高施工阶段造价控制的准确性。

在工程设计阶段，传统的做法是将项目的各类图纸交由相应的专业设计师分别设计。在这个过程中，由于不同的设计师专业水平、设计着重点的不同，以及专业设计软件间不能兼容互通等原因，实际施工过程中会出现结构图和建筑图中构件相冲突、构件位置不一致的现象。BIM技术的应用可以很大程度上解决这类设计不协调的问题。通过搭建的设计工作协同平台，使建筑师、结构工程师、设备工程师等进行协同工作，不仅能够解决设计冲突问题，还能大大缩短设计时间，提升设计效率。

在工程施工阶段，传统的项目进度款先由相关部门中间验收合格后，施工方再根据合同规定向建设方申请支付工程进度款，申请时所提供的相关进度资料为验收前的资料。运用BIM技术，将施工模型与现场施工实际进度相关联，就可以实现在项目进度款申请的同时提供准确的进度工程量。此外，在成本核算时，BIM模型可即时提取出特定部位的施工计划用量，与施工实际用量进行对比，使施工流程的各个成本核算环节得到精确的控制；在索赔情况发生时，项目模型管理人员及时将信息录入模型，可为工程结算时的签证索赔提供依据。

二、大数据技术提升工程造价咨询行业信息服务水平

要实现大数据在工程造价咨询行业的应用，首先要建立一个基于大数据的工程造价信息管理平台，平台的总体建设目标就是在工程造价信息数据采集、整理的基础上，引入数据挖掘算法等主流计算机技术，对这些信息数据进行分析，充分挖掘工程造价信息数据价值，促进行业发展。

平台应具有工程造价信息数据的采集、发布、检索、分析等功能。其中，采集的数据主要有人工、材料、施工机械、已完工程造价等信息；发布的主要信息有人材机价格及工程造价指数指标等。在投资估算环节，可通过关联分析，找到与待测算工程最为接近的典型工程，通过对这些典型工程的投资估算求平均值，就可得到待测工程的投资估算；对于工程材料价格信息，可采用聚类分析，将同种材料在不同网站、不同刊物、不同时间段的材料价格进行分类，使工程造价人员掌握准确的材料价格信息。

传统造价管理部门职能之一就是为政府和企业提供准确、及时、有效的信息价服务。但是随着社会发展，信息价的发布存在品种单一、渠道单一、发布周期长等问题。新技术、新材料、新设备、新工艺的广泛应用使得造价管理部门发布信息价的品种和数量远远满足不了实际工程的需要。利用大数据技术，根据建设单位提供的工程量清单、施工单位提供的采购清单等数据，分析社会主体对各项材料的需求水平，从而有针对性地搜集提供部分材料价格信息；此外，利用大数据技术，还能对比本地以及相邻地区的材料价格历史数据，提出对问题数据的分析和调整；最后，利用大数据平台内置的数据参数和程序生成成果文件，面向社会免费公开发布。总之依托大数据技术，可以构建共享、专业、高效的材料价格信息采编审业务统一管理平台，从而提升工程造价信息服务质量和水平。

三、区块链技术赋予工程造价咨询行业新生态

区块链技术是近年来新兴的信息技术，是具有“以块链式结构验证存储数据、以分布式节点共识算法更新数据、以密码保证数据访问安全、以自动脚本代码组成智能合约编程数据”等系列特征的一种全新计算架构。其在本质上属于一个共享的数据库，区别于一般数据库的是，其内部的数据信息全透明、可追溯、共维护且不可伪造。这些特性奠定了区块链技术坚实的“信任基础”，在工程造价咨询行业领域，某些工作环节可基于此技术开发新型合作机制。

1. 招标投标环节

《电子招标投标办法》自 2013 年发布以来，电子招标投标业务在我国得到快速发展。但现阶段电子招标投标存在诸多问题，招标投标环节各方数据的真实性、整体的公平性难以得到有效的保障。

将区块链技术引入招标投标环节可以很好地解决这些问题。区块链技术引入后会对招标人和投标人的数据形成不可篡改的记录。与此同时，在专家评审过程中，将评审环节的所有数据加密记录在区块链上，保证数据的原始性、真实性以及不可撤销性，能从整体上保证评标过程和结论记录的完整性和真实性。此外，区块链技术可以为所有专家定制一个唯一的数字身份，在评标过程中，系统可以对专家行为进行追溯和评价，从而保证评标过程的公平公正。

2. 工程实施环节

工程的具体实施阶段，用区块链中的智能合约、去中心化、数据防篡改、数据链扩展等技术，对投标文件中关于质量、进度、成本、安全、环境等承诺要素进行智能合约管理。对未按投标时承诺执行的行为，纳入合同考核中。同时，根据违约的严重程度，将违约行为反馈记录在投标人诚信档案中，在下一轮投标中供招标人参考。

3. 造价审计环节

传统工程造价审计过程任务繁重，对施工材料及工艺不明确的工程签证单，要反复进行手工确认与审查，消耗大量时间精力。区块链技术将会为整个工程造价审计业务，乃至相关审计机构运作带来新的发展机遇。作为推进数字经济高质量发展的一项突破性技术，区块链弥补传统纸质版签证洽商模式的弊端，避免伪造签证等现象，满足各个参与方写入数据的真实性要求。基于区块链电子签证单的工程造价审计云平台，可大幅节省现有会签流程成本，降低纸质材料遗失、篡改或虚构等风险，提升造价审计透明度。

在工程造价咨询行业新一轮的改革浪潮中，信息技术扮演了贯穿全局、融合各方、启示未来的角色。在这个过程中，对于行业整体而言，数据是基础也是资产，技术是途径也是关键，而核心则是共建行业发展优良生态，提升行业的整体专业化服务水平。

行业存在的主要问题、对策及展望

第一节　行业存在的主要问题

一、恶性低价竞争依然严重

作为困扰行业发展的恶性低价竞争问题，近年来愈演愈烈。在部分地区实行以最低价中标的政府投资工程造价咨询服务采购竞争中，个别企业报出明显低于服务成本的投标价格，严重扰乱了工程造价咨询市场的正常秩序，而一些采购方片面追求低价的心态亦助长了此类不良市场行为。

随着工程造价市场化改革的不断深入，行业呼唤公平、公正的市场竞争环境，恶性低价竞争，此类不良市场行为终将被纳入信用体系管理，逐步引导工程造价咨询行业迈上健康有序的高质量发展之路。

二、全过程咨询服务有待推进

近年来，国家积极推行全过程工程咨询，相关部门也发布政策性文件，全过程工程咨询已经成为行业发展的必然趋势，是工程造价咨询行业转型升级的重要机遇。然而，现阶段还存在诸多问题阻碍其推进与发展。

1. 全过程咨询服务市场化程度不足

我国全过程工程咨询正处在初步发展阶段，一方面，部分企业管理模式和管理理念还未能跟上时代发展的步伐，全过程咨询综合性服务意识和专业素质还有待提升；另一方面，企业内部没有建立符合市场机制的咨询服务体系，导致其不能满足市场发展的需求。

2. 行业供给需求匹配度不高

中介类服务机构对全过程咨询人员的知识和能力要求较高，但现阶段高水平技术人员的比例与行业未来的发展不匹配。一方面，市场发展需要高水平专业人员与企业现有造价人员专业素质之间存在差距；另一方面，全过程咨询综合性发展要求与造价咨询企业业务单一之间存在矛盾。

3. 造价咨询企业业务范围不够广泛

我国现有工程造价咨询企业总体实力偏弱，其突出表现是产业规模小，缺乏高素质专业人才，多数工程造价咨询企业只能开展比较单一的业务，缺乏综合性与规范性 PPP、EPC、全过程工程咨询等新业务。AI、BIM、云计算、大数据等新科技以及装配式建筑等新工艺的出现使得建筑业组织模式发生了巨大变化，传统的造价咨询服务已不能满足建筑业发展趋势。

三、信息化水平有待提升

新常态下企业信息化可以有效提高服务品质并提供差异化服务。但部分企业没有从根本上认识到信息化的重要性。信息化建设往往需要投入企业资源，且建设效果短期内往往难以体现，很多隐性效益亦不易观测，企业不愿投入精力和财力。从企业层面来看，一些咨询企业内部管理基础薄弱，信息技术与工程造价咨询结合度不足，尚未建立完善的信息服务体系。从行业层面来看，造价咨询行业缺乏既懂造价又懂信息化的复合型人才，加之信息化制度标准体系不完善，严重阻碍了行业信息化建设进程。难以推动“共建、共享、共管”格局的形成。

四、行业诚信体系建设尚需加强

造价咨询行业的市场竞争日趋加剧，面对严峻的市场形势，不良竞争行为频频出现：除一些大中型企业采取改革创新、做大做强等发展方式外，个别小型企业因基础薄弱、资金不足、缺乏长远发展意识等原因，相互压价竞标、降低服务质量、利益相关方私下交易等现象时有发生。工程咨询行业整体服务水平不高、行业内未形成统一从业标准和规范、行业自律和约束机制不成熟等因素也在一定程度上造成市场竞争环境混乱。

五、工程造价专业人才培养体系仍需完善

目前，工程造价行业处于转型升级阶段，培养和造就工程造价专业人才队伍是适应新时期发展需要的重要工作。现阶段行业从业人员培养过程中，复合型人才和高端人才培养机制还不完善，人才队伍建设有待加强。

1. 在职人员专业素质有待提升

新形势下，简单从事预决算的工程造价专业人员已无法满足市场实际需求，还需熟悉法律与投资、工程技术经济等多方面知识的专业人才。而当前我国工程造价咨询业的专业人员大多仅有施工技术背景，结构单一、技能单一，复合型人才缺乏，不能适应市场经济进一步发展的要求，制约了行业的发展。

2. 行业领军人才匮乏

随着建筑业供给侧结构性改革的推行，工程造价市场化、国际化发展势在必行，造价咨询行业亟需一批中坚力量及领军型人物带领行业转型升级，还需要一批熟悉国际惯例及掌握国际工程咨询能力的国际化人才和复合型业务骨干。

第二节　行业应对策略

一、强化工程造价咨询行业自律体系和诚信体系建设

工程造价咨询企业资质取消后，如何更好地规范工程造价咨询企业市场行为和造价工程师执业行为，特别是如何有效治理恶性低价竞争，是一项紧迫而重要的任务，而强化工程造价咨询行业自律体系和诚信体系建设是治本之策。

为适应“放管服”改革，工程造价咨询行业应在现有信用评价和行业自律基础上，研究构建行业信用管理新模式，将工程造价行业信用信息同建设领域信用体系及信用中国信息平台实行共享联通，构建各方协同、联合惩戒的工作局面。提高信用评价结果的社会公信力，激发企业参与信用评价工作的积极性。

此外，实现信用管理和行业自律的信息共享，以规范服务质量标准为理念，增强行业从业人员的契约精神，充分发挥企业诚信监督和行业自律管理作用，规范市场秩序，营造诚信健康的市场环境，引导市场良性竞争。

二、拓展全过程咨询服务

中国经济已经进入高质量发展的新时代，工程造价咨询行业应主动适应供给侧结构性改革需要，积极拓展全过程咨询服务，实施以投资管控为主线的项目管理服务。全过程工程咨询从项目周期全过程的资源优化配置角度统筹考虑项目各项专业论证及方案策划工作，注重工程咨询的价值增值作用，为客户创造真正价值的增值服务。

目前，基于单价 DBB 模式的传统工程造价咨询业务逐步减少；基于总价 EPC 模式的工程造价咨询业务不断增加，将工程造价咨询服务从施工阶段延伸到设计和采购阶段；基于建设项目全生命周期的 PPP 模式则将工程造价咨询服务扩展到建设项目前期的决策阶段。此外，ABO、投建营一体化、CM 等新模式下工程造价咨询业务不断涌现，建设单位对全过程工程造价咨询的需求将逐步超过传统施工阶段工程造价咨询业务。与此同时，部分造价咨询头部企业也开始涉足真正意义上的全过程工程咨询，从传统的单一工程造价咨询服务扩展到建设项目全过程的综合咨询服务，如工程咨询、勘察设计、工程监理、招标代理及项目管理服务等。造价咨询企业只有主动顺应市场需求变化，不断调整企业发展战略和经营策略，创新企业组织结构，才能适应行业发展变迁，提升工程造价咨询行业整体竞争能力。

工程造价咨询企业开展全过程造价咨询服务的优势明显，对建设项目“五算”服务能实现全覆盖。长期以来，由于建设项目管理体制的原因，建设项目投资“五算”业务分割，建设项目决策阶段的投资估算归属于工程咨询企业服务范围，建设准备阶段的初步设计概算则归属于工程设计企业服务范围，而建设项目实施阶段施工图预算、工程结算及竣工财务决算则属于工程造价咨询企业的执业范围。这种长期分割状态导致造价咨询辅助投资决策的能力偏弱，投资动态管控意识不强。

三、加速造价行业信息化建设

工程造价信息数据包含市场价格、计价依据、工程案例、法规标准和造价指数等。面对如此庞大且来源众多的海量数据，信息的科学整合研究势在必行。数据信息是否被充分挖掘主要体现在其实用性、时效性和精准度，重点是加工后的造价数据能用于评价和预测各类工程项目造价水平、消耗标准、成本收益等。

1. 积极制定工程造价行业信息化发展规划，加快信息化基础研究与建设

应注重行业信息系统技术架构、数据标准和网络安全建设，不断完善行业信息化建设基础体系，坚持“顶层设计、多方协同、分步实施、持续完善”的基本思路。顶层设计就是要进一步完善国家层面的行业数据分类、采集、存储和交换等标准体系，引导市场主体按照统一标准共建数据库；多方协同就是要集聚管理部门、行业协会、市场主体等多方力量，按照共商、共建、共享原则，建立涵盖各地区、各行业、各类型的工程造价数据库；分步实施就是要制定好造价数据库建设的规划，逐步形成规模效应，发挥应有作用；持续完善就是要根据形势发展和改革进程，不断优化和完善相应测算标准，确保造价数据库能为工程建设各方主体科学决策提供数据支持。

2. 注重工程造价信息管理平台和数据库建设

工程造价咨询行业应积极探索新时代、新形势下工程造价咨询行业信息服务内容，注重信息管理平台、工程造价信息数据库建设，利用企业数据库开展工程造价咨询服务，实现工程造价全过程数据累计，推进造价信息数据标准化工作，借助 BIM、人工智能、AI 技术在协同管理与信息集成上的优势，融合信息技术手段适应全过程工程造价咨询和工程总承包模式变化，推动信息技术与工程造价咨询行业深度融合。

四、进一步规范工程造价咨询服务市场体系

推动《工程造价咨询企业服务清单》CCEA/GC11—2019的贯彻实施，逐步将其上升为团体标准，完善工程造价咨询服务技术规程，推动工程造价咨询服务由基于成本定价向基于价值定价转变，提倡“优质优价”，构建高质量的工程造价服务标准体系。

建立健全科学合理的工程造价咨询服务采购制度，制定工程造价咨询服务招标示范文本，规范工程造价咨询服务采购行为，实现按需购买、以事定费、公开择优、合同管理，避免工程造价咨询市场出现“劣币驱逐良币”的现象。

制定工程造价咨询服务合同示范文本，加强工程造价咨询服务合同管理，构建基于合同约束的工程造价咨询服务目标管控体系。

五、树立人才优先战略

1. 注重从业人员能力提升

重视工程造价咨询从业人员学历、能力提升，构建及完善以学历教育为基础、职业教育为核心、高端人才为引领的工程造价专业人才培养体系；进一步做好专业人才培养和储备，加强注册造价师执业管理，不断完善注册造价工程师管理制度；密切与高校沟通交流，充分发挥院校师资力量作用，强化对造价从业人员理论基础教育，不断提升自身竞争力，充分发挥团体综合力量；建立符合工程造价专业特点的继续教育和培训体系，采取多样化教育培训方式，提高继续教育质量；加强对新技术、新工艺、新规范的宣贯培训力度，推进信息化技术的培训及应用。努力建设一支规模适度、结构合理、素质优良的应用型、复合型工程造价专业人才队伍。

2. 推动行业领军人才队伍建设

引导高校、企业及行业管理部门吸引高学历人才加入造价咨询行业队伍，提升科研能力；加大与造价相关的基础理论研究力度，对国内外先进的工程造价管理理论、管理方法进行研究，提升工程造价管理水平；推动行业发展与人工

智能、建筑信息模型、区块链、云计算、大数据、5G 等新技术的有效融合，及时转变传统工程造价思维模式，向工程造价数字化发展转变；改革工程造价高端人才培养机制，制定工程造价领军人才选拔方案和管理办法，加强梯度人才队伍建设，重视发挥高端人才引领带动作用。进一步推进人才的选拔和培养，造就一批高素质、复合型的领军人才。

3. 引导高校专业人才培养

实施人才发展战略，培养与行业发展相适应的人才队伍，基于学习产出的教育模式理念指导，按照反向设计、正向实施的原则，引导高校优化工程造价专业人才培养方案，共同加强对高校工程造价专业学科建设和实践教学指导，推动教学改革，形成多层次人才培养结构；进一步发挥桥梁纽带作用，继续推进校企合作交流平台的搭建，探索产学研一体化机制，充分调动社会各界积极性，结合企业实际问题开展研究，引导企业在高校人才培养中发挥积极作用。

六、建立健全行业法律法规制度体系

以《建筑法》《招标投标法》等法律修订为契机，推动工程造价行业管理的法律地位。坚持服务与监管并重，创新工程造价咨询行业监管方式。继续深化“放管服”改革，加强事中事后监管，完善“双随机一公开”机制，提升造价咨询企业和从业人员的执业质量，规范行业发展秩序。制定工程造价咨询行业自律管理办法和行业自律规则，研究搭建全国统一的自律信息共享平台，努力构建行业自律新框架，完善行业自律管理机制。

第三节 行业发展展望

一、工程造价行业营商环境将进一步优化

1. 营商环境更加便利

《优化营商环境条例》(国务院令第 722 号) 提出，以市场主体需求为导向，

以深刻转变政府职能为核心，创新体制机制、强化协同联动、完善法治保障、对标国际先进水平，为各类市场主体投资兴业营造稳定、公平、透明、可预期的良好环境。《住房和城乡建设部办公厅关于实行工程造价咨询甲级资质审批告知承诺制的通知》（建办标〔2020〕18号）提出，进一步优化工程造价审批服务，提高审批效率，降低办事成本。国家加快建设全国一体化在线政务服务平台，推动政务服务事项在全国范围内实现“一网通办”。依托一体化在线平台，推动政务信息系统整合，优化政务流程，促进政务服务跨地区、跨部门、跨层级数据共享和业务协同。通过“证照分离”改革，持续精简涉企经营许可事项，为企业取得营业执照后开展相关经营活动提供便利。

2. 市场环境更加公平

国家持续放宽市场准入，并实行全国统一的市场准入负面清单制度。市场准入负面清单以外的领域，各类市场主体均可以依法平等进入。中共中央办公厅、国务院办公厅印发《建设高标准市场体系行动方案》中要求，全面完善公平竞争制度，破除区域分割和地方保护。除法律法规明确规定外，不得要求企业必须在某地登记注册，不得为企业跨区域迁移设置障碍。财政部出台了《关于促进政府采购公平竞争优化营商环境的通知》，清理、取消中介机构备选库、入围名单，执业地域限制等限制市场竞争的准入许可，有利于维护公平竞争的市场环境。

3. 服务环境更加规范

《保障中小企业款项支付条例》（国务院令第728号）明确，机关、事业单位和大型企业不得要求中小企业接受不合理的付款期限、方式、条件和违约责任等交易条件，不得违约拖欠中小企业的货物、工程、服务款项。商务部《关于印发全面深化服务贸易创新发展试点总体方案的通知》（商服贸发〔2020〕165号），要求健全制度化监管规则，实施以“双随机一公开”为基本手段、以重点监管为补充、以信用监管为基础的新型监管机制，完善与服务业和服务贸易领域创新创业相适应的审慎包容监管新机制。

二、工程造价标准化管理体系的构建

充分发挥标准的引导与支撑作用，加强工程造价行业标准体系建设，制定房屋建筑和市政基础设施建设项目全过程工程咨询服务技术标准、市场化的工程量清单计价标准、“互联网+BIM”全过程工程造价计量计价标准、建设工程工程总承包招标投标的计量计价规则、典型工程指标指数编制规则、建设单位投资管理准则等造价计价标准规范等。随着建筑业从粗放式管理阶段逐渐过渡到精细化、标准化、信息化管理模式，特别是完善工程造价信息采集、交换等标准的制定能有效地提高施工效率、降低工程成本、避免材料浪费，达到建设工程项目降本增效的目的。

1. 造价信息采集与处理标准设定

通过建立数据数字化属性使其自带标准化信息，改进传统工程造价信息采集和处理方式，结合后期指标指数发布体系，设定各类别的建筑行业信息采集标准，并细化配套采集表单设计，力求保证初始数据传导畅通。在信息录入时设定统一的数据交换接口标准，实现全国各省、市造价信息的自动导入，识别妨碍形成全国统一市场的不合理地区计价依据，设计统一的数据分类共享模板。

2. 造价信息标准化数据库建立

遵循工程造价标准体系的数据标准、采集标准、交流共享标准等，构建造价信息标准化数据库，规范各子系统功能的运行。制定合理的编码分类方式，使造价信息能够通过一系列符合标准且互相兼容的载体进行交流。为后续数据更新、信息互通工作奠定基础，也为造价信息管理系统的建立提供行业标准化导向。

三、工程造价市场化改革步伐将进一步加快

通过工程造价改革将形成一批可复制、可推广的经验，推动全行业的改革发展快速前进。

1. 国家层面

《住房和城乡建设部办公厅关于印发工程造价改革工作方案的通知》（建办标〔2020〕38号）选取了北京市、浙江省、湖北省、广东省、广西壮族自治区推进工程造价深化改革工作，明确了工程造价改革的总体思路：坚持市场在资源配置中起决定性作用，从改进工程计量和计价规则、完善工程计价依据发布机制、加强工程造价数据积累、强化建设单位造价管控责任、严格施工合同履约管理五个方面实施工程造价市场形成机制改革。

2. 地方层面

各省市工程造价改革方案相继出台，如广西壮族自治区住房和城乡建设厅、财政厅《关于印发广西建设工程造价改革试点实施方案的通知》（桂建标〔2020〕22号）、浙江省住房和城乡建设厅关于印发《浙江省工程造价改革实施意见》的通知（浙建建发〔2020〕69号）、《北京市住房和城乡建设委员会工程造价管理市场化改革试点方案》、江苏省住房和城乡建设厅《关于开展房屋建筑和市政基础设施工程改进最高投标限价编制方法试点工作的通知》（苏建函价〔2020〕453号）。下一步，广州、深圳、武汉等工程造价改革试点城市也将在不同方面深入推行工程造价改革。

3.“放管服”改革将进一步深化

近年来，工程造价行业深入推进“放管服”改革，完善监管体制机制，优化市场环境，激发市场主体活力。在“放管服”和优化营商环境政策的背景下，信用体系建设与维护建设市场各方权益取得明显成效。首先，工程咨询行业市场准入放宽，工程建设项目已实现全流程、全覆盖审批制度，形成了统一的数据信息平台和监管方式。为进一步深化“放管服”改革，住房和城乡建设部办公厅发布《关于取消工程造价咨询企业资质审批加强事中事后监管的通知》（建办标〔2021〕26号），从2021年7月1日起，取消工程造价咨询企业资质审批，并逐步取消工程造价咨询企业异地执业备案，从根本上减轻企业负担。此外，国家层面将继续完善造价工程师执业资格制度，推进造价工程师资格的国际互认，为工程造价咨询企业“走出去”提供人才支撑。

四、工程造价行业数字化建设将进一步提速

未来大数据技术、云计算技术与传统建筑行业的融合，将增强建筑业信息化、数字化发展能力，塑造建筑业新业态，工程造价咨询行业也将构建工程造价成果数据资源共享体系，分级分类推进工程造价成果数据资源的共建、共享和共惠。

目前，数字经济已上升为国家战略，是产业转型升级的重大突破口。加速数字造价与信息化的推广能为政府部门与企业进行合理的资金管理，将为投资决策提供新思路；为企业建立自己的造价管理信息库，更加合理的自主报价，推广新技术与新材料的应用拓展新途径；为完善招标投标市场制度，减少因不合理报价引起的工程变更奠定理论和技术基础。

工程造价贯穿于工程建设的全过程，是一个以数据为核心的行业，工程价格的确定与控制、项目价值的提升、行业的监管都是以数据为核心，大数据已经成为驱动工程造价行业向更高质量发展的重要技术路径。工程造价行业要紧跟造价市场化改革和企业数字化转型升级，适应、拥抱数字化变革趋势，在新形势下助力行业的可持续发展。

工程造价信息就是大数据，大数据是支撑造价行业发展中最重要的资源，数字化的基础是标准化，做好数据的标准化，利用现有的数据分析技术，将极大提升现有的造价管理水平。数字技术与工程造价深度融合，将会带来智能化市场定价、数字化精细管理、数据化精准服务等一系列新场景的实现，形成数字时代新生产力，将助力工程造价全行业构建一个技术水平更高、管理能力更强、服务水平更优的健康生态。

五、全过程工程咨询服务将迎来发展机遇期

全过程工程咨询服务模式正在成为工程咨询行业新的发展趋势。2019 年 3 月国家发展改革委、住房和城乡建设部印发《关于推进全过程工程咨询服务发展的指导意见》（发改投资规〔2019〕515 号），全过程工程咨询在全国范围内全面推广。而工程造价行业作为全过程造价管理或投资管理的主要执行方，自然成为全

过程工程咨询业务的主导者，在迎来行业巨大变革的同时，各咨询企业也面临着新的机遇和挑战。

1. 多专业配合的咨询团队产生

全过程工程咨询项目的体量大、任务重，深化工程建设领域咨询服务供给侧结构性改革，明晰项目业主、招标、设计、施工、监理、造价等各有关方在工程造价确定与控制方面的职责是多专业团队配合的前提。各阶段专业咨询人员已无法满足新的建设模式需求，行业迫切需要复合型咨询专业人才，助力企业转型升级。这对全过程咨询总负责人的能力要求更加严格，需熟知全过程工程咨询服务相关政策和标准规范，并对全过程工程咨询项目落地实施、造价合约协同管控、项目风险管控等深入理解和应用。

2. 造价咨询企业业务模式的转变

未来造价咨询业遵循需求导向模式，打破按照委托人的要求完成单一阶段单一专业的任务，尽可能在规定时间内高标准地完成委托人的模糊需求。业务重点是可研和设计阶段的造价管理，推进造价与设计的有机融合，落实限额设计和方案经济性比选，着重提升项目自身价值，实现以投资控制为核心的从确定造价目标到形成工程造价的全过程造价管理。

六、工程造价行业发展将面临新的挑战与机遇

1. 工程造价咨询企业资质取消对行业生存与发展带来巨大冲击

工程造价咨询企业资质取消后，工程造价咨询行业将面临重大变革和挑战。随着行业市场准入门槛的消失，上下游企业和其他社会资本将快速进入工程造价咨询市场，在为行业带来活力与新的生产要素的同时，必将冲击传统工程造价咨询市场格局，面对工程造价咨询企业资质取消对行业带来的巨大冲击，全行业只有主动求变，才能在激烈的市场竞争中立于不败之地。

第一，要以行业优势对冲行业外企业的市场扩张。行业企业应充分挖掘和运用企业积累的造价数据优势，主动出击，积极拓展以投资控制为核心的项目管理服务市场，在蓝海市场开发中赢得先机。

第二，全行业应积极探索以造价工程师为核心的合伙制企业模式，借鉴律师事务所和会计师事务所成功经验，激发造价工程师这一关键市场主体的执业积极性和创造性，以市场需求为导向，构建多样化造价咨询服务组织形态，打造工程造价咨询行业新的人才高地。

第三，主动融入以设计为龙头的全过程工程咨询服务市场、以施工或设计为龙头的 EPC 及 DB 工程总承包市场以及以投资人为龙头的 PPP 项目市场，在建设项目全生命周期管理活动中，以专业服务彰显工程造价咨询企业和造价工程师的专业价值。

第四，继续探索“造价 + ”服务模式，拓展行业生存空间。如通过“造价 +BIM”为业主提供建设项目全过程投资控制服务，为施工总承包企业提供建造成本管控服务；通过“造价 + 法律”为业主或施工总承包商提供合同纠纷调解服务；通过“造价 + 互联网”打造工程造价咨询服务平台，在互联网信息平台为委托方提供算量、计价、造价信息及造价人才服务。

第五，行业企业应精准定位，选择适合自身特点的内部治理结构、企业组织形态；发展战略选择既可以专业化发展，也可以多元化发展，或者兼并重组。总之，一切依企业的咨询服务能力和面临的市场环境而定。

2. 新的发展规划和建造模式带来新机遇

《中华人民共和国国民经济和社会发展第十四个五年规划和 2035 年远景目标纲要》提出了建设现代化基础设施体系，加强新型基础设施建设；要实施乡村振兴战略，提升乡村基础设施和公共服务水平；要深入实施区域重大战略，包括加快雄安新区建设、粤港澳大湾区建设、推进黄河流域生态保护和高质量发展；要加快转变城市发展方式，统筹城市规划建设管理，实施城市更新行动，推动城市空间结构优化和品质提升，加快推进城市更新，改造提升老旧小区、老旧厂区、老旧街区和城中村等存量片区功能，推进老旧楼宇改造等。新基建、新区域、乡村振兴、城市更新等这些新战略、新领域都将给造价咨询企业带来新的业务机会。为推动建筑工业化、数字化、智能化升级，加快建造方式转变，推动建筑业高质量发展，2020 年 7 月，住房和城乡建设部等十三部门联合印发《关于推动智能建造与建筑工业化协同发展的指导意见》。2020 年 8 月，住房和城乡建设部等九部门还印发了《关于加快新型建筑工业化发展的若干意见》。建筑业的创新发展将为工程造价咨询行业在BIM技术、智慧建造、绿色建筑评价、建筑工业化项目评价等方面孕育新的业态，创造新的业务增长点。原有的行业边界、产业链边界、专业化分工边界将被打破，平台思维和跨界融合将成为行业的新常态。比如，通过造价咨询企业与软件企业的战略合作，利用“BIM+工程造价”共同为业主提供设计、施工、运营全过程的咨询以及装配式工程造价咨询。利用“互联网+工程造价”，借助互联网公司的云平台、大数据技术，打造互联网工程咨询服务平台，实现造价行业协同作业、资源整合以及数据积累，打造工程造价行业的新生态。

3. 工程造价咨询企业职业责任保险普及率稳步提升

购买职业责任保险是工程造价咨询职业风险管理的重要手段，为了规范造价咨询市场秩序、激发市场主体活力，按照国务院“证照分离”的改革精神，《中国建设工程造价管理协会关于开展工程造价咨询企业职业责任保险试点的通知》（中价协〔2019〕73号）文件推出以来，各地相继推广企业职业责任保险，然而目前我国造价从业人员对于工程造价咨询职业责任保险市场接受度不高，购买率不高，且仅有少数保险公司开发了此险种，这与我国造价行业市场化程度不高、咨询企业面临民事赔偿责任风险较低的现状有关。随着国家造价咨询行业的蓬勃发展以及“一带一路”倡议的实施，在工程造价领域推行职业责任保险的重要性越来越凸显，将职业责任保险与企业信用评价联动，支持委托方优先考虑已投保企业，拓展职业责任保险险种与保障范围将是未来改革的方向。

第二部分

地方及专业工程篇

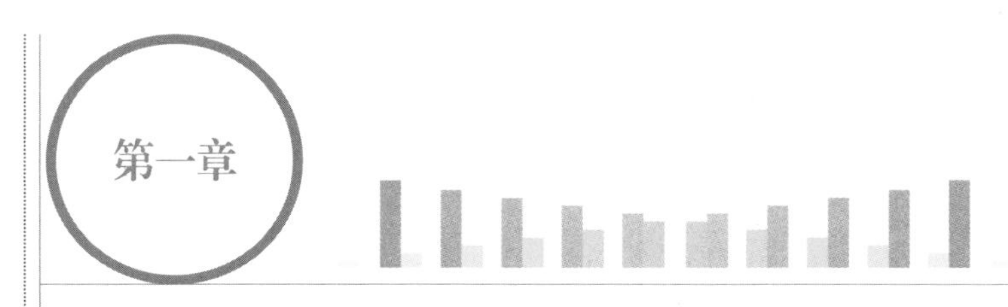

北京市工程造价咨询发展报告

第一节　发展现状

2020年北京市工程造价咨询行业保持良好发展态势，造价咨询企业的数量及总经营收入均有较大增长。

一、企业总体情况

2020年，北京市工程造价咨询企业共计385家。甲级企业数量逐年增加，乙级企业2020年数量激增，随着企业数量的增加，竞争将变得更加激烈。

1. 企业营收逐年增长

北京市工程造价咨询企业总营业收入呈逐年增长态势。2020年北京市工程造价咨询收入144.60亿元，较2019年增长14.07%。

2. 企业数量逐年增加

2020年，北京市拥有甲级资质的工程造价咨询企业282家，占全市造价咨询企业数量的比重为73.25%。乙级资质的工程造价咨询企业103家，占全市造价咨询企业数量的比重为26.75%，乙级资质的工程造价咨询企业数量较2019年增长71.67%。

3. 企业发展规模不断壮大

全国《2020 年工程造价咨询企业造价咨询收入排名》前 100 名中，北京企业有 34 家，占比超过 1/3；在前 10 名中北京企业占七席，全国排名前 4 名的企业均为北京企业。

北京近五年造价咨询收入排名前 100 位企业的平均收入逐年上升，从 2016 年 5553 万元到 2020 年 11733 万元，增长了 111%，年度企业最高收入和第 100 位企业收入也分别上升了 150% 和 110%。2020 年第 100 名造价咨询企业总收入为 3166 万元，较 2019 年上涨 8.76%；2020 年度企业最高收入为 6.72 亿元，较 2019 年度上涨 17.89%，如表 2-1-1 所示。

北京市近五年造价咨询收入前 100 位企业收入情况　　表 2-1-1

年份 / 类别	2016 年	2017 年	2018 年	2019 年	2020 年
100 家企业平均收入（万元）	5553	6332	8725	10501	11733
第 100 位企业收入（万元）	1265	1522	2088	2911	3166
年度企业最高收入（亿元）	3.20	3.54	4.44	5.70	6.72

2018 年至 2020 年北京市工程结（决）算阶段咨询营业收入占工程造价咨询营业收入比例均在各阶段咨询业务收入中保持最高，所占比例达到 35%～39%。随着全过程工程造价咨询的推进，全过程工程造价咨询营业收入占工程造价咨询营业收入比例达到 32%～39%。

4. 企业利润率保持稳定

企业利润总额呈逐年增加趋势，企业利润率基本保持在 9% 左右。但此利润是企业所有业务的综合利润，并不能直接体现造价咨询业务的利润。

5. 企业年人均造价咨询产值变化情况

以从业人员人数计算，近五年企业年度人均造价咨询产值较平稳，围绕 40 万元 /（人·年）上下波动。

二、从业人员总体情况

2020年，北京市工程造价咨询企业从业人员共48052人，较2019年增长20.46%。注册造价工程师人数逐年增长，但占从业人数比例呈逐年下降趋势；高级职称和中级职称人数同样呈现逐年递增趋势，占从业人数比例在一定范围内趋于平稳。从人员数量来看，造价咨询行业队伍在逐步壮大。从业人员中，拥有一级注册造价工程师职业资格的共8303人，较2019年增长19.61%，占从业总人数的17.28%；拥有高级职称人数6280人，较2019年增长35.55%，占从业总人数的13.07%；中级职称人数12007人，较2019年增长21.09%，占从业总人数的24.99%。

三、工作情况

2020年协会积极投入疫情防控与捐助，助力行业复工复产，帮助企业走出困境。围绕六大服务平台，促进协会高质量发展。工作内容包括：

1. 企业及个人信用平台，加强行业自律，规范从业人员管理

修订发布新版《先进单位和优秀个人会员评选办法》；完成了《北京市建设工程招标企业、投标企业信用评价管理办法（初稿）》的起草工作；发布了单位会员2019年度积分结果，并对《单位会员积分管理办法》进行了修订；开展2020年度北京市工程建设工程招标代理企业资信评价工作等。

2. 培训教育平台，打造高素质、创新型专业技术人才队伍

完成了一级造价工程师继续教育及个人会员培训工作；完成了2020年度建设工程招标代理机构从业人员培训工作；举办"北京市评标专家管理人员高级研修班"，"招标采购能力建设系列课程——基础知识掌握与实务操作能力提升专题培训班"，全过程工程咨询发展战略论坛线上直播暨全过程咨询系统课程发布会，"全过程工程咨询系列培训之以投资控制和信息化为价值导向的全过程工程咨询概况"专题培训班；开展全过程咨询系统网络课程培训；开展"新形势下

EPC 总承包工程项目管理全流程实战课程”网络培训。

3. 国际工程咨询平台，带领企业走出去，参与国际竞争

国际工程信息咨询服务平台运行；成功举办国际工程信息咨询服务平台建设发展汇报大会；参展了以“全球服务，互惠共享”为主题的2020年中国国际服务贸易交易会；举办2020年助力北京建筑企业“走出去”系列线下活动。

4. 经济纠纷调解平台，推动行业自治，促进社会和谐

修订并发布了《调解中心案件调解费收费办法》《调解员报酬和专家咨询费管理办法》；汇总整理调解中心自成立至今的典型案件材料，完成《建设工程合同纠纷调解案例集（一）》的编制及发行工作；在协会调解员中推荐了两名专家参与企业职业责任保险理赔员的选聘等。

5. 信息化建设平台，以市场为导向研究合同、标准与造价管控

2020年编辑出版了12期《北京建设工程造价信息》；2020年编辑发行了6期《北京工程招投标与造价》期刊；开展了2019年度行业优秀论文评审工作；组织完成《优化营商环境新形势下建设工程招标投标常用法律法规文件汇编（2020版）》《保障农民工工资支付条例实施情况调研报告》；按季度开展2020年工程咨询会员单位经营状况问卷调查工作并发布调研报告；完成了《〈京津冀建设工程计价依据——预算消耗量定额〉城市地下综合管廊工程》出版发行工作；编制了《2017—2019年北京市工程造价咨询企业经营情况数据分析报告》等。

6. 专家智库平台，让专业的人做专业的事，凝心聚力推动行业高质量发展

完成《危旧楼房改建试点项目成本明细方案研究》课题；参与2012版北京市预算定额修编实测工作；承接《工程造价咨询企业诚信监管模式研究》课题等。

四、行业党建

为进一步加强非公企业单位会员的党建工作，协会评选出了16家先进基层党组织和8名优秀党务工作者，召开了行业非公企业单位会员党建工作经验交流大会，对获得上述荣誉的单位和个人颁发了奖牌、证书和奖励。编制发行了《以党建为引领促进企业发展（七一党建专刊）》。

第二节 发展环境

一、政策环境

近年来，北京市建设行业的政策环境持续优化，北京市住房和城乡建设委员会在2020年9月发布的《北京住房和城乡建设发展白皮书》中指出，北京市将以深化建筑业“放管服”改革为主线，在全国率先实现建筑工程许可证全程网上办理，全面推行电子化招标投标，全面放开社会投资房屋建筑工程招标，推进建筑工程企业资质电子化申报和审批，建设行业从业人员证书全部实现电子化。

2020年2月，住房和城乡建设部发布《关于修改〈工程造价咨询企业管理办法〉〈注册造价工程师管理办法〉的决定》（第50号部令）后，北京市造价咨询企业数量明显增加，国家政策的调整、北京市持续优化政策、开放的市场环境，为造价咨询企业提供了良好的政策环境，同时也加剧了北京市造价咨询市场的竞争。

二、营商环境

根据粤港澳大湾区研究院、21世纪经济研究院联合发布的《2020年中国296个城市营商环境报告》“全国296个所有地级以及地级以上的城市，涉及企业全生命周期、投资吸引力和高质量发展的在线指标。北京在推动营商环境持续优化实践中一直发挥着引领作用，在全国城市营商环境中位居第三位，较2018年名次有所上升，并且是北方城市中唯一一个进入10强的城市”。北京在营商环境的软环境、基础设施、社会服务、市场总量四个指标评价体系中名列前茅，其中社会服务维度位居首位，基础设施和市场总量维度均排名第二，软环境维度排名第五，在生态环境方面，北京也表现出独特的优势，2020年北京$PM_{2.5}$年平均浓度为42μg/m³，与2018年的51μg/m³相比下降17.6%。北京空气质量已经高于很多中部和南方城市，已经正式告别雾霾城市标签。

为了进一步提升营商环境，2020年12月，北京市人民政府办公厅关于印发《北京市进一步优化营商环境更好服务市场主体实施方案》的通知（京政办发〔2020〕26号），指出以建设国家营商环境创新试点城市为抓手，进一步聚焦市场主体关切，以坚决清除隐性壁垒、优化再造审批流程、加强事中事后监管和加快数字政府建设为重点，有效推进重点领域、关键环节和突出问题改革，认真落实纾困惠企政策，着力打通政策落地“最后一公里”，全力打好营商环境攻坚战，打造与高质量发展相适应的国际一流营商环境。北京市政府良好的服务市场主体意识，一流的生态环境、基础设施和社会服务的营商环境，近年来吸引了大量的国内外企业入驻北京。

三、技术发展环境

近年来，随着信息化技术的不断发展，基于互联网、大数据、云计算、人工智能、GIS、BIM等信息技术的信息化管理平台已经在工程咨询行业中大量使用。北京市牢牢把握作为全国政治中心、文化中心、国际交往中心和科技中心的定位，大力推动建筑咨询行业科学技术的发展。

2020年7月，《住房和城乡建设部办公厅关于印发工程造价改革工作方案的通知》（建办标〔2020〕38号），北京市作为试点城市之一，将给造价行业带来重大的技术环境变化。

2020年11月，为促进建设工程施工现场生活区标准化管理，落实疫情防控常态化管理措施，保障从业人员的身体健康和生命安全，北京市住房和城乡建设委员会组织制定了《北京市建设工程安全文明施工费费用标准（2020版）》。安全文明施工费用的计取原则发生重大变化，造价人员在编制招标控制价时需要参考实际施工方案进行安全文明施工费用的测算。

2020年12月，北京市住房和城乡建设委员会《关于公布2020年北京市建筑信息模型（BIM）应用示范工程的通知》中确定了37个项目为应用示范工程，从政策层面抓紧推动BIM信息化技术的发展与应用。作为全国科技中心，北京市住房和城乡建设委员会着力打造北京市一流的建设科技环境，不断推动制度创新、技术创新，形成了良好的技术发展环境。

第三节　主要问题及对策

一、主要问题

1. 企业服务内容同质化，市场低价竞争，战略定位模糊

2020 年由于疫情的影响经济发展增速放缓，国家固定资产的投资增值降速明显，房地产投资、城市基础设施投资的增长放慢的趋势逐渐显现。与建筑业市场关系密切的咨询服务业受到直接影响，随着建设工程项目数量逐渐减少，造价咨询服务行业受到剧烈冲击。在市场充分竞争的情况下，造价咨询企业作为传统行业，服务内容高度同质化，市场低价竞争，核心竞争力缺失，行业内恶性的低价竞争带来的影响愈演愈烈。

北京市工程造价咨询企业虽然收入逐年增加，但是企业利润水平却逐年降低。北京市亿元以上总营业收入企业的营业利润率逐年下降，2018 年、2019 年、2020 年 1 亿元以上总营业收入企业的营业利润率分别为 6.59%、5.88%、4.37%，呈逐年下降趋势。造价咨询企业做大以后如何在激烈的市场竞争中生存并持续发展，在战略层面如何应对，如何开展新的战略定位寻找咨询服务业务蓝海，成为造价咨询企业亟须考虑的问题。

2. 忽视前期投资控制，专业资源错配

项目投资可控度最高的阶段主要是可行性研究、设计等前期阶段，这两个阶段的投资控制可控度决定了整个项目 70%～80% 的投资，项目中、后期投资可控度只占整个项目投资的 15%～25%。而目前造价咨询企业提供的咨询服务工作恰恰主要集中在招标阶段及施工阶段，忽视了项目前期阶段投资控制的专业咨询服务，导致专业咨询资源错配的情况非常严重。2018～2020 年北京市造价咨询收入中工程结（决）算阶段咨询营业收入占工程造价咨询营业收入比例最高，达到 35%～40%。其次为施工阶段全过程工程造价咨询营业收入占工程

造价咨询营业收入比例达到 32%～39%。而前期决策阶段的营业收入比例仅占 5%～7%。

企业营业收入决定了资源投入，项目前期决策阶段的投资控制对项目整体的投资控制有着重大的影响，而造价咨询企业较少的人力资源投入造成了项目投资控制专业资源错配。

3. 地方保护现象仍然严重

多年来，我国政府一直致力于建设国内一体化市场，然而地方保护形成的市场分割始终存在。一方面体现在市场准入环节，包括市场准入、备案、分支机构要求、保护性条件设置等问题；另一方面体现在项目无序竞争过程，包括评分办法设定、报价混乱等。地方保护严重影响和扰乱了市场流通秩序，不利于造价咨询行业的高质量发展。行业要健康发展既要防止各种形式的保护主义和防止垄断，也要防止恶性竞争。

4. 信息化程度仍需进一步提高

在信息化时代，工程造价咨询信息化程度是制约咨询业务发展的重要标志。造价咨询企业信息化程度体现在咨询企业规划发展、造价软件开发与使用、咨询质量好坏及咨询时效等诸多方面。工程造价改革工作方案文件的出台，对造价咨询企业提出了更高的要求，造价咨询企业应尽快建立本企业信息数据库，包括造价咨询估算指标库、人材机价格信息库，以及咨询过程信息化等方面。有了以上这些信息，不仅能大大提高咨询速度，而且能大大提升企业的咨询服务能力、效率和质量。随着 BIM 技术和大数据技术的高速发展，造价咨询企业信息化建设十分迫切。

5. 造价咨询人员知识结构和业务能力有待提升

近五年来，我国工程造价咨询企业拥有的专业技术人员规模呈不断上升趋势，但不同层次工程造价咨询人员分布差异较大，高端人才比例偏低。由于行业的待遇水平不高，造价咨询企业对 985、211 类高校学生的吸引力不足。

造价咨询人员知识结构和业务能力有待提升，传统造价人员的专业单一性难以满足当下高端化、复合化、专业化的业务需求，已成为工程造价咨询企业进入新市场、从事新咨询的障碍。造价咨询从业人员往往依赖定额和软件，只关注计量计价，对于总承包、全过程工程咨询、算量智能化、BIM 运用等也知之甚少，缺乏站在业主角度的体系化思维及专业技能。业务人员惯以审计思维去审视，缺少高效的管理手段及前后端贯通的经营手段，亟待在实践中摸索经验，提升沟通技能。

二、应对措施

1. 根据企业现有资源，创新商业模式

资源是企业能力的源泉，能力是企业核心竞争力的源泉，核心竞争力是开发企业持续竞争优势的基础。造价咨询企业同质化服务，低价格竞争，企业利润率降低。说明企业的战略定位不明确，缺少适应本企业的商业模式，建议造价咨询企业要深入挖掘企业的资源，系统思考本企业的内部资源优势和外部资源优势，也应该在此基础上创造新的竞争优势，形成自己的核心竞争力，确定本企业的战略定位。

商业模式创新，以更新、更有效的方式和途径创造财富。全新的商业模式可能会根据市场环境、社会环境的不同做出改变，在很多方面都会与传统的商业模式不同。由于政策环境、市场竞争环境的重大变化，造价咨询企业需要适应这个变更，并寻求商业模式的创新。通常涉及多个要素的变化，企业所需做出的组织调整战略也较大，且往往伴随着服务方式、管理流程或者是组织模式的创新。而集成化、平台化、网络化、无线化的管理模式，将改变现有传统的盈利模式。

2. 开展全过程工程咨询业务，解决造价咨询资源错配问题

全过程工程咨询的核心是通过一系列的整合与集成，构成了一个管理创造价值的过程。这个过程是对于互不相同，但又相互关联的生产活动进行管理，形成一条价值链的过程。是寻找和抓住事物的主要矛盾的观点，并采用整合或组合的管理手段实现 1+1>2 的效果的过程。全过程工程咨询采用整合与集成管理手段，避免各阶段碎片化投资控制管理。全过程工程咨询投资控制责任的一体化要求承担全过程工程咨询服务的企业强化前期对投资控制，增加造价咨询力量的投入，解决造价咨询资源错配问题。同时强化各阶段投资控制的可控性，减少投资控

制的风险，使各阶段的投资控制处于可控状态，形成投资控制服务的价值链。

3. 破除地域利益观念，打破地方保护壁垒，促进行业健康发展

建议国家相关部门增强市场经济意识，加快推进全国统一建筑市场的建设，建立开放、竞争有序的市场环境，打破地方保护壁垒；加强行业监管，规范市场主体行为；积极引导企业规范管理，营造有序竞争的市场环境；建立健全信用评价机制等。

4. 企业信息化建设

未来随着技术的进一步成熟，人工智能等计量计价方面的应用、以 BIM 技术为核心贯穿整个项目的项目管理系统，将是对造价咨询企业现有工作模式有重大影响的两项主要应用点。BIM 计量、三维扫描技术将会取代大部分传统基础算量业务，人工智能计价以及大数据库的建立将有可能替代常规项目的计价业务，以信息技术为核心的项目管理系统需要改变原有的建设期过程管理工作模式。

目前，全国十余个省市已发布在一定规模以上的国有投资项目中使用 BIM 技术的要求，北京市发布的《装配式建筑评价标准》意见征求稿中已将采用 BIM 信息化技术作为装配式的刚性评价标准，且在未来两年内实现装配式建筑占新建建筑面积的 30% 以上，BIM 技术应用将大面积推开。

技术水平不断发展的大潮在推动着造价咨询行业必须去适应，甚至是引领。企业级数据库的搭建、信息技术的研究与使用、辅助企业管理的 ERP 系统使用，全景等图像技术在业务中的应用等，造价咨询企业需要尽快跟上行业的发展步伐，将这些工具与手段用于提升造价咨询的业务水平和建立企业的信息化系统。

5. 造价咨询人才的培养和能力提升

行业人力资源体系是造价咨询行业的基础，促进高校人才培养，完善继续教育和企业培训，构建造价工程师的培养体系将是行业未来发展的重中之重。

（1）高校人才培养。在高校本科教育中，扩大学生的知识结构广度。在硕士教育中，强化其知识结构的深度，加强与各类咨询企业及行业协会的合作，请有实际经验的造价师、工程师充实师资队伍，创新教学模式。

（2）完善继续教育和企业培训。对取得执业资格的造价工程师有针对性地开

展系统化、规范化的培训考核，使其具有工程造价咨询所需的基本能力并逐步提升。工程造价咨询企业也应建立人才培养体系，建立人才成长激励机制，通过内部师徒制培养、经验交流、外部送培等办法提升造价工程师的核心能力。

（3）加强执业过程信用评价。进行个人执业信用星级评价，帮助造价咨询执业人员找到优势、改进不足，促进提高咨询成果质量，提高造价工程师的执业能力和执业道德素养，提升北京市工程造价咨询行业的社会公信力。

（本章供稿：张大平、林萌、李仁友、刘维、张文锐、王萍、张洁、柳锋、李政、于敏）

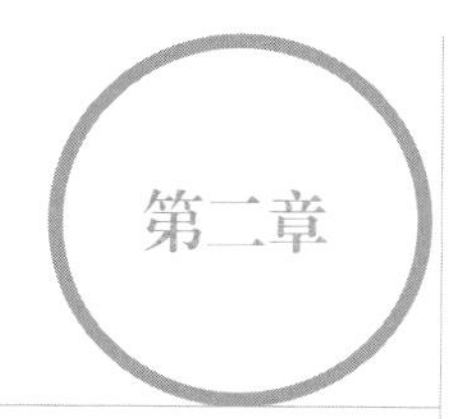

天津市工程造价咨询发展报告

第一节　发展现状

一、发展水平

1. 企业总体情况

2020 年天津地区共有 143 家造价咨询企业，其中甲级资质 56 家；乙级资质（含暂定乙级）87 家。

2020 年工程造价咨询企业的营业收入合计 32.90 亿元，其中造价咨询业务收入 11.21 亿元，占 34.07%；招标代理业务收入 4.86 亿元，占 14.77%；项目管理业务收入 3.43 亿元，占 10.43%；工程咨询业务收入 5.40 亿元，占 16.41%；工程监理业务收入 8 亿元，占 24.32%。完成的工程造价咨询项目所涉及的工程造价总额 15403.64 亿元。

2. 业务收入情况

2020 年企业造价咨询业务收入 11.21 亿元。造价咨询服务市场呈稳步发展态势，其中结（决）算阶段咨询收入 2.37 亿元；实施阶段咨询收入 2.07 亿元；前期决策阶段咨询收入 0.59 亿元。

2020 年企业加快推行全过程工程造价咨询服务业务，收入 5.16 亿元。与此同时，企业也积极参与工程造价纠纷鉴定和仲裁咨询，致力于构建建筑业和谐发展的市场环境，收入 0.62 亿元。

二、重点项目及学术研发

1. 重点项目

（1）积极参与各类重点项目建设，为固定资产投资活动提供造价服务保障

2020 年 3 月，天津市发展和改革委员会印发了《天津市 2020 年重点建设、重点储备项目安排意见的通知》，其中安排重点建设项目 346 个，总投资 10025 亿元，年度投资 2105 亿元。安排重点储备项目 304 个，总投资 6989 亿元。造价咨询企业积极参与各类重点项目建设，为固定资产投资活动提供造价服务保障。对 37 家会员单位（甲级单位 30 家，乙级单位 7 家）进行了抽样调查，参与的重点项目如图 2-2-1 所示。

国家级重点项目	①雄安站枢纽片区市政道路、综合管廊工程项目 ②雄安西北围堤生态防洪堤建设工程项目 ③雄东片区 B 单元安置房项目和公共服务设施工程项目等
市级重点项目	①天津地铁 10 号线一期工程项目 ②天津地铁 4 号线南段工程项目 ③中国石化天津液化天然气 (LNG) 项目扩建工程 (二期) 项目 ④天津市氢能产业示范区项目 ⑤机场大道 (天津大道 - 海河南道) 工程项目 ⑥天津市北辰区永定河综合治理与生态修复工程项目 ⑦天津中医药大学第一附属医院中医药传承创新工程暨北院区提升改造项目 ⑧天津医科大学肿瘤医院扩建二期工程项目 ⑨天津市津南区北闸口示范镇调整拆旧复垦区及增建还迁安置用房工程项目 ⑩中国民航大学项目等

图 2–2–1　2020 年参与的重点项目

（2）拓宽业务渠道，推动行业高质量发展

造价咨询企业大力发展全过程咨询服务，积极参与 BIM 运用咨询、PPP 项目咨询、EPC 项目咨询、环保及水利工程咨询，不断开拓造价咨询新业态。37 家抽样调查会员单位承接项目如图 2-2-2 所示。

2. 学术研发

为落实住房和城乡建设部工程造价改革工作方案精神，多家造价咨询企业充

全过程咨询服务项目	①高新区科技展示中心项目 ②天津新城北辰大张庄 015&017 地块项目 ③天津新城武清光明道 002 号地块一期项目 ④天津紫光金海云城津滨高（挂）2019-9 号项目 ⑤津西（挂）2019-23 地块项目 ⑥天津香雍玖和项目等
BIM 运用咨询服务项目	中新天津生态城北部片区雨水、污水、外排合建泵站工程项目等
PPP 项目咨询服务项目	①天津市东丽区林业生态建设项目 ②北辰东道道路、综合管廊及附属工程项目等
EPC 项目咨询服务项目	①中欧合作交流中心项目 ②张贵庄南侧居住区 C1 地块项目 ③宝坻棚户区改造基础设施配套工程朝霞路等十条路项目 ④东丽区绿色生态屏障区（南片区）储备林工程项目等
环保及水利工程咨询服务项目	①天津市宁河区农村生活污水处理项目一期工程项目 ②年产 10GW 高效太阳能电池用超薄硅单晶金刚线切片厂房及动力配套建设项目废水深度处理工程项目 ③滨海新区南四河水系联通工程项目等

图 2-2-2　2020 年承接项目

分发挥专业优势，参与了天津市 2020 届预算基价编制工作，预算基价及《天津市建设工程计价办法》已于 2020 年 4 月起实施；企业接受委托编制了《工程建设项目成本管理业务指导书》，为雄安新区开发建设提供技术支撑；为推动工程造价咨询行业信息化发展进程，提高内控管理运营效率，造价咨询企业自主研发“天津兴业造价云系统、ECMS 建设项目全过程造价管理系统、全过程投资控制系统、智慧造价系统”等专业系统，不仅优化了各种指标数据库，还能对各类造价咨询业务进行智能审核、趋势分析等。

三、人才情况

2020 年工程造价咨询企业从业人数合计 9309 人，其中一级造价工程师 1132 人，占 12%；其他专业注册执业人员 1019 人，占 11%；具有职称人员 6420 人，占 69%。另外，根据参与抽样调查的 37 家会员单位数据显示，从业人员中：本科学历人数占 62%；硕士及以上学历人数占 5%，行业人才结构趋向高端化。

四、工作情况

2020年协会紧紧围绕天津市建设行业的中心工作，克服新冠疫情对行业带来的影响，解放思想、与时俱进，圆满完成了各项工作。

1. 协助市住房城乡建设委做好相关工作

组织会员单位对《房屋建筑和市政基础设施建设项目全过程工程咨询服务技术标准（征求意见稿）》征求意见，并整理提出了多方面的修改意见；组织专家对全过程工程咨询服务的主要目标、基本原则、管理机制等方面进行讨论；向会员单位征求对天津市现行“招标投标行业行政规范性文件”的书面意见。指导有关单位准确、完整地填报造价咨询、招标代理统计报表系统，完成数据申报工作。

2. 推进招标投标全流程电子化发展

认真贯彻落实国家和天津市关于加快推进招标投标全流程电子化的相关部署，全力引领会员单位开展全流程电子招标投标工作，在积极听取各企业需求及意见，深入调研各类招标投标平台的前提下，依托行业领先的技术团队及力量，对服务于天津区域内，按照相关法律法规必须招标范围以外的工程、货物及服务项目，开展了电子招标投标平台研发工作。

3. 助力行业发展，规范服务质量

配合天津市住房和城乡建设委员会从发展成就、存在问题、发展目标等方面，完成了《天津市建筑业“十四五”规划》造价咨询及招标投标部分编写工作；发布了《天津市建设工程造价咨询成果文件质量标准》，向会员单位免费赠送，并录制解读课程供会员单位及专业人员线上培训。

4. 为会员提供免费服务

（1）组织召开行业热点问题公益直播解读会。召开了“凝心聚力·共克时艰——数字直播1+N，造价战‘疫’最强音网络直播讲座”、《工程造价改革工作方案》及《中华人民共和国招标投标法》修法要点公益直播解读会。此外，还为

造价从业者解读了《造价工程师职业资格制度规定》等。

（2）邀请有关专家对《天津市高级人民法院关于委托鉴定评估工作的规定（试行）》进行解读，分享鉴定评估经验。组织各工程造价鉴定评估机构完成了“人民法院诉讼资产网”注册和信息完善工作，并参加了“人民法院委托鉴定系统线上培训”。协助天津市高级人民法院解决委托纠纷事项。

（3）启动二级造价工程师考前培训的问卷调查工作。为全面了解二级造价工程师的培训需求，利用微信小程序开展“关于二级造价工程师考前培训的问卷调查”工作。组织编写了《建设工程计量与计价实务—建筑工程》和《建设工程计量与计价实务—安装工程》两本二级造价工程师培训考试教材。

（4）开展了评优工作。在会员范围内开展了“2020 年度天津市优秀工程造价咨询成果奖”评选活动，促进工程造价行业成果质量的提升；开展了评选 2020 年度天津市“优秀招标代理项目”“优秀政府采购代理项目”活动，促进招标代理及政府采购代理单位健康发展；为优化专家结构，向行业提供专业支持，成功推荐 21 名专家入库“全国建设工程招标投标行业一体化服务平台”；开展了 2020 年工程造价咨询企业信用评价工作，2020 年度新增 1 个 3A 等级、4 个 2A 等级、3 个 1A 等级企业。

5. 改革造价信息发布内容，更好地为工程建设服务

为配合 2020 年《天津市建设工程计价办法》,《天津工程造价信息》从第四期开始，对所发布材料价格由过去的含税价格变更为不含税价格；在发布内容方面，增加了部分新材料的价格，并对建材价格指数也做了调整；增加了建材价格指数曲线图，让材料的造价指数变化都以曲线图形式完整呈现，使得《天津工程造价信息》发布材料价格信息的准确性进一步提高。2020 年《会员视窗》大力宣传了协会组织会员单位支援武汉、共抗疫情，为疫区捐款、捐物的义举，扩大了其在会员单位中的影响，得到了会员单位的认可。

五、行业党建与公益情况

1. 加强党建工作，增强核心凝聚力

协会党支部组织开展“听党话、跟党走，扎实推进新形势下社会组织党建工

作”主题党课活动。开展“学习四史、不忘初心”学习讨论会，调动了全体党员加强理论学习的积极性。组织部分会员单位党员代表召开了《中华人民共和国民法典》宣讲暨主题党课活动；组织“人民至上——天津抗击新冠肺炎疫情纪实展”共同回顾海河儿女众志成城、齐心协力战疫历程，感受伟大的抗疫精神。

2. 践行社会责任，投身行业公益

为打赢新冠肺炎疫情防控战，发起了“‘奉献爱心、共抗疫情’天津造价、招标投标行业在行动”的捐款倡议。号召广大的会员单位和个人，自愿通过天津市红十字会向武汉疫情防控区一线的医护人员捐款捐物，奉献爱心。根据统计，协会及会员单位共计捐赠172余万元（含物资23余万元）。

第二节　发展环境

一、政策环境

1. 开展工程造价专业培训

天津市预算基价及《天津市建设工程计价办法》发布后，为进一步强化建筑市场服务效能，提升广大从业人员工程计价能力，天津市建筑市场服务中心对近300名专业人员开展培训。

2. 深度融入共建“一带一路”，强化基础设施互联互通

天津积极扩大有效投资，提升产业竞争能力和水平。推进新型基础设施、新型城镇化、重大工程等“两新一重”项目建设。构建现代化综合交通网络。持续打造“轨道上的京津冀”，畅通京津发展轴。

3. 建设新型智慧城市，高质量推进城市更新改造

提高市政基础设施运行质量，推动水、电、气、热等设施改造，提升地下空间管理利用智能化水平，建设海绵城市、韧性城市。

二、经济环境

2020年天津市生产总值（GDP）14083.73亿元，比上年增长1.5%。其中，第一产业增加值210.18亿元，下降0.6%；第二产业增加值4804.08亿元，增长1.6%；第三产业增加值9069.47亿元，增长1.4%。三次产业结构为1.5∶34.1∶64.4。

全年建筑业增加值719.73亿元，增长3.9%，建筑业总产值4388.17亿元，增长7.1%。建筑业企业房屋施工面积15234.45万m^2，其中新开工面积3922.07万m^2。

全年固定资产投资（不含农户）增长3.0%。分产业看，第一产业投资增长83.0%，第二产业投资增长1.6%，第三产业投资增长2.6%。分领域看，工业投资增长1.8%，其中制造业投资增长0.6%；基础设施投资增长20.0%，其中交通运输和邮政投资增长34.6%，信息传输和信息技术服务投资增长33.7%，水利、生态环境和公共设施管理投资增长14.8%。

全年房地产开发投资下降4.4%。新建商品房销售面积下降11.6%，其中住宅销售面积下降11.7%；商品房销售额下降7.1%，其中住宅销售额下降6.2%。

经济增长与建筑业发展相互促进，GDP增长、固定资产投资、房地产业及产业机构变动与建筑业存在长期稳定的协调关系。2020年建筑业总产值占天津市生产总值的31%，且建筑业总产值随天津市GDP及固定资产投资增长而增加，同时，工程咨询行业与建筑业存在直接联系，随着建筑业投资的加大，工程咨询行业市场规模势必增加。

相比于传统基建领域，以数字型基础设施为代表的“新基建”仍处于起步阶段，拥有广阔发展空间，从固定投资领域看，信息传输和信息技术服务投资增长比例最高，“新基建”在未来将成为固定投资的主要方向，咨询企业需调整服务内容与之相匹配。

第三节　主要问题及对策

一、工程造价行业面临更高挑战

2021 年 6 月 3 日，国务院发布了《国务院关于深化“证照分离”改革进一步激发市场主体发展活力的通知》（国发〔2021〕7 号）文件，在全国范围内取消工程造价咨询资质，现有造价咨询企业将面临诸多挑战。

在政府方面，应尽快出台相关“事中事后监管”措施。在行业方面，应建立、细化“信用评价规则”，推进行业自律。在企业方面，应通过多种方式进行资源整合，拓宽业务渠道，实现多元化发展；将“资质优势”转化为“信用优势”；加强“人力资源管理”，强化“团队建设”，发挥人才竞争优势；加快大数据建设，推动“互联网 + 工程造价咨询”的运营模式。在从业人员方面，应加强职业规划，造价师执业资格不仅是从业人员个人工作能力的体现，也是企业的核心竞争力。

二、行业信息化水平有待进一步提高

随着时代和科技的发展，大数据时代来临，对于工程造价咨询行业而言，信息化还停留在企业自己建立的基础上。数据仍是一座座孤岛，不能形成网状连接，还达不到应用层面。需要进一步研究在信息化的基础上建立数据联通，从而实现智能分析，形成对当前形势的科学判断和对未来形势的科学预判，为科学决策提供支撑。

三、加强造价咨询行业动态监管

工程造价咨询企业资质的取消将造价咨询服务归于市场，将事前门槛调整为事中事后监管。建立事中事后监管制度，完善事中事后监管流程，加强监管力度将成为工作重心。

四、完善造价思路，提升计价服务水平

以工程造价改革工作为指引，结合市住房和城乡建设委员会 2021 年重点工作任务，积极推行清单计量、市场询价、自主报价、竞争定价的工程计价方式，完善工程造价改革思路和措施，不断提升工程计价服务水平。

五、推广职业保险

目前，各造价咨询企业对投保职业保险的认可度不高。因此，需加大宣传力度，增强企业风险意识，同时也应发展多样化保险品种，使其更贴近造价咨询行业。

（本章供稿：田莹、彭冯、杨树海、沈萍）

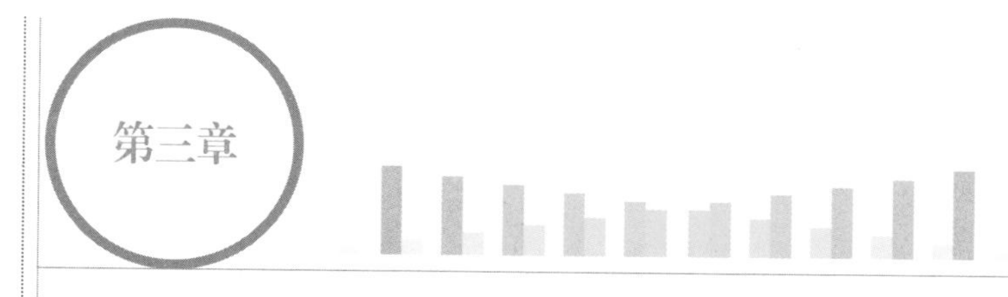

河北省工程造价咨询发展报告

第一节　发展现状

2020年面对新冠肺炎疫情形势变化，统筹推进疫情防控和经济社会发展。建筑业持续推动改革创新，工程造价咨询企业对合理确定和有效控制工程造价，提高工程投资效益起到了重要的作用。工程造价咨询业的市场环境在不断改变，行业竞争激烈。

一、企业统计数据分析

1. 企业数量增长较多，区域发展不平衡

截至2020年末，河北省共有464家工程造价咨询企业，较上年增加76家，增长率19.59%。其中，甲级资质企业237家，较上年增长16.75%；乙级（含暂定乙级）企业227家，较上年增长22.70%；专营工程造价咨询企业196家，较上年增长12.64%，具有多种资质的工程造价咨询企业268家，较上年增长25.23%。

工程造价咨询企业区域发展不平衡，全省拥有企业数量较高的是石家庄156家、唐山58家、邯郸和保定各45家，数量少的衡水7家。

2. 从业人员数量增长较快，专职专业人员队伍不断扩大

2020年末，河北省工程造价咨询企业从业人员21788人，比上年增长22.39%。其中，正式聘用人员19721人，临时聘用人员2067人，分别占全部造价咨询企业从业人员90.51%和9.49%。共有注册人员6067人，占全省造价咨询

企业从业人员 27.85%。包含一级注册造价工程师 3680 人，其中土木建筑工程专业 2995 人、安装工程专业 642 人、交通运输工程专业 18 人、水利工程专业 25 人；二级注册造价工程师 37 人，均为外省转注人员，其中土木建筑工程专业 28 人、安装工程专业 8 人、交通运输工程专业 1 人；其他注册执业人员 2350 人。专业技术人员 12807 人，比上年增长 21.70%。其中，高级职称 2719 人，中级职称 7609 人，初级职称 2479 人，高、中、初级职称人员占专业技术人员比例分别为 21.23%、59.41%、19.36%。

2020 年从业人员、注册人员、各类专业技术人员比 2019 年增长率分别高出 6.50%、1.85%、16.35%。

3. 工程造价咨询营业收入增速放缓，占比逐年下降

分析近三年的各项收入数据，全省工程造价咨询总收入略有上升，但升幅不大，占全部营业收入的比例呈下降趋势，主要原因是监理业务收入占比增加。

从业务类别收入分析，具备多种资质的企业占 57.76%，多元化发展成为行业主流，工程监理业务收入总额增加较快，2019 年较上年增长 75.30%、2020 年较上年增长 57.96%。工程咨询收入 2019 年 0.79 亿元，2020 年上升为 3.09 亿元。

2020 年河北省工程造价咨询业务收入前三位的专业分别为房屋建筑工程占比 59.69%、市政工程占比 21.60%、公路工程占比 5.80%。近三年工程造价咨询各阶段收入占比变化不大，造价咨询企业在业务转型升级、适应行业全过程工程咨询方面还需进一步推进，如表 2-3-1～表 2-3-3 所示。

近三年河北工程造价咨询企业整体收入情况对比（亿元）　　表 2-3-1

年度	整体营业收入		工程造价咨询业务收入			其他业务收入		
	合计	比上年增长（%）	合计	比上年增长（%）	占全部收入比例（%）	合计	比上年增长（%）	占全部收入比例（%）
2018 年度	32.71	13.81	18.03	17.84	55.12	14.68	9.23	44.88
2019 年度	40.01	22.32	20.34	12.81	50.84	19.67	33.99	49.16
2020 年度	51.39	28.44	21.31	4.77	41.47	30.08	52.92	58.53

近三年工程造价咨询各阶段收入对比（亿元） 表 2-3-2

年度	总收入	前期决策阶段咨询		实施阶段咨询		结（决）算阶段咨询		全过程工程造价咨询		工程造价经济纠纷的鉴定和仲裁咨询		其他	
	合计	合计	占比（%）	合计	占比（%）	合计	占比（%）	合计	占比（%）	合计	占比（%）	合计	占比（%）
2018 年度	18.03	1.50	8.32	4.00	22.19	8.21	45.54	3.33	18.47	0.62	3.44	0.37	2.05
2019 年度	20.34	1.98	9.73	5.2	25.57	8.68	42.67	3.37	16.57	0.68	3.34	0.43	2.11
2020 年度	21.31	1.96	9.20	5.33	25.01	9.06	42.5	3.49	16.40	0.86	4.04	0.60	2.83

近三年营业收入按业务类别对比（亿元） 表 2-3-3

年度	总收入	工程造价咨询业务收入		招标代理业务收入		监理业务收入		项目管理业务收入		工程咨询业务收入	
	合计	合计	占比（%）	合计	占比（%）	合计	占比（%）	合计	占比（%）	合计	占比（%）
2018 年度	32.71	18.03	55.12	5.5	16.81	7.49	22.84	0.72	2.20	0.97	2.97
2019 年度	40.01	20.34	50.84	5.18	12.95	13.13	32.82	0.57	1.42	0.79	1.97
2020 年度	51.39	21.31	41.47	5.59	10.88	20.74	40.36	0.66	1.28	3.09	6.01

4. 造价咨询企业整体情况

2020 年 2 月，住房和城乡建设部修改了《工程造价咨询企业管理办法》，降低了资质条件门槛，推行全过程工程咨询等政策，造价咨询企业数量、具备多种资质企业均呈较大幅度增长。地区分布受经济影响较大，其中，造价咨询业务年收入超千万的咨询企业 54 家，年收入在 100 万元以下的咨询企业 118 家。河北省咨询企业还需激发新活力、开拓新思路、寻求业务增长点，向大且强、精而专方向发展。

二、造价管理工作情况

1. 发挥党建引领作用

2020 年，河北省工程造价咨询行业始终坚持认真学习贯彻党的各项方针政策，坚持以党建为引领，全面推进党建工作与服务工作的深度融合。为充分展示党员先锋带头作用，协会党支部多次带领会员单位参与扶贫、捐赠工作，发出公益事业建设倡议书，极大地增强了企业的社会责任感和主人翁意识，充分发挥了党组织的战斗堡垒作用和党员的骨干带头作用。2020 年会员单位受到上级表彰的基层党组织 8 个，优秀共产党员 19 名，优秀党务工作者 10 名。

2. 加强信用体系建设

为进一步加快推进信用体系建设，2020 年 7 月，河北省住房和城乡建设厅印发《河北省建筑市场主体失信名单管理暂行办法》，为构建以信用为基础的建筑市场监管机制，有效惩戒建筑市场失信主体，警示、督促建筑市场主体依法依规诚信经营提供了办法标准。

截至 2020 年，全省累计参加信用评价企业 194 家，其中 3A 级企业 148 家，2A 级企业 46 家。

3. 推进造价管理改革

在推动工程造价改革、助力建设行业数字化转型方面，在中共河北省委网络安全和信息化委员会办公室指导下，会同 14 家相关协会和技术单位组织召开了“中国数字建筑峰会 2020·河北峰会”；举办了“共学·应变——新政策新应对广联达分享大会”，普及绿色建筑、装配式建筑新政，积极探索绿色建筑、装配式建筑之路，探讨行业的变化和发展；召开“工程造价咨询企业团队管理研讨会”，以增强企业内部管理，提高客户服务满意度，完善内部沟通及管理效率，打造高绩效职业化项目团队。

4. 促进行业人才培养

依据河北省住房和城乡建设厅、交通运输厅、水利厅、人社厅四部门印发的

《河北省二级造价工程师职业资格考试实施办法》（冀建人教〔2019〕14号），进一步对所编写的二级造价工程师职业资格考试培训教材进行了完善，定制培训工作计划，沟通相关部门，积极推进二级造价工程师考务工作。

5. 搭建培训平台和专家智库平台

践行专家智库在调查研究、教材编制、业务指导、意见征集、信用评价等方面的专业优势。召开了“河北省工程造价指数指标信息化建设研讨会”，研究工程计价依据发布新机制，探索工程造价指标信息服务平台建设新思路。

三、行业公益——推动企业履行社会责任

行业不仅努力加强自身建设，提升服务品质，还积极投身社会公益事业和抗疫工作，践行社会责任。

1. 在助力扶贫攻坚方面，荣获“京津冀社会组织跟党走——助力脱贫攻坚行动”优秀单位荣誉

按照河北省民政厅、河北省住房和城乡建设厅关于扶贫工作的总体部署，带领会员单位开展扶贫工作，于2020年荣获由河北省民政厅、北京市民政局、天津市民政局联合颁发的“京津冀社会组织跟党走——助力脱贫攻坚行动”优秀单位荣誉证书。

2. 在疫情防控工作方面，荣获“社会组织参与新冠肺炎疫情防控”优秀单位荣誉

（1）助力疫情防控

2020年初，新冠肺炎疫情突发，研究会及党支部积极行动，严格遵守防疫各项有关规定，向会员单位发出《关于积极配合做好新型冠状病毒疫情防控工作倡议书》，给予会员单位防疫知识指导与关怀。会同70余家会员单位在疫情期间共计捐款124.65万元，捐赠物资价值65.32万元，累计189.97万元。荣获由河北省民政厅颁发的“社会组织参与新冠肺炎疫情防控”优秀单位荣誉证书。

（2）助力复工复产

以学带动，停工不停学。疫情期间，积极与相关培训机构、软件科技公司等单位联合，向会员单位免费提供职业资格考试类培训、专业业务知识培训以及办公软件和免费工具类软件应用。疫情期间参加职业资格类考前培训近 5000 人，工程造价专业业务学习 3000 余人；企业远程办公培训 600 余家（含非工程造价类），工程造价咨询免费软件应用覆盖全省。

第二节　发展环境

一、政策环境

2020 年，颁布了《河北省政府投资管理办法》；组织建筑业企业及工程造价咨询企业“双随机一公开”核查；在鼓励、培育全过程工程咨询、优化市场环境等方面缺乏政策支持。

二、经济与市场环境

河北省“十四五”规划指出经济社会发展取得显著成效，综合经济实力跃上新台阶，全省生产总值由 2010 年的 1.8 万亿元增长到 2020 年的 3.62 万亿元，居民人均可支配收入由 2010 年的 1 万元增长到 2020 年的 2.7 万元，年均分别增长 7.1% 和 10.5%，经济、政治、文化、社会、生态文明建设全面进步，人民群众千年来的小康梦历史性地成为现实。

京津冀协同发展、雄安新区规划建设、冬奥会筹办等重大国家战略和国家大事加快落地实施。深入实施“两翼”带动发展战略，以北京非首都功能疏解为“牛鼻子”推进京津冀协同发展向深度广度拓展，以建设雄安新区带动冀中南乃至整个河北发展，千年大计、国家大事雄安新区规划建设开启河北发展新纪元，规划体系和政策体系基本形成，重点片区和工程项目呈现塔吊林立、热火朝天的建设场面，雄安商务服务中心、“三校一院”“千年秀林”建设成效明显。以筹办北京冬奥会为契机推进张北地区建设，与京津共同打造全国高质量发展第一梯队。北京冬奥会筹办成为向世界展示河北形象的新舞台，落实绿色办奥、共享办奥、开放办奥、廉洁办奥理念，扎实推进各项筹办工作，张家口赛区场馆及配套项目全部建成，冰雪运动和冰雪产业发展势头良好，张北地区正在成为河北发展新增长点。

三、技术环境

工程咨询新技术不断涌现，河北省部分造价咨询企业积极运用新技术，对业务管理、人力资源、财务管理、协同办公等实现信息化管理，建立企业指标库和数据库。但数字化、BIM、全过程工程咨询推广落地难，没有全过程工程咨询、BIM 技术服务收费标准，缺少配套政策文件支持。

第三节　主要问题及对策

一、主要问题及对策

（1）低价竞争问题。行业主管部门、协会应加强信用评级和惩戒机制，加强从业人员职业道德教育，规范行业秩序。建立行业诚信监管、多部门联动机制，同发改、财政、审计等部门连通数据监测平台、开放、共享，加强事前事中监管。

（2）人才问题。造价咨询企业向提供高附加值的服务转变，需要高层次技术人才做支撑。需要既懂造价业务又能够提供法律、法规和政策咨询的人员。需要培养具备项目管理、项目建设方案策划、设计优化、招标投标和合同风险管理、项目运营评价等全过程工程咨询综合能力的专业技术人员。

二、机遇与挑战并存

（1）京津冀一体化、雄安建设、冬奥会筹办，抓住新基建机遇。相关部门出台鼓励、扶持政策，培育本省造价咨询龙头企业，提供综合、高附加值服务，做大做强；引导中小咨询企业在某个专业做精做专，各有特色、市场。建立良好的造价咨询市场秩序，共同维护行业信誉，树立行业品牌。

（2）一系列政策的出台，使得市场更加开放，竞争加剧，造价咨询企业业务来源单一，人力成本飞涨、收费降低，开展全过程咨询能力有限。市场化改革需要培养一批专业咨询能力、综合咨询能力、大数据应用能力以及借助大数据分析决策能力的人才和企业，从而顺应市场变化（如PPP、EPC、全过程工程咨询模式；BIM技术和CIM技术的应用），提供更好的咨询。

行业协会充分发挥桥梁纽带作用，引导企业更新思维模式、转型、联合，深挖潜力，资源共享，以市场需求为导向，推动河北省全过程工程咨询开展，满足委托方多样化需求的全过程工程咨询服务和专业化服务。

（本章供稿：吕德浦、李静文、陈慧敏、庞红杰、尉宏广、李玉霞、黄哲、谢雅雯、吕英浩）

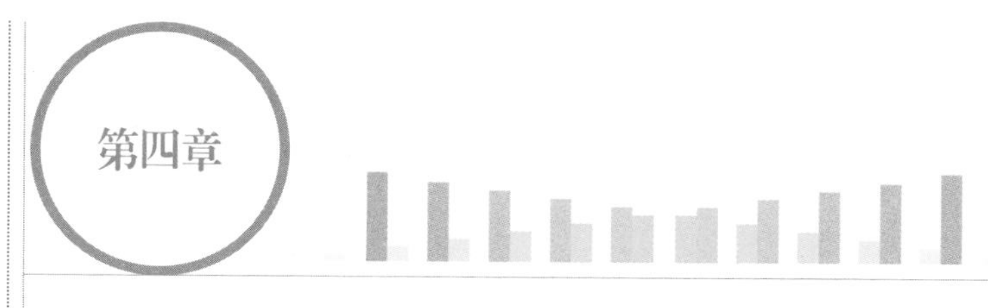

山西省工程造价咨询发展报告

第一节　发展现状

一、行业发展现状

1. 产业链状况

（1）服务范围向前、后期延伸

造价咨询企业的服务范围逐步从建设项目的实施阶段向全寿命周期延伸，向前延伸的服务有投资估算编审、设计概算编审、设计方案经济评价分析和概算调整等；向后延伸的服务有运营期项目的财务评价、造价纠纷调解和鉴定、缺陷责任期费用审核、项目后评价、全过程跟踪审计等。

（2）咨询服务重心逐步向项目决策阶段偏移

随着《政府投资条例》（国令 712 号）的颁布实施，以及 EPC、PPP 模式的大力推行，建设项目投资管控的重心逐步向决策和设计阶段转移，估（概）算评审、预算评审等力度加大，政府对第三方造价咨询企业参与前期评估、全过程跟踪审计的需求加大。

（3）咨询需求与服务多元化

在推行全过程工程咨询政策的引导下，咨询市场需求逐步由工程咨询、PPP 咨询、招标代理、造价咨询、工程监理、项目管理等传统业态向“1+N”组合的全过程工程咨询模式发展，提供多种咨询服务的企业数量逐年增加，需求与服务均呈现出多元化态势。

2. 从业状况

（1）造价咨询企业数量明显增加

2020 年末，山西省具有工程造价咨询资质的企业共 393 家，其中有限责任公司 390 家，国有独资公司及国有控股公司 3 家。甲级企业 139 家，占全部企业的 35.37%；乙级（含暂定乙级）企业 254 家，占全部企业的 64.63%。

随着全过程工程咨询模式的逐步推进以及造价资质“双 60%”取消政策的推出，山西省造价咨询企业总数大幅增加，相比 2019 年增幅达 67.95%，首次申请造价资质的企业数量为 115 家。

（2）兼营企业数量大幅增长，综合服务能力明显提升

2020 年底，山西省具有造价咨询资质的 393 家企业中，专营企业 193 家，占全部企业的 49.10%；拥有多项资质兼营其他业务的企业 200 家，占全部企业的 50.90%。对比 2019 年，兼营企业数量倍数增长。

（3）从业人数大幅增长

2020 年底，山西省工程造价咨询企业人员总数 15384 人。具有职称的专业技术人员 9310 人，其中，高级职称 1917 人，中级职称 5755 人，初级职称 1638 人。共有一级注册造价工程师 2602 人。

（4）造价咨询企业地域分布差距较大

山西省 393 家工程造价咨询企业中，按工商注册所在地划分，省会太原属地管理的企业 214 家，占到了全省企业总数的 54.45%；且甲级企业 84 家，占到全省甲级企业总数的 60.43%，从业人员更愿意在经济相对发达且具有区位优势的地区就业。

3. 经营状况

（1）企业营业收入稳步增长

2020 年度，山西省工程造价咨询企业营业收入合计 32.99 亿元，其中工程造价咨询业务收入 14.9 亿元，其他业务收入 18.09 亿元。相比 2019 年，造价咨询营业收入增长 22.45%。

（2）造价咨询业务收入分布

按专业领域划分。2020 年度，企业工程造价咨询业务收入 14.90 亿元，其

中，房屋建筑工程占比 56.13%，与 2019 年保持一致；房屋建筑工程、市政工程、矿山工程、公路工程、火电工程五大板块占比达 84.97%。

按建设阶段划分。2020 年度，企业工程造价咨询业务收入 14.90 亿元，按建设阶段划分，占比由高到低依次为结（决）算阶段、实施阶段、全过程造价、前期决策阶段、工程造价经济纠纷鉴定和仲裁。结（决）算阶段占比 53.15%，与 2019 年保持一致；结（决）算阶段、实施阶段、全过程造价业务之和占比达 86.58%。

二、重点工作

1. 开展工程造价咨询市场“双随机一公开”检查和信用评价工作

组织开展了 2020 年度工程造价咨询市场检查和信用评价，采取市级全覆盖、省级抽查的方式，参评企业共 287 家。按照信用评价标准评级结果：A 级（优秀）12 家、B 级（良好）27 家、C 级（合格）221 家、D 级（不合格）27 家；按照成果质量检查评分标准共评出优秀成果 23 个；为加强问题管控、督促整改，共通报问题企业 29 家。

2. 加快人才队伍建设，举办工程造价专业技能竞赛

举办了第二届工程造价专业技能竞赛。竞赛分土建、安装两个专业，经过激烈角逐最终产生团体一、二、三等奖和组织奖共 53 个，两个专业的个人前 10 名荣获“山西省工程造价行业十佳技能标兵能手”称号。

3. 成立工程造价纠纷调解中心，缓解行业纠纷矛盾

根据《山西省高级人民法院、山西省住房和城乡建设厅关于印发〈关于工程合同纠纷多元化解机制的意见〉的通知》有关精神，为充分发挥行业协会在工程造价纠纷调解中的基础性和专业性优势，提升纠纷化解效率，切实维护工程建设各方主体的合法权益，引导工程造价行业健康发展，2020 年 4 月 22 日，组织成立了“工程造价纠纷调解中心”。截至 2020 年底，调解中心共聘用调解员 121 人，聘用调解中介机构 25 家，收到纠纷调解项目 15 个，涉及调解投资额约 9 亿元，出具争议评审报告 9 份和调解报告 1 份，得到了委托当事人的高度评价和认可，有效缓解了社会矛盾。

4. 积极挖掘优秀企业文化和团队建设亮点进行行业宣传

通过“一网（网站）一刊（会刊）一公众号（微信公众号）”的信息窗口实时宣传行业政策法规、刊载行业学术言论、介绍行业优秀企业和先进人物，增进企业信息沟通和交流，促进协会和会员单位共建共赢、共同发展。

5. 确定“山西造价人节”

为了更好地提升造价执业者的知识水平和专业技能，打造具有现代发展理念的工程造价专业人才队伍，确定 11 月 22 日为“山西造价人节”，并于 2020 年 11 月 27 日举办了“山西造价人节”发布仪式及第一届“造价人节”相关活动。

6. 党建引领行业健康发展

根据企业发展需要和现有党员人数，在上级党组织的指导下，部分规模以上企业均成立了党支部，有的企业还成立了工会组织，企业管理更趋规范，员工合法权益得到保障，企业的社会责任感增强，团队更具战斗力和凝聚力。

7. 投身公益事业，履行社会责任

2020 年初，面对来势汹涌的新冠肺炎疫情，通过微信公众号及时宣传防护知识，同时号召会员单位履行社会责任、共抗疫情，各单位踊跃参与公益捐款献爱心活动。累计捐助 130 余万元，折射出浓厚的行业情怀。企业积极投身社会公益事业，通过扶贫救灾、慰问孤寡老人、关爱环卫工人、资助残疾人等履行社会责任。

第二节　发展环境

一、政策环境

1. 高质量转型发展是山西发展的根本出路、唯一出路

2020 年 5 月，习近平总书记在山西考察时强调，要坚持稳中求进工作总基调，坚持以供给侧结构性改革为主线，实现高质量转型发展新成就；要发挥重大投资项目的带动作用，持续推动产业结构调整优化，大力加强科技创新在新基建、新技术、新材料、新装备、新产品、新业态上取得突破；统筹推进山水林田湖草系统治理，抓好“两山七河一流域”生态修复治理，扎实实施黄河流域生态保护和高质量发展国家战略；加强农业农村基础设施建设。每一项都是推动山西经济发展的有力举措，将会给山西造价行业发展带来新的机会。

2. 山西“十四五”规划已谋划多个重大项目

山西省“十四五”规划强调：坚持把项目工作作为转型主抓手。转型出雏形必须靠一个个项目垒起。“十四五”规划已初步谋划重大项目 3000 余个，其中，新兴产业及“六新”类项目占 70% 左右，力求以投资结构的优化实现产业结构的优化，以项目的高质量支撑转型发展的高质量。

二、市场环境

1. 地方固定资产投资平稳增长

2018 年，山西省生产总值达到 1.68 万亿元，增长 6.7%，全省固定资产投资增长 5.7%；2019 年，全省地区生产总值达到 1.703 万亿元，增长 6.2%，全省固定资产投资增长 9.3%；2020 年，全省地区生产总值达到 1.765 万亿元，增长 5.5%，全省固定资产投资增长 10.6%。全省固定资产投资增速稳步提升，工程造价咨询的需求也必将随之增长。

2. PPP 模式衍生出新的造价咨询服务需求方

随着 PPP 模式的大力推行，衍生了新的需求方——SPV 公司，属于建设单位性质，其业务不仅涉及 PPP 项目预结算，也涉及施工承发包预结算和运营期成本测算方面的咨询服务。因公司本身缺少固定的造价咨询从业人员，因此，对工程造价咨询服务具有一定需求。

3. 本土房地产企业全过程造价咨询需求增加

随着本土房地产企业规模的不断壮大和一线房企成本控制理念的不断深入，

大多数本土房地产企业也逐步选择更具专业优势的第三方咨询企业为其提供阶段性或全过程造价咨询服务。

4. 需求类别和供给方式多样化

在需求类别方面，既有传统的单项造价咨询，也有全过程造价咨询、全过程工程咨询；在咨询服务方的选择方面，既有公开和邀请招标、竞争性磋商、竞争性谈判，也有直接委托、签订框架协议等方式。

5. “高成本、低收费”形势更加严重

随着2020年度造价咨询企业数量迅速增长，原本低价竞标的咨询市场又增加了更多的竞争对手；同时，以人力资源为主提供智力服务的咨询企业的人工成本持续增加，致使咨询市场“高成本、低收费”形势依然严峻。

三、技术环境

1. BIM 技术应用推进缓慢

BIM 技术应用的终极目标是实现建设项目的全要素、全寿命、全方位平台化管控，需要项目各方共同参与，目前山西省内仅有少数造价咨询企业的 BIM 技术应用逐步推进，但仍处于建模阶段，未能真正实现建模后的应用和平台化管理。

2. 大数据、信息技术应用

目前，山西省内还没有一家拥有企业大数据、指标库的造价咨询企业；由于技术壁垒、资金投入过大的缘故，大多数企业仍处在观望阶段，只有少数几家企业尝试开发但没有实质性进展或未形成规模效应。

第三节　主要问题及对策

一、主要问题及原因

1. 市场源头不规范，信用评价的市场影响不明显

（1）行业壁垒问题

业主是市场需求的源头，招标文件设置不合理的限制条件、采用资格入围或框架性招标，都将形成行业或区域壁垒。

（2）过程结算问题

工程结算周期长、争议久拖不决，主要原因是施工招标阶段不规范、评标过程对投标的经济部分评审力度不足，有的业主甚至因资金问题故意拖延结算，导致咨询工作推进困难，成本加大。

2. 行业集中度低，企业发展内生动力不足

（1）行业集中度问题

造价咨询民营企业居多且规模较小，服务产品同质化严重，缺少引领地区行业发展的领军企业。

（2）持续发展动力问题

部分企业只看重短期效益，存在低价恶性竞争，留不住高端和复合型人才，企业可持续发展动力不足。

（3）研发创新投入问题

对高附加值业务和综合咨询业务投入的时间、精力不足，例如在BIM技术、信息化、数据化方面，持观望态度的企业较多。

3. 数据信息未实现共享，咨询效率及质量均不高

（1）数据信息利用问题

工程造价咨询行业信息化发展速度迟缓，数据通道未能打通，数据交换标准不统一，存在信息孤岛和信息断层，不利于企业之间和行业的数据共享，对行业

发展形成一定的障碍。

(2) 工具软件垄断问题

行业工具性软件、大数据服务垄断严重，咨询企业成本居高不下，企业不能实现开源、节流双管齐效，规模扩展受限。

4. 定额计价仍为主导，市场定价机制未形成

业主、承包商和工程造价咨询机构均未能形成企业级定额库，市场定价机制尚未形成，市场竞争不充分，未能激发和体现行业的技术水平。

二、对策及应对措施

1. 从源头治理，加大对业主行为的监管

调整和拓宽市场监督对象范围，充分发挥审计和行政监督作用，加强对业主行为监管并且加大违规惩戒力度；加大信用评价结果的应用范围和影响力，提高行业自律性和规范性；创新监管方式，行业主管部门或财政部门可采取“政府购买服务”的方式，委托第三方机构进行检查、监督。

2. 创建合作平台，激发企业发展内生动力

创建互动交流平台，为不同类型企业之间、省内与省外企业之间、企业与高校之间的合作创造条件；继续加大政府投资项目推行全过程工程咨询和 BIM 技术应用的力度，适度采取补偿激励措施，引导企业培养综合性人才并转型发展，进一步推进行业高质量发展。

3. 推进数据共享，挖掘数据价值

鼓励规模以上企业进行联合研发，推进数据共享进度，适度干预软件公司、技术研发公司的过度行业垄断、高额收费现象；采取政府购买服务的方式，利用区块链技术，构建综合信息平台，通过数据收集、共享，发挥数据价值。

4. 稳妥推行市场定价、弱化定额计价

引导工程造价咨询行业推行市场定价，提高价格竞争力；政府部门制订推

行市场定价的政策文件、指导文件和配套标准，利用信息化、平台化的方式构建市场定价体系。

三、未来发展方向

1. 建立统一信息化标准和数据指数标准，加快推进行业信息化建设

信息化、平台化是行业高质量发展的技术保障，也是企业降低成本、提升核心竞争力的有效手段。BIM技术、云计算、大数据的应用将大幅提升咨询效率。信息化的发展需要全面的技术标准和数据标准做支撑，数据的收集和处理、应用和共享更需要相关配套技术标准和建模标准。当务之急是需要建立统一的数据格式、数据编码、数据交换、造价指标指数标准等系统性的标准文件，促进行业信息互通、交流，指导建筑业市场化、高质量健康发展。

2. 未来将会是规模化大企业与“专业咨询”企业同时并存

《国务院关于深化“证照分离”改革进一步激发市场主体活力的通知》(国发〔2021〕7号)取消工程造价咨询企业资质，强化造价工程师执业资格制度将会让造价咨询市场大洗牌。造价工程师与造价咨询企业，必定会形成双向选择、共生共赢的新合作关系。未来，将会是规模化大企业与“专业咨询”企业同时并存。造价咨询企业可能会有两种发展路径：一是有规模化优势的头部企业，兼并、整合行业优势资源发挥平台效应，提供更加综合性的服务，使“强者更强”；二是更多小而精、扁平化的造价企业(甚至是工作室)将会快速崛起，凭借对某一细分专业或行业的精研，建立独特的技术优势与经验壁垒，打造特色咨询的“专业咨询”企业，使“专者愈专”，抛离其他竞争者的高度，体现出与规模化相对的强大效益化潜能。

(本章供稿：郭爱国、李莉)

内蒙古自治区工程造价咨询发展报告

第一节 发展现状

一、基本情况

1. 全区企业情况

2020年末，内蒙古自治区区域内工程造价咨询企业共有294家，比上年增长0.68%，其中甲级资质企业152家，比上年增长12.59%，乙级（含暂定级）资质企业142家，比上年减少9.55%。

2. 地区从业人员情况

2020年末，工程造价咨询企业从业人员8047人，比上年增长17.54%，其中正式聘用人员7146人，占年末从业人员总数的88.8%；临时聘用人员901人，占年末从业人员总数的11.19%。工程造价咨询企业专业技术人员5229人，较上年同比增长4.35%，其中高级职称人员1348人，中级职称人员3090人，初级职称人员791人，专业技术人员占年末从业人员总数的64.98%。工程造价咨询企业一级注册造价师人数为2039人，较上年同比减少14.72%，占从业人员总数的25.34%。二级注册造价师人数为91人。

3. 地区营业收入情况

2020年，工程造价咨询企业全年营业收入为20.18亿元，较上年同期增长12.54%，其中工程造价咨询业务收入12.37亿元，较上年同比减少6.12%，占全部营业收入的 61.30%；其他咨询业务收入合计 7.81 亿元，占全部营业收入的 38.70%。

二、地区建筑行业发展情况

2020 年，自治区开展重大项目“审批月”活动，实行重大项目挂牌督办。赤峰至京沈高铁连接线建成运营，集大高铁、集通铁路扩能改造、呼和浩特新机场等项目开工建设，苏尼特右旗至化德等高速公路竣工通车，镶黄旗、阿鲁科尔沁旗通用机场开通运营。建成呼和浩特国家级互联网骨干直联点，全区 5G 基站突破 1 万个。全区行政嘎查村光纤通达率和 4G 网络覆盖率达到 98% 以上。

持续推进“放管服”“工程建设项目审批制度”改革，对房屋建筑和城市基础设施等工程建设项目审批制度实施全流程、全覆盖改革，实现工程建设项目审批流程、信息数据平台、管理体系、监管方式“四统一”。到 2020 年 10 月，已基本建成自治区统一的工程建设项目审批和管理体系，全区工程建设项目审批时限压减至 90 个工作日以内。政务服务移动端“蒙速办”正式上线，自治区本级行政权力事项网办率达到 91%。出台支持民营企业改革发展 24 条措施，民营经济市场主体占比达到 97.4%。自治区本级经营性国有资产基本实现集中统一监管。

三、工作情况

2020 年，协会深入贯彻落实党的十九大精神，以市场为导向，不断提升服务质量水平，加强人才队伍建设，完善行业管理和治理机制，持续推进行业转型升级和创新发展，为自治区经济建设做出了新的贡献。根据第一届理事会第四次会议中审议通过的《2020 年工作计划》，克服了新型冠状病毒感染肺炎疫情影响等各种困难，完成了涵盖行业调研、行业评比评先、课题（问题）研究、会员业务培训等工作内容，同时注重加强协会自身建设，完成理事会议制定的目标和工作任务。成功举办了“内蒙古自治区第二届慧云杯工程造价业务人员技能大赛”，全区来自建设、房地产、工程造价、设计、招标代理、施工、工程监理、科研机构、大专院校等单位的 2000 多名选手和 74 个团队参加。

为建立健全行业诚信自律，规范执业行为，完善自我约束和相互监督机制，提高服务质量和社会信誉，完成了内蒙古自治区2020年度二批工程造价咨询企业信用评价工作。依据会员单位诉求，按照行业自律公约之规定，对违规违约突出问题专项调查，约谈部分企业，对其执业行为提出建议，并限期整改。开发建设的“内蒙古自治区工程建设协会会员服务管理信息系统”“诚信系统（信用评价系统）”“继续教育系统”，截止10月末已全部通过试运行并正式投入使用，逐步完成会员单位系统录入工作。

四、行业党建

2020年，组织开展《中华人民共和国民法典》宣讲、《学习贯彻党的十九届五中全会精神》宣讲、组织观看“十三届人大三次会议”，学习政府工作报告，贯彻落实党的精神，提高全员素质，加强组织建设；完成自治区工程造价行业党建情况调查，参加社会组织党建办公室组织的内蒙古区直社会组织党务工作者培训，系统培训党务工作；开展党性教育实践活动，组织“2020年廉洁教育法制学习周”活动，走进检察机关，开展廉洁教育学习，以加强基层党组织建设，促进党建工作力度，推动党员的先锋模范作用和带头作用。

五、行业公益情况

2020年，充分发挥社会组织作用，积极动员会员单位，有效促进群防群控。多次发出疫情防控相关倡议书并组织开展捐赠款物行动，共有198家会员单位及所属员工1023人捐赠款物折合人民币941.56万元，用实际行动体现了建设人的责任担当。先后组织开展了34期线上（网络）公益培训，包括“战疫情，备战开工潮”“数字直播1+N-造价战疫最强音”“新基建、新机遇、新课题”公益论坛等线上宣讲，会员单位累计84000多人次观看学习，有效提升了从业人员的综合能力。

积极参与自治区民政厅关于引导和动员社会组织参加脱贫攻坚培训会议，以精准扶贫形式完成“医疗帮扶癌症患者刘建业”的帮扶，赴凉城县崞县夭乡中心校、呼和浩特市回民区新星小学开展“共享书香、与爱同行”——公益助学活动。会员单位及从业人员也积极开展助学、助残、助老、助医、助困等慈善救助项目，践行社会责任，行业公益慈善趋于常态化。

第二节 发展环境

一、政策环境

2020年6月，自治区人民政府制定印发了《内蒙古自治区优化营商环境行动方案》，紧紧围绕企业投资生产经营等全生命周期，针对市场主体营商环境诉求，持续深化“放管服”改革，最大限度减少政府对市场资源的直接配置和市场活动的直接干预，加强和规范事中事后监管，着力提升政务服务能力和水平，推动全区经济高质量发展；发布《内蒙古自治区住房城乡建设行业公共信用信息管理办法》，规范住建行业公共信用信息的归集、披露、使用和管理活动，营造诚实守信的社会环境，优化营商环境，为全区住建行业发展提供良好的信用保障。

二、经济环境

1. 经济增速由负转正，恢复态势持续巩固

2020年，面对严峻复杂的国内外环境，在以习近平同志为核心的党中央坚强领导下，全区上下坚决贯彻落实党中央、国务院决策部署，统筹疫情防控和经济社会发展工作，扎实做好“六稳”工作、全面落实“六保”任务，地区生产总值完成17360亿元，增速实现由负转正，且逐季提高。随着稳投资政策的不断落实，全区积极推进重大投资项目建设。固定资产投资在年初大幅下降的情况下，增速稳步回升，降幅不断收窄，呈现稳定恢复态势。

2. 生态和民生领域投资趋势向好

2020年，全区坚持生态优先绿色发展理念，着力构建良好的绿色生态环境，在一批煤矿采空区灾害综合治理及重点流域综合治理和生态修复等项目带动下，全区生态保护和环境治理业投资比上年增长23.2%。

三、技术环境

自治区住房和城乡建设厅发布《推进建筑信息模型（BIM）技术应用工作方案》，以工程建设法律法规、技术标准为依据，充分发挥政府规划引导、政策扶持的作用，鼓励市场主体积极参与、协同配合，加快推进BIM、大数据、移动互联网、云计算、物联网、人工智能等技术在项目全过程的集成应用和深度融合，提高工程项目管理水平，推动自治区建筑业高质量发展。

第三节　主要问题及对策

一、面临的问题

1. 技术创新能力不足

随着我国经济从过去的快速增长型转变为高质量发展型，地区建筑增幅逐年收窄，行业总体发展已经逐步趋于理性；但造价咨询业务类型没有根本改观，仍处于低水平的同质化竞争阶段。

受区域地区环境影响，工程造价咨询企业的法律意识，政策法规、技术能力、信用体系等多方面都受到制约，工程造价咨询市场土壤环境培育缓慢且不太成熟。

2. 造价咨询管理水平薄弱

缺乏全面系统的工程造价管理体系和相应的造价咨询服务技术标准，造价管理没有清晰的流程，对于组织及保障性上仅凭造价职业人员的敬业精神和职业道德来体现。造价管理模式简单，工作缺乏有机的整体，各阶段业务分离、相对割裂、数据连续性差、缺乏信息化手段支撑、数据难以积累及协同共享。

3. 缺乏综合咨询服务能力

多数造价咨询企业业务类型基于工程计量计价业务，对于设计方案比选、工程索赔、成本分析、投资控制、全过程造价管理等缺乏综合咨询管理能力。造价人员对定额的依赖程度过高，长期围绕传统算量及计价工作，业务能力由于工作内容单一得不到明显的提升机会，更缺乏必要的项目管理、金融、财会和法律等综合知识。

4. 信息化技术应用不足

造价咨询信息化转型较缓，现阶段工作流程仍不清晰，复核或检查成果文件频繁传递，过程资料无留痕，无追溯性，历史工程数据难以利用，只能靠个人经验积累，企业运营数据及业务数据沉淀困难，难以实现数据协同共享及数据价值。

二、产生问题的原因

1. 造价依赖定额没有完全市场化

定额计价方式不能适应日益发展和完善的市场经济需要，随着改革开放的逐步深入，投资主体多元化，价格成为涉及双方利益最重要的焦点，定额定价不能满足作为出资者业主方的需求，市场定价日益显得重要。

2. 造价动态信息服务水平低

建设市场未形成统一的工程造价信息数据采集标准以及全面的市场动态价格信息发布平台，造价信息服务水平不高，人工、材料、机械等市场动态信息数据的权威性、准确性、及时性差，导致形成价格机制不完整，供市场主体选择困难。

3. 缺乏全过程工程咨询能力

造价咨询业务各阶段碎片化，未形成整体性、全过程、全阶段的综合性咨询，只注重计量计价，缺乏有效系统性管理，专业技术咨询能力及核心竞争力弱。

三、未来发展趋势

1. 工程造价市场机制逐渐形成

国家层面建立统一的工程造价信息数据采集标准及市场动态价格信息发布平

台，发布人工、材料、机械等市场价格信息，供市场主体选择，在价格的确定和管理上以市场和社会认同为主导，加强市场价格信息发布行为监管，严格信息发布单位主体责任。行业管理部门完善工程量计算规范，统一工程项目划分、计量规则、计算单位、计算口径，增强市场交易谈判口径。加快建立工程造价数据库，按地区、工程类型、建筑结构等分类发布人工、材料、项目等造价指标指数，利用大数据、人工智能等信息。

2. 总承包企业造价管控意识加强

面对造价市场化改革，企业注重练好内功，建立适应市场经济的价格体系，积极倡导“合理预测、静态控制、动态管理”的造价管理模式，正确处理好工程造价、工期和质量的辩证关系，把“技术与经济相结合”的宗旨贯穿整个工程建设全过程。通过对建设项目工程造价数据分析、进行信息归类、形成企业自身造价信息数据库。

3. 造价从业人员发展方向

从业人员要长期坚守专业立场、深挖造价专业数据价值、广拓专业视角。在未来，造价工程师应以不断升级的专业形象，以其对造价数据的专业处理能力，出现于数字化管理时代下的工程项目价值管理场景中，可以是全过程工程咨询的总咨询师、全阶段以投资管控为核心的专业咨询师、施工总承包方的投标报价数据师、施工组织生产管理的数据分析师、围绕工程造价来提供综合性整体性解决方案的专家等。

4. 造价管理阶梯式发展

造价的本质是管理问题，未来造价管理的阶梯式发展路径有：核算型造价管理、目标控制型造价管理、整合优化型造价管理、价值创造型造价管理、策划增值型造价管理。

（本章供稿：杨金光、梁杰、刘宇珍、徐波、李金晶、姬正琴、张心爱）

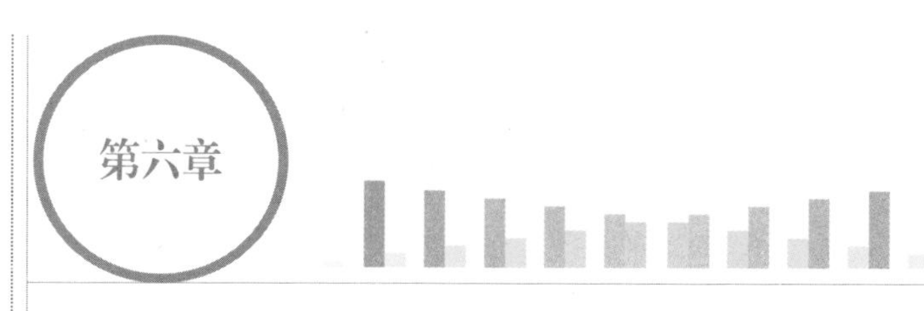

辽宁省工程造价咨询发展报告

第一节　发展现状

一、基本情况

1. 行业总体情况

2020年，辽宁省共有335家工程造价咨询企业，其中专营企业135家，兼营其他业务的企业200家。全部企业营业收入完成21.80亿元，企业平均营业收入650.75万元，工程造价咨询收入14.41亿元。工程造价从业人员10732人，一级注册造价工程师2307人，人均营业收入20.3万元，实现利润1.76亿元，人均利润1.64万元。完成的工程造价咨询项目所涉及的工程造价总额为6624.8亿元，工程结（决）算审计阶段审减工程造价总额为1576.7亿元。

2. 从业人员基本情况

2020年，工程造价从业人员共计10732人。具有职称的人数为6970人，其中高级职称人数为1927人，中级职称人数为3861人，初级职称人数为1182人，人才结构为橄榄型，主要以中级职称人员为主。一级注册造价工程师共计2307人，近几年呈逐年缓步下降趋势，由2017年的2451人减少至2019年的2168人，每年平均减少141余人，2020年恢复到了2018年的水平。其他专业注册人员逐年上升，由2017年的359人增加至2020年的930人，平均每年增加190人。

3. 营业收入情况

（1）营业收入持续增长，摆脱了持续下跌风险

近几年工程造价咨询行业营业收入实现了逐年稳步增长，由 2018 年的 14.47 亿元攀升至 2020 年的 21.80 亿元，近 3 年平均增长率为 16.9%，走出了多年收入徘徊在 10 亿元的困局，摆脱了“断崖式”下跌风险。

（2）企业数量不断攀升，竞争加剧

2020 年，工程造价企业资质标准降低后，工程造价企业数量激增，由 2019 年的 246 家激增到 2020 年的 335 家，一年增加 89 家。其中，甲级工程造价咨询企业 139 家，占企业总数的 41.5%，同比增加 22 家；乙级工程造价咨询企业 196 家，占企业总数的 58.5%，同比增加 67 家。

（3）造价咨询收入占比偏高，企业拓展意愿不强

长期以来，造价咨询收入占营业收入比例一直处于高位，2018 年为 81.8%，2019 年为 81.1%，2020 年下降到历史最低位，达到 66.4%，但仍远高于全国平均值（48.6%，2019 年）。这种情况的主要原因是造价咨询企业资质标准降低，其他行业的企业进入到造价行业。上述数据表明，辽宁省工程造价咨询企业主要专注造价咨询行业，对于涉及全过程咨询的其他业务拓展较弱，多种经营意愿不强。

（4）企业平均收入逐年稳步增长，企业盈利能力有所增强

近三年，平均每家工程造价咨询企业整体营业收入增长幅度较大，由 2018 年的 541.95 万元 / 家攀升至 2020 年的 650.75 万元 / 家，年平均增长率为 6.7%。企业利润逐年扩大，由 2018 年的 0.86 亿元提高到 2020 年的 1.76 亿元，近 3 年平均增长率为 34.9%。全省企业结构进一步优化，企业法人治理结构逐步完善，助推企业提升盈利能力，与先进省份的差距逐步缩小。

（5）造价咨询收入构成较为集中，竞争较为激烈

2020 年完成工程造价收入 14.41 亿元。从工程专业类别看，房屋建筑工程 8.96 亿元，占总收入的 62.2%，市政工程 2.4 亿元，占总收入的 16.6%，该两项收入之和占总收入近 80%，说明房屋建筑工程和市政工程为行业的主要核心业务，其余 20 类工程项目收入均未超过 1 亿元，平均占总收入的比例为 1%。从服务工程建设阶段看，竣工结算阶段咨询共计完成 5.7 亿元，占总收入的

39.6%，全过程工程造价咨询收入完成 3.94 亿元，占总收入的 27.3%，实施阶段完成 2.13 亿元，占总收入的 14.79%，该三项收入之和占总收入超 80%，表明企业开展造价业务类型较为单一和集中，竞争较为激烈，多种业务拓展能力不足。

（6）地区发展不均衡，差距很大

沈阳、大连两个地区无论从经济总量、人口数量、高校数量等方面的数据，长期以来一直远高于其他 12 个地区，导致沈阳和大连两市与其他 12 个地区的工程造价咨询行业发展不均衡。

2020 年，沈阳和大连两市的工程造价企业数量分别为 113 家和 73 家，两市企业数量之和占全省企业总数的 55.5%。两市甲级企业分别为 66 家和 41 家，两市甲级企业数量之和占全省甲级企业总数的 77%，甲级企业较为集中在这两个地区。两市完成工作造价咨询收入分别为 6.78 亿元和 4.6 亿元，两市完成工程造价咨询收入之和占全省工程造价咨询收入的 78.9%，与两市甲级企业数量之和占比高度吻合。两市从业人员数量分别为 5049 人和 3291 人，两市从业人员数量之和占全省从业人员总数的 77.7%，从业人员基本集中在这两个地区。

4. 企业信用等级情况

截至 2020 年，共有 158 家工程造价咨询企业获得辽宁省信用评价等级，占全省造价咨询企业总数的 47.2%。从参评企业资质等级看，参评的企业中甲级企业共 110 家，占甲级企业总数的 79.1%；参评的企业中乙级企业共 48 家，占乙级企业总数的 24.5%。从评价等级看，评价为 3A 的企业有 71 家（占评价企业总数的 44.9%），评价为 2A 的企业有 69 家（占评价企业总数的 43.7%），评价为 A 的企业有 18 家（占评价企业总数的 11.4%）。

截至 2020 年，有 47 家工程造价咨询企业获得中国建设工程造价管理协会信用评价等级，占全省造价咨询企业总数的 14%。其中评价为 3A 的有 40 家，评价为 2A 的有 1 家。

二、开展的主要工作

1. 行业发展创新工作

（1）积极开展防疫工作，助力企业复工复产

2020 年初，面对新冠肺炎疫情，号召全省造价咨询企业和从业人员提高防疫意识，为抗击疫情奉献爱心。利用互联网形式开展公益讲座，帮助企业复工复产，将疫情带来的负面影响降到最低。同时，向辽宁省慈善总会捐款 5 万元，造价咨询企业共筹集抗疫善款、物资 120 余万元。还组织了网上造价职业技能大赛，极大地振奋了整个行业精神，促进了一手抓防疫一手抓复工复产，带动了造价行业健康发展。

（2）持续优化营商环境，减轻企业负担

深入贯彻落实《辽宁省优化营商环境条例》，全力减轻企业负担，助力企业发展。考虑到疫情常态化的影响，为单位会员减免 20% 的会费；为 648 名个人会员免费开通继续教育；为 108 家企业免费赠送书籍 1016 本。

（3）推进造价师改革有关工作，稳定人才队伍建设

为着力解决造价员遗留问题，全力推动二级造价师考试进程，积极向省住房和城乡建设厅、人事考试部门汇报有关工作，多次参加二级造价师考试推进会，呼吁尽快开展二级造价师考试工作。为确保造价师顺利注册，4 月份开展了 2020～2021 年度继续教育工作，受到学员广泛欢迎和行业好评。

（4）完善专家委员会建设，激发新动能

加强专家委员会领导力量，充分发挥专家委员会作用。2020 年 12 月 1 日，专家委员会会议研究决定增设外埠企业服务委员会。在专家委员会领导下的 5 个分委会，分别承担了“全过程咨询”“服务清单与收费”“造价指标库”“二级造价师考试”“自律公约”“纠纷调解”“外埠企业服务”等方面的研究课题，取得了认识上的突破和阶段性成果。

（5）开展技能大赛，振作行业精神

2020 年 6 月举办了“辽宁省第一届工程造价职业技能大赛”，共计 181 家单位、1936 人参赛。共 55 家企业和 36 名个人获得奖项。实现了“万名人员齐学习，千名人员齐竞技，百名人员争状元”摆脱疫情困扰，振奋行业精神的目标。

（6）全力组织消费扶贫，打赢脱贫攻坚战

认真贯彻落实国务院办公厅《关于深入开展消费扶贫助力打赢脱贫攻坚战的指导意见》，积极响应省民政厅脱贫攻坚倡议，共计购买消费扶贫产品近10万元，用实际行动诠释了社会责任和担当。在辽宁省民政厅组织的“2020年东西部扶贫协作挂牌督战”工作中，为贫困户捐款1万元，受到省民政厅的表扬。

（7）加强信息化建设，优化会员服务

为适应新时代发展要求，优化会员服务，开通了会员服务系统，包括网上会员注册、会费交纳、发票管理等业务，为会员提供无纸化办公环境。同时与继续教育系统连接，打破信息孤岛，极大提升协会的信息化服务水平。

2. 行业党建工作

协会党支部为确保党的各项政策落到实处，严格执行“三会一课”和“主题党日”制度，认真组织全体党员和全体职工学习《中国共产党第十九届中央委员会第五次全体会议公报》《中共中央关于制定国民经济和社会发展第十四个五年规划和二〇三五年远景目标的建议》等一系列重要文件。通过扎实推进党建工作，促使全体职工提高了政治意识、大局意识、核心意识、看齐意识，夯实了党的基层组织建设，为顺利开展各项工作奠定了政治基础。

第二节　发展环境

一、政策环境

（1）辽宁省人民政府办公厅于2020年4月发布了《关于促进建筑业高质量发展的意见》，明确提出政府和国有资金投资的项目原则上实行全过程工程咨询服务，推进工程建设全过程周期高效、节能、环保。

（2）为做好疫情防控和复工复产工作，辽宁省住房和城乡建设厅发布了《关于做好全省房屋市政建筑工地新型冠状病毒感染肺炎疫情防控工作的紧急通知》和《关于支持建设工程项目疫情防控期间开复工有关政策的通知》，为建设项目顺利开复工和疫情期间的结算提供了政策保障。同时联合发改、财政、税务和人民银行等 8 个部门发布《关于应对新冠肺炎疫情进一步帮扶服务业小微企业和个体商户缓解房屋租金压力的实施方案》，对承租国有房屋的小微企业和个体商户免除部分房租费用，并号召非国有房屋的适当减免房租费用。

（3）为确保辽宁省人工费更加地贴近建筑市场人工费的实际，于 2020 年 3 月发布了《关于 2017 年辽宁省建设工程计价依据人工费动态指数的通知》，规定人工费动态指数每季度发布一次。

（4）2020 年 6 月，辽宁省住房和城乡建设厅发布了《关于建筑工人实名制费用计价方法（暂行）的通知》，对施工现场建筑工人实名制费用计价的使用范围、费用组成和计价方法等方面作出了明确规定；发布了《关于实行工程造价咨询企业乙级资质电子化申报的通知》，全省工程造价咨询企业乙级资质审批实现政务服务“一网通办”，不断推进“互联网 + 政务服务”。

二、经济环境

1. 宏观经济环境

2020 年，辽宁省地区生产总值 25115 亿元，比上年增长 0.6%。其中，第一产业增加值 2284.6 亿元，增长 3.2%；第二产业增加值 9400.9 亿元，增长 1.8%；第三产业增加值 13429.4 亿元，下降 0.7%。

固定资产投资保持增势，全省固定资产投资全年增长 2.6%。从投资渠道看，建设项目投资增长 0.8%；房地产开发投资增长 5.1%。从经济类型看，国有控股投资增长 2.7%，民间投资增长 2.2%，外商及港澳台商控股投资增长 8.2%。从三次产业看，第一产业投资增长 79.9%，第二产业投资下降 5.1%，第三产业投资增长 4.9%。基础设施投资、改建和技术改造投资全年增长 2.4%，改建和技术改造投资全年增长 9.5%。新开工建设项目 5049 个，比上年增加 555 个。其中，亿元及以上新开工建设项目 969 个，增加 270 个。

2. 建筑业经济形势

2020 年，辽宁省建筑业总产值完成 3816.2 亿元，同比增长 7.4%。全年具有建筑业资质等级的总承包和专业承包建筑企业共签订工程合同额 7929.6 亿元，比上年增长 9.0%。其中，本年新签订工程合同额 5139.3 亿元，增长 21.2%。

3. 房地产业经济形势

全年商品房销售面积 3743.2 万 m^2，比上年增长 1.3%，其中住宅销售面积 3447.3 万 m^2，增长 1.0%；商品房销售额 3366.3 亿元，增长 10.4%，其中住宅销售额 3114.1 亿元，增长 10.6%。年末商品房待售面积 2902.0 万 m^2，比上年末下降 0.2%。

（本章供稿：梁祥玲、赵振宇）

吉林省工程造价咨询发展报告

第一节　发展现状

一、企业总体情况

2020年吉林省共有176家工程造价咨询企业，比上年增加10家。甲级资质企业83家，增长15.28%，乙级（含暂定乙级）企业93家，减少1.06%；专营工程造价咨询企业52家，增长10.64%，具有多种资质工程造价咨询企业124家，增长4.20%。

二、从业人员总体情况

2020年末，吉林省工程造价咨询企业从业人员7963人，比上年增长17.03%。其中，正式聘用人员7193人，临时聘用人员770人，分别占全部造价咨询企业从业人员90.33%和9.67%。共有注册人员2007人，占全省造价咨询企业从业人员25.20%。包含：一级注册造价工程师1165人（二级注册造价工程师均为外省转注人员，此数据未计入），其他注册执业人员842人。专业技术人员5197人，比上年增长6.15%。其中，高级职称1438人，中级职称2472人，初级职称1287人，高、中、初级职称人员占专业技术人员比例分别为27.67%、47.57%、24.76%。

三、行业经营情况

1. 企业营业收入情况

2020 年，吉林省工程造价咨询企业全年营业收入为 15.62 亿元，其中工程造价咨询业务收入 7.75 亿元，其他业务收入 7.87 亿元。相比 2019 年，造价咨询业务收入占总收入的 49.62%，相比 2019 年度的 55.09%，略有降低。

2. 造价咨询业务收入分布

（1）按专业领域划分。2020 年度吉林省工程造价咨询业务收入 7.75 亿元，其中，房屋建筑工程占比过半；房屋建筑工程、市政工程、电子通信工程、公路工程四大板块占比达 89.18%；铁路工程、城市轨道交通工程、矿山工程、新能源工程增幅明显，分别为 78.89%、204.77%、487.84%、110.99%。

（2）按建设阶段划分。2020 年度吉林省工程造价咨询业务收入 7.75 亿元，按建设阶段划分，占比由高到低的阶段依次为结（决）算阶段、实施阶段、全过程造价、前期决策阶段、其他、工程造价经济纠纷鉴定和仲裁。结（决）算阶段占比 45.23%；结（决）算阶段、实施阶段、全过程造价三大阶段占比达 83.12%；实施阶段、前期决策阶段占比明显增加。

四、工作情况

1. 热心公益，捐款捐物

2020 年 2 月，协会发出倡议为吉林省防疫机构捐赠医疗物资，全省 100 余家造价咨询企业响应号召，累计捐款捐物约 120 万元。组织企业代表将医疗物资捐赠给吉林省孤儿学校、吉林大学第二医院以及长春市南关区自强街道，各受捐单位纷纷对爱心企业的慷慨捐赠表示由衷的感谢。为参与捐赠物资的造价咨询企业颁发了荣誉证书。

2. 提供网络会议、线上课程平台

为保障从业人员居家远程办公期间工作顺利进行，为造价咨询企业在疫情期

间免费提供应用软件，并举办多场网络直播课，帮助造价从业人员随时掌握政策环境变化，保障科学有序复工；向会员免费推出工程类考前在线培训课程，据统计共有2800余名学员报名参加了本次考前培训课程。

3. 加强自身建设，夯实基础工作

2020年，协会重新选聘专家，单独成立了一支教研组专家团队，极大方便了二级造价师教材的编写以及下一年度继续教育课件的录制。吉林省二级造价工程师职业资格考试培训教材出版发行。

4. 开展创优活动，促行业良好风尚

开展了2019年度优秀造价企业、优秀造价师评优选先活动，共有60家造价咨询企业获得优秀造价企业荣誉称号；共有97人获得优秀造价师荣誉称号；表彰了吉林省工程造价领域中从事造价咨询活动取得优秀成果的单位及个人，组织开展了吉林省第二届“优秀工程造价成果奖”评选活动。评选出清单计价类、定额计价类及司法鉴定类共34个获奖项目。通过此次成果奖评选可以看出造价企业的成果文件有优势有不足，将结合优秀成果文件同企业交流学习，不足之处予以改进，进一步规范成果文件格式。

5. 加快培训步伐，提高人员素质

为会员免费开通2020年度注册造价工程师网络继续教育，截至2020年末，共为1593名注册造价工程师免费提供继续教育达47790学时。为企业减负同时也促进了注册造价师继续教育更好更深入地开展；为了维护建设各方合法权益，规范建设工程结算活动，提升造价咨询企业执业水平，免费举办了四期针对造价企业结算培训会和两期施工企业结算会。

第二节　发展环境

一、政策环境

1. 出台关于调整定额人工费和机械费的通知

受疫情等多种因素影响，复工复产以来，企业人工费超常上涨现象严重，不但增加施工成本，也给企业生存发展带来巨大压力，企业反响强烈。为深入了解人工费上涨情况，共商应对措施办法，及时召开了人工费上涨专题调研会，经初步测算，人工费上涨已占施工总成本的4%～5%。针对这一突出问题立即形成调研报告呈报到吉林省住房和城乡建设厅，得到厅里的高度重视，很快即对人工费、机械费做出合理调整并出台了《关于调整定额人工日单价和定额机械费的通知》（吉建造〔2020〕4号），对企业克服困难，减负增效和顺利发展发挥了重要作用。

2. 出台新造价咨询服务收费标准（试行）文件

工程造价咨询单位恶意压价，导致现在市场上造价咨询服务收费混乱，无序竞争，严重影响咨询成果文件的质量。经过多轮调研、测算，出台了《吉林省建设工程造价咨询服务收费标准（试行）》（吉建协〔2020〕38号）文件，收费乱象得到有效改善，在促进建设工程造价咨询行业健康有序发展方面发挥了积极作用。

二、技术环境

1. 统建吉林省工程建设项目审批管理系统

2019年3月，国务院办公厅下发《关于全面开展工程建设项目审批制度改革的实施意见》后，吉林省同步制定印发实施方案，全面铺开改革工作，由吉林省政务服务和数据管理局牵头，与住房和城乡建设厅、自然资源厅等23个省直部门组建专班，按照“三个并行、倒排工期、压茬推进”的方式，梳理审批流程、推进系统建设、加快平台对接。按照“省统市用”模式，吉林省全面完成国家要求的“四个统一”改革任务，即再造审批流程，理清了审批事项101项，精简审批事项20项，精简比例16.5%；压缩审批时限，总体实现审批时间压缩在81个工作日以内；精简办事要件，采用“一张表单”提交申报材料，减少材料39.12%；统建省市两级工程建设项目审批管理系统，实现了节约、安全可控。

2. 建立协会官网，与信用吉林对接

2020年末，协会筹划建立官方网站，方便会员快速直观获取协会信息及行业相关资讯。协会官网将同信用中国（吉林）对接，信用评价等级结果也将在网站上实现查询。

3. 发布吉林省新定额

2020年3月，吉林省住房和城乡建设厅发布《吉林省园林及仿古建筑工程计价定额》JLJD-YL—2019、《吉林省市政维护工程计价定额》JLJD-SW—2019，自2020年4月1日起施行；2020年12月，吉林省住房和城乡建设厅发布《吉林省房屋修缮及抗震加固工程计价定额》JLJD-XS—2021，自2021年3月1日起施行。2016年出版的《吉林省房屋修缮及抗震加固工程计价定额》JLJD-XS—2016和《吉林省房屋修缮及抗震加固工程费用定额》JLJD-FY—2016同时废止。

4. 推进智慧工地建设

随着智能技术发展，特别是互联网、物联网和数字技术加速应用，推进智慧工地建设已成为加快建造方式转型升级的突破口和着力点。为加快推进绿色建造、装配式建造、精益建造、数字建造等新型建造方式，提升建筑工程质量安全管理水平。吉林省住房和城乡建设厅制定《关于推进智慧工地建设的指导意见》（吉建办〔2020〕109号）。

三、市场环境

1. 树立行业标杆，带动行业发展

吉林省两家企业入选全国造价咨询企业收入百名排序、两个项目案例入选全过程工程咨询典型案例库，取得历史性突破。对这些企业，通过各种途径大力宣传，树立了行业先进和标杆，明确了企业学习和努力的方向，同时鼓励分享先进经验，以带动和促进行业整体发展。

2. 建立人才培养长效机制

举办了2020年吉林省第二届工程造价技能大赛，为吉林省工程造价行业发现人才、培养人才、储备人才提供平台；举办了“2020年吉林省‘求实杯’大学生智慧建设创新创业大赛暨‘中国建设杯’第三届全国装配式建筑职业技能竞赛吉林省选拔赛”，引导高校积极开展应用型人才的培养，促进智慧建设技能创新的教学实践，加强校企行业协会之间专业、技术、人才的交流与合作，提升建设行业整体技术创新水平，努力为全省实施“新基建工程”服务；帮助企业完善造价人员专业技能培养整体解决方案，促进岗位转型，适应行业发展，并辅助企业建立业务梯队体系，进行人才选拔；为完善造价软件技能认证体系，线上形式举办造价技能认证活动，经过线上考试，获得一、二级造价技能认证人员达1万余人。

四、监管环境

吉林省住房和城乡建设厅全面落实深化“放管服”改革，引领全省住房城乡建设领域不断优化营商环境，切实维护市场主体合法权益。2020年11月，印发了《吉林省住房和城乡建设厅深化“放管服”改革优化营商环境工作方案》。

强化公平公正监管。全面推进政务公开，深化“双随机、一公开”监管、“互联网＋监管”，加强事中事后监管，以“双随机、一公开”监管为基本手段，以重点监管为补充，以信用监管为基础的新型监管机制，进一步促进政府监管规范化、精准化、智能化。运用“互联网＋监管”系统，推动实现与其他部门监管系统全联通，监管全覆盖，实现数据归集共享，形成全省联网、全面对接、依法监管、多方联动的监管“一张网”。通过深化落实改革任务，不断补齐营商环境建设短板和弱项，在住房城乡建设领域塑造市场化、便利化、法制化的营商环境。

（本章供稿：龚春杰、柳雨含）

上海市工程造价咨询发展报告

第一节　发展现状

一、企业总体情况

1. 企业概况

2020 年，在上海市从事工程造价咨询业务的企业合计 255 家，其中上海市企业 226 家（同比增加 59 家），甲级 137 家，乙级 89 家；另有外省市企业 29 家（同比减少 4 家），甲级 28 家，乙级 1 家。

2020 年 2 月，住房和城乡建设部取消工程造价咨询企业资质标准“出资造价工程师人数比例和出资额”的要求，使一些国有设计院也加入到造价行业之中；另外，新增的企业还包括部分施工、监理、招标代理等企业，致使 2020 年上海市造价咨询企业数量大幅增长，增长率达 35.32%。

2. 营业收入

2020 年，上海市工程造价咨询企业营业总收入 136.75 亿元，同比增长 46.49%。工程造价咨询业务收入为 59.25 亿元，同比增长 8.58%，占营业总收入的 43.33%；其他招标代理业务收入为 24.68 亿元，项目管理业务收入为 6.69 亿元，工程咨询业务收入为 11.11 亿元，建设工程监理业务收入为 35.02 亿元。

企业营业收入增长率为 46.49%，由于一些大型设计院加入到了造价咨询行业中导致营业总收入大幅增长。同时，2020 年工程造价咨询企业数量增加了 59 家，但是工程造价咨询业务收入的增幅相对减少，仅为 8.58%。其原因有两方面：一方面，多数新加入到行业中的企业仅有少量的工程造价咨询业务或仍无工程造价咨询业务；另一方面，受新冠肺炎疫情的影响，部分中小企业业务收入有所下降。

2020 年，上海市有 12 家工程造价咨询企业工程造价咨询业务收入在 1 亿元以上（同比增加 1 家），有 19 家工程造价咨询企业工程造价咨询业务收入在 5000 万～1 亿元（同比保持不变），有 20 家工程造价咨询企业工程造价咨询业务收入在3000万～5000万元（同比减少2家），工程造价咨询业务收入在1000万～3000万元有 59 家，工程造价咨询业务收入在 500 万～1000 万元有 26 家，其余 90 家企业工程造价咨询业务收入在 500 万元以下。

2020 年，上海市工程造价咨询业务收入 3000 万元以上有 51 家企业（同比减少一家），占企业总数的 22.56%，合计工程造价咨询业务收入 45.76 亿元，占据市场份额为 77.23%；工程造价咨询业务收入 3000 万元以下有 175 家企业（同比增长60家），占企业总数的77.43%，合计工程造价咨询业务收入为13.49亿元，仅占市场份额的 22.77%。

2020 年前十名的企业工程造价咨询业务收入合计为 22.89 亿元，占据整个市场的 38.63%，与上一年度几乎持平，如表 2-8-1 所示。

2016～2020 年上海市工程造价咨询业务收入前十名企业与全行业对比（亿元） 表 2-8-1

类别 / 年份	造价收入		
	前十名	全行业	占比
2020 年	22.89	59.25	38.63%
2019 年	21.42	54.57	39.25%
2018 年	19.37	48.36	40.05%
2017 年	17.83	41.03	43.46%
2016 年	14.73	37.97	38.79%

2020 年上海市工程造价咨询业务收入按专业类别分类，收入排名前五的专业分别是房屋建筑工程、市政工程、水利工程、火电工程及公路工程。占比最多的仍是房屋建筑工程 42.50 亿元，占比 71.73%；其次是市政工程 7.87 亿元，占比 13.28%；另外，水利工程收入为 1.13 亿元，占比 1.91%，排序由去年的第四名上升至第三名；同时，火电工程收入为 1.02 亿元，占比提升至 1.72%，上

升至第四名。

近年来，上海市工程造价咨询业务中房屋建筑工程、市政工程、城市轨道交通工程收入始终排在前三位，而2020年城市轨道交通工程业务收入跌出前五，收入仅为0.6亿元，占比也由2019年的2.55%下降至1.01%。

另外，在2020年上海市工程造价咨询收入业务范围五个分类中，全过程工程造价咨询服务收入最高，为29.19亿元，占比49.27%；其次是结（决）算阶段咨询服务，为19.76亿元，占比33.35%。近年来，全过程工程造价咨询业务占比不断上升，已几乎占据一半业务范围，由此可见，这也是市场需求趋势。

二、人员结构

2020年，上海市工程造价咨询企业期末从业人员合计14596人，同比增长17.74%，其中正式聘用人员13664人，临时工作人员932人；正式聘用人员中高级职称人员为1773人，中级职称人员为4325人，中、高级职称人员占比达到了44.63%。

2020年，上海市工程造价咨询企业中一级注册造价工程师3956人，同比增长16.59%，二级注册造价工程师33人（上海市2020年尚未开展二级造价工程师职业资格考试，此33人均为企业外地分公司人员）。

三、行业管理及主要工作

1. 相关政策文件修订与发布

发布《上海市深化工程造价管理改革实施方案（征求意见稿）》，并向各方公开征集意见和建议。此次，实施方案的制定结合了上海市工程造价管理实际情况，以建立与社会主义市场经济相适应的工程造价管理体系，健全市场决定工程造价机制，提高工程造价管理信息化和标准化水平，规范工程造价咨询行业行为，形成政府引导、市场驱动、社会参与、技术先进、信息共享、标准统一的工程造价管理工作格局为总体目标。同时，列举了六项（“2+2+1+1”）深化造价管理改革的具体措施，即“两个完善、两个建立、一个加强、一个推进”。“两个完善”即完善定额体系，完善工程量清单计价规则；“两个建立”即建立工程计价依据采集新机制，建立政府投资工程造价数据库；“一个加强”即加强合同履约和竣工结算监管；“一个推进”即推进建设工程造价管理立法研究。

为做好上海市工程造价行业顶层设计，着眼于工程造价行业中长期规划，提升行业发展和管理水平，上海市住房和城乡建设管理委员会启动编写《上海市工程建设造价（2021—2025）行业发展规划》；启动《上海市建设工程工程量清单计价应用规则》修编工作，按照国家标准，并结合上海具体情况及建设工程的特点进行调整、补充和完善；制定并印发了《上海市二级造价工程师职业资格管理办法》（沪住建规范联〔2020〕1号），对上海市二级造价工程师职业资格考试、注册等提出明确规定。同时，二级造价工程师职业资格考试工作也正式启动。

2. 定额编制工作稳步推进

《上海市建筑和装饰工程概算定额》《上海市安装工程概算定额》《上海市市政工程概算定额》《上海市燃气管线工程概算定额》四部预算定额完成专家评审；《上海市轨道交通工程概算定额》《上海市道路合杆工程预算定额》《上海市市政工程养护维修预算定额》等也在逐步推进；《上海市市政工程养护维修估算指标第六册城市道路交通管理设施》编制完成初稿；另外，《上海市海绵城市预算定额》《上海市建设工程工期定额》两本主题定额也在进行中。

3. 造价咨询企业咨询业务活动专项检查进一步深化

开展一年一度的工程造价咨询企业咨询业务活动专项检查，并进一步强化检查力度，不仅采用自查和检查相结合的方式，还实现了被检企业全覆盖、专家线上评审。同时，对检查过程中问题较突出的企业进行约谈，逐一核实确认扣分内容，落实整改要求。

4. 协会主要工作

（1）齐心协力共抗疫情，稳步推进复工复产

2020年初，面对严峻的新冠肺炎疫情形势，协会向全体会员发出《关于积极配合做好新型冠状病毒疫情防控工作的倡议书》，要求企业密切关注疫情发展，加强正确宣导，制定防控预案，并在力所能及的范围内向疫区同胞伸出援手。协会及会员企业累计捐款超1442万余元、捐赠物资数万件，定向资助疫区同胞抗

击疫情；其中，协会及下属机构携员工捐款共计 124050 元。与此同时，开展了新型冠状病毒肺炎疫情影响下会员单位经营状况调研，并为政府推动企业复工复产、支持中小企业发展制定政策提供了依据。

（2）营造和谐竞争氛围，树立标杆示范引领

在会员范围内开展了“2018—2019 年度上海市建设工程咨询奖”评优创先活动，评选出一批代表了上海建设工程咨询行业高质量服务标杆的优秀企业和个人。

（3）发挥资源优势，蓄力政府协同合作

首次承担了上海市城乡建设和管理委员会直属单位工程系列中级职称——“项目管理”学科组的评审工作。从推荐专家、网上初审、收取材料、答辩到学科组评审，各个环节精心组织，顺利地完成了初次评审工作。

（4）打造青年人才队伍，促进行业蓬勃发展

2020 年是协会青年从业者联谊会成立的第二年，青联会不断完善工作方式和分工，加强了青联会成员对协会工作的参与度，组织了多项活动，为提升青年的专业视野、加强对外交流互动、丰富成员业余生活做出了一些探索。

（5）推广网络教育模式，打造便捷学习平台

“SCCA 在线教育中心”是协会自主研究的在线教育平台，不仅适用于 PC 端、移动端，且开发了微信小程序。目前，“SCCA 在线教育中心”再次升级，方便了企业统一管理本单位从业人员的教育培训信息，降低企业管理成本，提高企业管理效率，将平台效益最大化。

（6）发挥党建引领作用，凝聚企业奋进力量

为庆祝中国共产党成立 100 周年，协会微信服务号“上海市建设工程咨询行业协会资讯”开设“初心之地”专栏，推送一处上海最主要的红色革命纪念地。同时也开展了“庆祝中国共产党成立 100 周年系列活动”，总结和展示行业党建特色，引导会员单位及广大从业者更积极地投身于全面建设社会主义现代化国家。

第二节　发展环境

一、全面推进城市数字化转型

上海市2020年公布的《关于全面推进上海城市数字化转型的意见》指出，要坚持整体性转变，推动“经济、生活、治理”全面数字化转型；坚持全方位赋能，构建数据驱动的数字城市基本框架；坚持革命性重塑，引导全社会共建共治共享数字城市；同时，创新工作推进机制，科学有序全面推进城市数字化转型。

二、重大工程项目清单公布

2020年上海市重大建设项目聚焦科技产业、社会民生、生态文明、城市基础设施、城乡融合与乡村振兴5大领域，安排正式项目152项，其中年内计划新开工项目24项，建成项目11项；另外，安排预备项目60项。同时，2020年7月，上海市政府印发《关于进一步深化行政审批制度改革加快推进重大项目建设的若干措施》（沪府规〔2020〕16号），有针对性地推出一批简审批、优服务、强监管的改革措施，加快项目建设全流程审批手续办理，把受疫情影响的建设进度“抢”回来，推动更多大项目、好项目尽早落地、尽早开工、尽早见效。

三、加快推进新城规划建设工作

国务院批复的《上海市城市总体规划（2017—2035年）》中明确，将位于重要区域廊道上，且发展基础较好的嘉定、青浦、松江、奉贤、南汇5个新城，培育成在长三角城市群中具有辐射带动作用的综合性节点城市，为此，上海市政府公布《关于本市“十四五”加快推进新城规划建设工作的实施意见》，把新城高水平规划建设作为一项战略命题，在明确特色功能定位的基础上，聚焦产业、交通、公共服务、环境品质等关键领域，抓住“十四五”关键窗口期，举全市之力推动新城发展。

第三节　主要问题及对策

一、资质取消后尚无配套措施

随着“放管服”改革的不断深化，自 2021 年 7 月 1 日起，在全国范围内直接取消对工程造价资质的审批，这对整个造价行业来说是一个巨大的冲击。没有了资质这道“门槛”，更多企业会涌入造价行业之中，未来的发展走向无法预估。应尽快出台相应的配套改革措施，加强事中事后监管；完善诚信体系建设，引导企业自律；同时，促进企业转型升级发展，向更高质量、高层次的工程咨询服务转变。

二、工程计价体系仍不完善

当前计价模式过度依赖于政府编制的定额，扩大了政府定额在工程发承包和实施阶段的作用，使得市场主体过度依赖政府定额；另一方面，企业编制定额积极性不高，不利于行业的市场化发展和造价管理水平的提升。通过一定的激励措施，鼓励企业编制企业定额、建立工程造价数据库，提升企业市场竞争力，推动造价市场充分竞争；同时，结合企业定额及数据库的应用，为政府提供数据支撑，进一步提升造价管理水平。

三、行业新技术发展缓慢

工程造价行业新技术应用较少，运用深度与广度不足，对比其他行业新技术发展受益较少。一方面，工程造价信息发布未深入挖掘数据价值，也尚未形成系统的配套支持政策，不利于新技术在行业内的推广；另一方面，企业对数字化技术投入不足，不利于提升行业科技水平，推动行业转型发展。应加强创新技术应用标准化建设，推动建设工程造价数据标准的实施和运用，加强数据互联互通，促进数据共享，规范造价信息成果数据。

四、复合型人才储备不足

工程造价行业从业人员仍以传统算量套价等操作居多，缺乏全过程服务的复合型人才；企业对人才队伍建设重视程度不够，发展长远规划不足，缺少具备管理、技术、法律等知识的综合性高素质人才，随着装配式、BIM 技术、人工智能等新技术的兴起，部分企业也就明显处于劣势。应健全企业人才培养和储备机制，加强与政府、高校、行业协会的协作，注重从业人员专业能力、管理能力、全过程服务能力的培养，推进从业人员综合素质提升，适应企业转型发展需求。

（本章供稿：徐逢治、施小芹）

江苏省工程造价咨询发展报告

第一节　发展现状

一、企业总数及甲级企业数量稳定增长

1. 企业数量增幅明显

截至2020年底，江苏省共有造价咨询企业921个，较上年的721增长了200个，增长27.74%，创下了二十年来增长速度最快和数值最高的纪录，造价咨询企业个数在全国保持第一。其中，甲级工程造价咨询企业466个，占全省造价咨询企业总数的50.60%，比上年增加了58个；乙级工程造价咨询企业455个，占全省造价咨询企业总数的49.40%，比上年增加了142个。所有企业取得乙级及以上资质，工程造价咨询企业结构优化明显。

2. 营业收入保持稳定

2020年，江苏省工程造价咨询行业营业总收入219.14亿元，其中工程造价咨询营业收入89.22亿元，占了40.71%。将工程造价咨询业务按专业划分，房屋建筑工程和市政工程的营业收入占比较大，为56.87亿元和14.32亿元，占比分别为63.74%和16.05%；按工程建设的阶段划分，前期决策阶段咨询业务收入4.36亿元，实施阶段咨询业务收入16.58亿元，结（决）算阶段咨询业务收入39.19亿元，全过程工程造价咨询业务收入为25.18亿元，工程造价经济纠纷的鉴定和仲裁的咨询业务收入2.22亿元，各类业务收入占工程造价咨询业务收入的比例分别为4.89%、18.58%、43.93%、28.22%和2.49%，与2019年的各阶段收入基本持平。

2020年，江苏省造价咨询行业是整体上升健康稳定发展的态势，行业结构符合江苏国民经济发展形势和全社会固定资产投资的实际情况。造价咨询营业年收入3000万元以下的小型规模企业842个，约占全省造价企业总个数的比例91%；造价咨询营业年收入超过3000万元不到5000万元的中型规模企业54个，约占全省造价企业总个数的比例5%；造价咨询企业年收入超过5000万元的大型企业数量有15个，约占全省造价企业总个数的比例1%，其中超过亿元的企业有10个。

二、人才队伍建设

1. 从业人员现状

2020年，江苏省的工程造价咨询企业从业人员数量大幅增长，期末从业人员共55990人。其中，正式聘用人员53587人，占95.71%；临时聘用人员2403人，占4.29%。

2020年，共有注册造价工程师10507人（均为一级注册造价工程师），比上年增长了18.24%。其中，土木建筑工程专业8680人，占比82.62%；安装工程专业1641人，占比15.62%；交通运输工程专业88人，占比0.84%；水利工程专业98人，占比0.93%。此外，其他专业注册执业人员11705人，占从业人员总数的20.91%。

2020年，江苏省工程造价咨询行业中获得职称的从业人员数量也呈现强劲的增长趋势，共计35803人，占本年从业人员总数的63.95%。其中，获得高级职称的有8254人，中级职称的有18235人，中级及以上人员占比达到了73.99%，足以证明本行业从业人员整体素质处于较高水平。

2. 加强人才培训，提高行业整体素质

2020年8月，举办了“司法鉴定及合同纠纷案件实务研讨班”，共计198名一级注册造价工程师报名参加。研讨会上专家从不同的专业方向和角度，结合案例分别做了题为“合同计价体系和造价鉴定方法”“EPC工程总承包模式下的问题探讨”“新冠疫情影响下再谈建设工程施工合同造价结算”的专题报告。

2020年9月，举办了“2020江苏四川工程造价智慧创新峰会”，两地共有300多名专家、学者和嘉宾以“科技赋能变革，智慧引领造价”为主题，共同探讨工程造价行业未来的发展方向，全面交流最新信息技术推动造价咨询企业管理创新、业务创新的经验和体会，开启了苏川两地工程造价行业携手并进的新篇章。

多年与学校合作组织“工程造价专业（安装方向）现代学徒制班”，既解决了学生拜师实习、入职就业的问题，也解决了许多会员企业安装专业人才紧缺的问题。

为了引导造价从业人员利用远程教育网的优质资源完成继续教育任务，2020年5月完成了50个学时的新课件制作，并制定激励措施和优惠政策。全省2020年入网接受继续教育的造价师人数达到7327人，比上年度入网人数2000多人增加了5000多人，同比增长266%。

根据院校教学的特点和学生自学的需求，利用省造价从业人员远程教育网的资源开设“学生课堂”专栏，让在校学生免费入网利用“学生课堂”的教学课件，拓展学生的知识面，增强学生的实务能力。2020年“学生课堂”投放了86个学时的课件，并于7月开始在线运行。

三、主要工作

1.（2021～2023）信用评价工作全面展开

本次信用评价完成了对《江苏省工程造价咨询企业信用评价办法》和评分标准的第四次修订；开发投用了“江苏省工程造价咨询企业信用评价系统”；实行网上申请，在线上传评价资料和进行网上评价的方式，对全省所有参加评价的企业将给予确定信用等级。2020年共有543家造价咨询企业申请第五轮信用评价，占全省造价咨询企业总数的60%。其中：被评价为5A级信用企业168家、4A级信用企业177家、3A级信用企业132家、2A级信用企业30家、1A级信用企业3家。

2. 造价咨询行业信息化管理水平有了新的提高

2020年完成了对造价企业信息管理系统标准版的升级改造，进一步促进行业信息化管理水平的提高。2020年以“集中采购的方式”采购“速得”建筑材料价格查询服务，对每个会员企业赠送50条人工询价免费服务，拓展材价信息的采集渠道，全面提高了全行业造价企业和造价从业人员材价信息采集的效率。截至2020年底，“速得”材价信息查询系统的企业用户数量达到了825家，比2019年增长了3%；个人用户数量23578人，比2019年增长了13%。

3. 筹建纠纷调解委员会

成立了“江苏省工程造价管理协会纠纷调解委员会”，在民事诉讼、商事纠纷中发挥纠纷调解和矛盾化解的积极作用。组织架构、人员名单已经确定，调解员培训和发证工作已经筹划完毕，并已经具备受理有关民事诉讼和商事纠纷调解的工作条件。

4. 党建工作取得新成绩

协会党委认真贯彻从严治党的要求，加强党的基层组织建设，加强党员党籍管理，积极开展党建工作，2020年计划的各项工作和上级党组织交办的工作都圆满完成。一是开展了《从全国两会精神看中国经济未来发展走向》专题报告会，组织直属党支部和部分市造价协会党组织的党员赴广东、福建考察学习，参观了古田会议旧址；二是加强党的基层组织建设，开展“两优一先”评选表彰活动，协会党委有基层党组织19个（其中：社团党组织2个，企业党组织17个），有党员213个，2020年对“优秀共产党员”“优秀党务工作者”和“先进党支部”给予了表彰，并授予荣誉称号，颁发证书和铭牌；三是指导全省造价咨询行业加强基层党组织建设，全省工程造价咨询企业建立党组织的有152家，占全省造价咨询企业总个数的比例为18%；有在籍党员2500名，占全省造价咨询企业从业人员的比例约为5%。

5. 2020年度工程造价职业技能竞赛圆满成功

根据江苏省住房和城乡建设厅、人社厅、总工会、教育厅联合印发的技能竞赛通知要求，成功举办了职业竞赛活动。共有13个市职业代表队195名职业选手参加了“江苏省工程造价职业技能竞赛”，14个职业技术院校学生代表队42名选手参加了“江苏省高职院校工程造价职业技能竞赛”。江苏省住房和城乡建

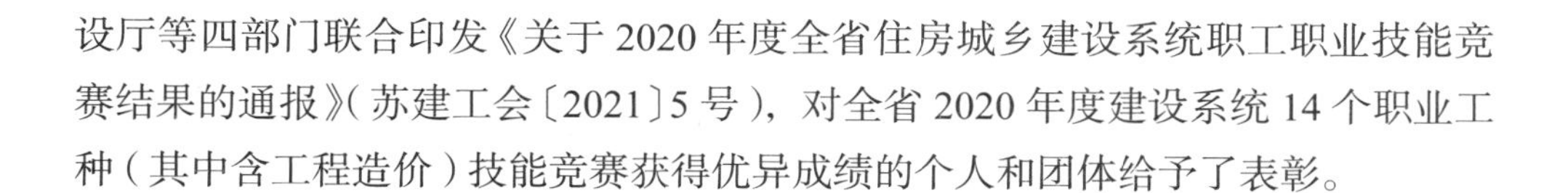

设厅等四部门联合印发《关于2020年度全省住房城乡建设系统职工职业技能竞赛结果的通报》(苏建工会〔2021〕5号)，对全省2020年度建设系统14个职业工种（其中含工程造价）技能竞赛获得优异成绩的个人和团体给予了表彰。

四、履行社会责任

2020年初，新冠疫情暴发后，协会服从上级指挥，在全行业坚决贯彻执行居家隔离、社区防控、限制人群集聚、加强个人防疫等各项措施，积极推动“复工、复产、保增长”工作。据统计，全省造价咨询企业和员工向省内外红十字会等机构和医院累计捐赠防疫物资价值超过100万元，累计捐款1225.35万元。省内21个造价咨询企业积极参加省住房和城乡建设厅组织的“银发生辉助学”活动，对江苏省各学校的23名贫困家庭学生给予在校期间全部学年的助学金关爱。

第二节　发展环境

一、政策环境

1. 充分发挥市场在资源配置中的决定性作用，推进工程造价市场化改革

为进一步推动完善工程造价市场形成机制，贯彻执行住房和城乡建设部工程造价市场化改革要求，江苏省住房和城乡建设厅发布了《关于开展房屋建筑和市政基础设施工程改进最高投标限价编制方法试点工作的通知》(苏建函价〔2020〕453号)。“国家级自由贸易试验区”所涉及的南京、苏州、连云港市在全部行政辖区内对进入工程造价咨询市场和参与投标的企业不提资质要求，全面开展房屋建筑和市政基础设施工程改进最高投标限价编制方法试点工作。对最高投标现价的适用条件、编制方法、改进方法做了详细规定，全面贯彻“清单计量、市场询价、自主报价、竞争定价”的市场化定价原则，迈开了弱化定额计价作用的工程造价市场化改革的步伐。

2. 进一步规范工程总承包计价规则

制定并发布了《江苏省房屋建筑和市政基础设施项目工程总承包计价规则（试行）》，致力于深化建筑业改革，完善建设工程计价体系，指导江苏省房屋建筑和市政基础设施项目工程总承包计价活动。在工程总承包计价规则中，对适用范围、费用项目组成、清单、最高投标限价和投标报价编制方法、合同价款调整和结算方式都做了详细的规定，进一步坚持推行工程总承包的发展方向。

3. 加强政府投资管理，配套后评价体系

为进一步提高政府投资效益，规范政府投资行为，激发社会投资活力，江苏省人民政府以国务院《政府投资条例》以及国家有关政府投资政策为基础，结合本省实际，制定《江苏省政府投资管理办法》，并配套发布《江苏省政府投资项目后评价管理办法（试行）》，以加强江苏省政府投资项目全过程管理，规范项目后评价工作。《江苏省政府投资管理办法》引导政府投资的资金更多地投向非经营项目，严格政府投资项目的审批程序、实施步骤，加强了监督力度。《江苏省政府投资项目后评价管理办法（试行）》是将项目实施效果与项目审批文件主要内容进行对比评价分析，并将对比评价分析结果反馈到项目参与各方，是对项目前期决策进行评价的重要管理办法。两份文件相辅相成，对于行业是重要的执行文件。

二、经济环境

1. 生产总值（GDP）突破 10 亿元大关，综合实力跃上新台阶

江苏省实现生产总值（GDP）102719.0 亿元，按可比价格计算，同比增长 3.7%。继广东之后，江苏成为全国第二个 GDP 突破 10 万亿元的省份。分产业看，第一产业增加值 4536.7 亿元，同比增长 1.7%；第二产业增加值 44226.4 亿元，同比增长 3.7%；第三产业增加值 53955.8 亿元，同比增长 3.8%。“三驾马车”拉动经济发展，其中：全社会固定资产总投资完成 58343.18 亿元，位于全国第一位，占全国的比例为 11.36%；消费品零售总额完成 37086.1 亿元，位于全国第 2 位，占全国的比例为 9.46%；进出口（贸易）总额完成 44500.5 亿元，位于全国第 2 位，占全国的比例为 13.84%。

2. 固定资产投资稳步回升，造价咨询业务推进有力

2020 年，江苏省完成全社会固定资产投资总额比上年增长 0.3%。分产业看，第一产业投资增长 37.0%，第二产业投资下降 5.1%，第三产业投资增长 4.1%。分领域看，基础设施投资增长 9.4%，房地产开发投资增长 9.7%。固定资产投资的稳步提升，也有助于造价咨询业务量的提升。

3. 建筑业生产平稳，总产值增速高于全国

2020 年，江苏建筑业完成总产值 35251.6 亿元，同比增长 6.5%，占全国的比重为 13.4%，总量稳居全国首位。签订合同额 58050.4 亿元，同比增长 7.5%，其中本年新签合同 34603.9 亿元，同比增长 16.2%，从事生产经营活动的平均人数 974 万人，同比增长 6.8%，房屋施工面积 267407.7 万 m^2，同比增长 4.7%，生产主要指标同步增长，协调性较好。全省建筑业总产值增速较前三季度提高 3.5 个百分点，增速快于全国平均水平 0.3 个百分点。

三、市场监管环境

2020 年，江苏省完成了第五轮造价咨询企业的信用评价工作。对造价咨询企业的信用实行等级评价，既是政府加强市场监管和社团加强行业信用管理的他律要求，也是全体造价咨询企业在市场经济活动中迫切的自律要求，提高了企业自觉维护自身信用的自律水平，使放管服改革背景下的工程造价咨询市场较好地实现了放得开、服务好、管得住。

（本章供稿：沈春霞、杨柳、王如三）

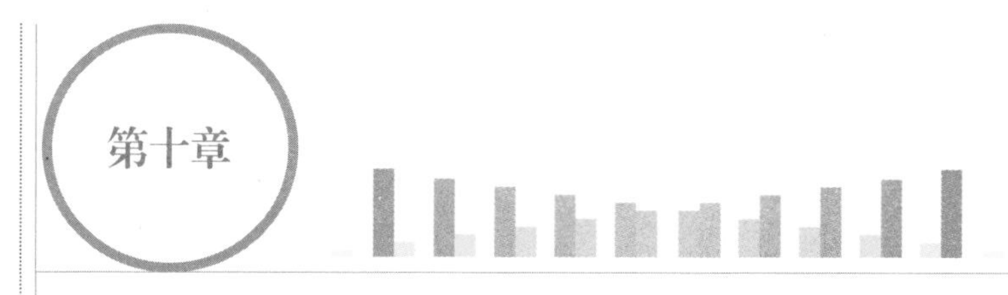

浙江省工程造价咨询发展报告

第一节　发展现状

2020年，面对新冠肺炎疫情的严重冲击，浙江省造价行业坚持以习近平新时代中国特色社会主义思想为指导，全面贯彻党的十九届五中全会精神，忠实践行“八八战略”、奋力打造“重要窗口”，推动经济高质量发展。

一、总体情况

2020年，浙江省共有造价咨询企业661家，新增企业数量244家；其中甲级企业数量335家，比上年增加39家；甲级企业占全省企业总数的比例为51%。乙级企业数量326家，占全省企业数量的49%。增加的企业主要集中在乙级（暂定期一年）资质，乙级企业所占比重同比去年增长了20个百分点。新设立企业中，原监理公司申报104家，原设计公司申报22家，其余117家为新申报企业。

企业在各省市设立分公司（办事处）2122家，省外造价咨询企业在浙江省设立造价咨询分公司133家。2020年底，规模企业（工程造价咨询业务收入超千万元的）数量183家，比上年增加16家，增长幅度10%；规模企业占全省企业总数的比例为28%。工程造价咨询业务收入突破亿元的企业有17家，接近亿元的企业有5家，超过2亿元的企业有3家。在重大事件冲击下，中小企业受到的影响最大，而大型企业抗压能力强，业务受影响相对较小。

全省有83家专营工程造价咨询企业，占全省企业的比例为13%，兼营工程造价咨询业务且具有其他资质的企业有578家，占全省企业的比例为87%，其中国有独资公司及国有控股公司10家，有限责任公司641家，合伙企业7家，合资经营企业和合作经营企业2家。

二、从业人员情况

2020年，工程造价咨询企业从业人员共81214人，其中正式聘用员工78356人，占96%，临时聘用人员2858人，占4%；共有一级注册造价工程师13355人，一级注册造价工程师总人数较上年上升24%。其中在工程造价咨询企业7077人，占一级注册造价工程师总数的53%，占全部造价咨询企业从业人员的16%。共有二级注册造价工程师6997人，其中在工程造价咨询企业3542人，占二级注册造价工程师总数的51%，占全部造价咨询企业从业人员的4%。工程造价咨询企业共有专业技术人员48673人，其中高级职称9724人，中级职称22561人，初级职称16388人，各级别职称人员占专业技术人员比例分别为20%、46%、34%。

2020年，参加一级造价工程师考试报考人数24721人，实际参考16633人，考试合格3219人。其中建筑工程实际参考12461人，考试合格2460人，合格率20%；安装工程实际参考2508人，考试合格434人，合格率17%。2020年参加二级造价工程师考试报考人数25776人，实际参考17749人，考试合格2521人。其中建筑工程实际参考13195人，考试合格1906人，合格率14%；安装工程实际参考3182人，考试合格320人，合格率10%。

三、行业收入情况

2020年工程造价咨询企业完成的工程造价咨询项目所涉及的工程造价总额达6.19万亿元，较上年4.26万亿元增加了1.93万亿元，增幅达45%。工程造价咨询企业的营业收入为237.72亿元，其中工程造价咨询业务收入87.15亿元，比上年增长18%；由于一大批新申报企业在2020年度开展造价咨询业务，大大降低了企业平均产值，今年企业平均产值为3596.37万元，比上年增长16.05%。

工程建设各阶段业务收入均有所增长，业务范围不断拓展，房屋建筑工程为主要收入，占总体收入的67%，在公路、水利等专业领域的份额均有所提升。其中前期决策阶段咨询业务收入6.15亿元，实施阶段咨询业务收入16.00亿元，竣工决算阶段咨询业务收入 36.46 亿元，全过程工程造价咨询业务收入 25.27 亿元，工程造价经济纠纷的鉴定和仲裁的咨询业务收入 1.56 亿元，其他收入 1.71 亿元。

第二节 主要工作

2020 年是全面建成小康社会和“十三五”规划收官之年。站在“两个一百年”奋斗目标的历史交汇点上，面临新冠肺炎疫情的严峻考验，坚决落实党中央和省委、省政府的决策部署，主动作为、改革创新，履行行业主体责任。在春节期间迅速启动应急响应，坚持两手抓、两战赢，与各市协会携手在抗击疫情和复工复产采取双线作战，与会员同频共振，切实做好了疫情防控及引导企业复工复产、为企业减负等各项工作，折射出浓厚的行业情怀。

一、应急响应、因时因势制订出台倡议书及各类指导意见

2020 年 1 月，发出《支援抗击疫情的倡议书》并统一部署；2 月起，及时在网站、公众号上转发各类防控指导意见、公告、温馨提醒等；要求各会员单位成立以领导为核心、各部门（分公司）负责人为基础的疫情防控工作领导小组，落实联防联控机制，强化网格化管理，保证各项防控举措有力有序开展；及时发布《关于进一步加强境外疫情输入防控工作的通告》，对于会员单位员工中有扰乱疫情防控工作正常秩序等行为的，纳入企业信用档案。

二、隔离不隔服务

发布《关于促进会员企业稳定发展共渡难关建议征集的通知》以问卷调查形式向会员了解企业规模、疫情影响程度、对协会和政府的诉求、希望出台哪些政策等，及时跟踪、全面了解疫情对本行业的冲击和影响，支持行业、企业攻坚克难、稳定经营。免费为会员统一发布招聘信息；引导软件和信息技术服务企业主动承担社会责任，疫情期间算量软件全省免费使用；以网络通信形式召开五届三次会员代表大会，会议表决会费减免及 2020 年度工作计划，得到了会员单

位的一致通过；制作抗疫特刊——《祖国有号召，“浙”里有行动》。

各市造价协会及会员单位每天持续捐款、捐物、捐智、参加志愿者服务，许多浙江造价人义无反顾加入了“逆行者”的行列，紧密扎根基层，与社区组成合力筑造基础防线。协会每天坚持发布《浙江造价在行动》系列报道十余篇，及时公布捐款最新数据。全省共有 386 家单位，726 位员工、爱心人士为打赢抗击疫情阻击战捐款，积极驰援湖北并展开自救，合计捐款捐物金额达 2263 万余元，并评选出抗疫先进个人和单位表彰通报。

三、停工不停学

举办行业首场《新冠肺炎疫情对建筑企业的影响及法律建议》网络公益讲座，1 万余人在线聆听；在线免费推出工程类考前培训课程，多个专业共覆盖 2 万余名学员；2 月 11 日至 20 日不间断，推出免费公益“法律云课堂”，涵盖劳动人事、婚姻家事、执业风险防范等多领域；举办“浙江省建筑业疫情防控”大型网络公益讲座，22000 余人在线学习；为会员提供建筑管理、技能培训等 30000 分钟课程免费学；开展了二级造价工程师复习题的征集工作，共收到 18 家单位上报的 1818 道题目。此外，还开展了调解员线上赋能、“互联互通、共克时艰”浙江高层论坛、“疫情相关计价政策文件应用及索赔实例”、《携手并肩，“疫”后同行：后疫情时代咨询企业转型之道》等线上直播或讲座等。

四、减负松绑、增添活力，打造平台赋新能

与会员携手共渡难关，制定了减负措施。减免、降低会员会费；对在疫情防控期间做出贡献的企业，计入良好信用记录一次，在企业信用评价中予以加分，并将颁发荣誉证书；各项培训费用降低或免费并增加培训名额；适当降低纠纷调解费用；做好联合学院输送人才工作，网站免费发布企业招聘公开等信息；开展各类线上人员培训；组织有关造价行业 EPC、PPP、全过程咨询等相关培训，加大培训覆盖面，讲座和培训延伸到地市；6 月底前全省免费使用或大幅降低软件费用；针对浙江造价人员推出专属线上服务平台；利用“网上办”“预约办”服务项目，实现会员跑 0 次；配合行业管理部门共同维护市场秩序，做好

行业自律。

五、持续深入推动供给侧结构性改革，服务创新主体，激发创新活力

组织开展优秀咨询成果评选，七成会员单位参与申报近600个项目，最终评选成果将形成指数指标；开展BIM技术应用优秀案例评选活动；选聘工程造价咨询企业职业责任保险理赔员；举办两期“施工过程结算、《工程总承包管理办法》（EPC）专题宣贯会”；召开“房建工程PPP项目基于成本和收益异变的合同价格变更案例研究”课题验收会议；举办工程咨询企业家高端沙龙；开展工程造价信息数据库建设研究问卷调查；发展资深会员；完成《年度发展报告》和30周年行业发展省级篇的初稿工作，举办的“未来已至·全咨启航计划”高层管理人员主题培训；主办《招标投标法修订及过程结算等新文件》专题培训班；召开长三角区域“数字建筑·数字造价”高峰论坛；线上线下结合助力，连续举办多期二级造价师考前培训班；组织第三届工程造价技能竞赛；在杭免费举办两期“浙江省2018版定额宣贯暨配套软件培训会”；举办“全省建设工程招标投标及造价管理培训班”。

六、加强自身建设

积极配合浙江省住房和城乡建设厅、民政厅完成审计工作并获褒赞；荣获浙江省民政厅“2020年度全省性社会组织承接政府转移职能和购买服务推荐名录”；员工荣获浙江省社会组织总会“2019年度优秀社会组织工作者”；《2019长三角区域“数字造价 数字建筑”高峰论坛隆重召开》荣获全省社会组织十大新闻奖；荣获建筑时报社“2020全国建筑业优秀微信公众号”；秘书处同志围绕“重走毛主席视察路”主题开展教育活动；参加了全省造价（招标投标）管理机构党风廉政警示教育座谈会。

七、多平台、多层次，构建新媒体宣传矩阵

全省住房城乡建设系统持续开展“浙江建设工匠”选拔活动，四家单位员工喜获荣誉；9月多家会员单位及个人荣获浙江省“最美造价人”称号；高度重视新闻宣传工作，每季度、每年度对新闻宣传十佳单位、十佳通讯员表彰通报，2020年度通讯员全年投稿1112篇。截至12月底，撰写各类稿件200余篇，在媒体刊发新闻50余篇 / 次。微信公众号运营良好，全年更新发布信息1288次，对提高行业的传播力、引导力、影响力、公信力等方面做出了积极贡献，取得良好的社会效应。

八、以公共福利为追求目标，积极传播行业正能量

联合湖滨街道红十字会、晴雨公益服务中心开展“器官捐献·生命的另一种延续”主题公益活动，多名工作人员自愿签下遗体及器官捐献书;《建筑时报》3705期报道了协会在疫情期间多种形式服务企业；全行业评选出四名“最美折翼造价人”，颁发证书、奖品；开展庆七一“不忘初心，红运之旅”环保毅行主题活动并重温入党誓词。

第三节　主要问题及对策

一、主要问题

1. 行业信用评价影响力还不大

2020年开展动态信用评价工作，以2020年的平均数据为例，目前有526家企业自愿参评，占企业总数的78%。其中5A级企业有37家，占参评企业的7%，4A级企业有102家，占参评企业的19%，3A级企业有106家，占参评企业的20%。同时对参评企业来看，信用等级的运用影响力除杭州、宁波、温州等少数几个地区影响力较大外，其他地区对信用评价的结果尚未广泛运用。

2. 地区发展不平衡问题严重，企业外向度不够高

杭州和宁波的产值占全省总产值的72%，而其他10个市的总和仅占28%。全省共有33家省外有收入，约1.1亿元，仅占总收入的1%，境外仅有2家企业有250万元的收入，总体外向度偏低。传统类司法鉴定项目全省累计上报176家企业，其中杭州54家、宁波和绍兴22家，共上报566个项目，金额18543.27亿元。创新类BIM咨询服务项目全省累计上报54家，其中杭州25家、宁波11家，共上报115个项目，金额406.41亿元；EPC项目全省累计上报163家企业，其中杭州61家、宁波26家、嘉兴20家，累计上报391个项目，金额1182.41亿元；PPP项目全省累计上报95家，其中杭州42家、宁波16家，累计上报190个项目，金额1729.47亿元。

二、未来发展方向

1. 提高政治站位，认真学习中央有关文件精神和会议精神

按照上级党组织的工作部署，继续推进党建工作。构建廉洁自律长效机制，引导会员企业合规经营、诚信经营，努力为行业建标准、定规范，进一步推动行业信用体系建设。引领会员走出去、引进来，塑造浙江造价行业形象，推广浙江造价企业品牌。促进行业文化建设，公众号、网站、会刊及时反映行业的合理诉求、传递行业呼声，对外提升行业整体形象，对内不断推进会员文化宣传建设，提高行业的传播力、引导力、影响力、公信力。努力适应新形势发展要求，配合主管部门开展工程造价改革、二级造价工程师职业考试等工作。

2. 促进行业复合型人才培养

成立讲师库，扩大专委会成员数量。加强对造价工程师继续教育工作的管理，做好网络教育服务。做好联合学院校企合作工作。做好行业高端人才培养。

3. 深入开展工程造价领域重点问题研究，完成各项课题报告

继续搭建平台，推动行业交流互动；贴近业务，聚焦热点领域；敞开大门，推动跨界研究合作；汇聚智慧，产出高质量、有影响力的研究成果。不定期免

费举办不同主题、不同形式的“会员充电日、共享沙龙”，全身心为会员提供服务。结合“一带一路”倡议，继续扩大对外交流与合作，夯实“走出去”基础，配合培育一批具有国际水平的全过程工程咨询企业。

4. 强化自身建设，传递正能量

营造积极向上的工作氛围，密切各方联系，共同履行社会职责，促进行业发展；树立良好的社会形象，积极引导企业履行社会责任，参与社会救助、精准扶贫、爱心帮扶等社会公益活动。

（本章供稿：陈奎、丁燕）

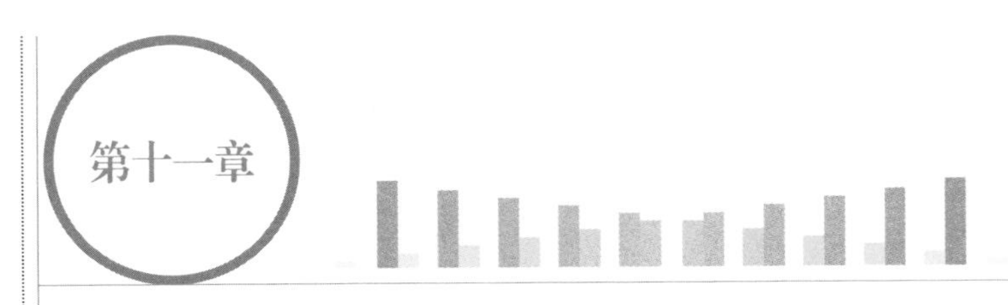

安徽省工程造价咨询发展报告

第一节　发展现状

一、企业总体情况

2020 年，安徽省共有工程造价咨询企业 781 家，较上年度增加 72.41%。其中甲级工程造价咨询企业 207 家，较上年度增加 22.49%；乙级工程造价咨询企业 574 家，较上年度增加 102.11%。其中专营企业 212 家，较上年度减少 10.92%；具有多种资质的企业 569 家，较上年度增加 164.65%。

二、从业人员总体情况

2020 年，全省工程造价咨询企业从业人员 37518 人，较上年度增长了 78.44%。其中，正式聘用员工 32522 人，占 86.68%；临时聘用人员 4996 人，占 13.32%。工程造价咨询企业共有专业技术人员 21385 人，较上年度增长了 60.10%，占全部造价咨询企业从业人员的 56.99%；其中，高级职称人员 4746 人，中级职称人员 10596 人，初级职称人员 6043 人；各级别职称人员占专业技术人员比例分别为 22.19%、49.55% 和 28.26%，与上年比较，占比分别上升了 1.74 个百分点、下降了 3.58 个百分点、上升了 1.84 个百分点。

工程造价咨询企业中注册的一级造价工程师 4155 人，较上年增加了 6.73%，占全部造价咨询企业从业人员比例为 11.07%；工程造价咨询企业中注册二级造价工程师 2153 人，均为 2020 年首次注册，占全部造价咨询企业从业人员比例的 5.74%；

工程造价咨询企业中其他专业注册执业人员4843人，较上年上升了66.08%。

三、业务收入总体情况

2020年，安徽省工程造价咨询行业整体营业收入为77.30亿元，比上年增长44.27%。其中，工程造价咨询业务收入27.09亿元，比上年增长10.21%，占全部营业收入的35.05%；其他业务收入50.21亿元，比上年增长73.14%，占全部营业收入的64.95%。在其他业务收入中，招标代理业务收入12.86亿元，建设工程监理业务收入30.91亿元，项目管理业务收入1.98亿元，工程咨询业务收入4.46亿元，各项收入较上年均有增长。招标代理业务收入增长41.16%，建设工程监理业务收入增长71.15%，项目管理业务收入增长94.12%，工程咨询业务收入增长450.62%。

第二节 主要工作

一、加强行业自律制度建设，制订出台相关政策

2020年11月23日正式发布《安徽省建设工程造价咨询行业自律管理暂行办法》，这是安徽省首部工程造价行业自律管理办法，提出了行业自律的行为准则，明确了自律奖惩的种类及实施方法，标志着安徽省工程造价咨询行业自律管理体系的初步建立；印发《安徽省建设工程造价咨询招标文件示范文本》，于12月1日正式实施，组织召开了全省宣贯会议，深入解读了“示范文本”的具体内容。

二、推进行业信息化发展，免费为会员提供工程造价咨询企业信息化管理系统

为减轻企业负担，助力会员提升信息化管理水平，开展了工程造价咨询企业信息化管理系统的甄选和开发工作。经过评审，发布了5个不同版本的企业信息

化管理系统（基础版），供会员自由选择、免费使用。举办了系统推介会，对各个系统进行了详细演示，并对个性化需求和拓展功能进行了简述。截至2020年底，已有113家企业提交使用申请，赢得了会员好评，为行业数字化发展奠定了基础。

三、展示行业综合实力，认真开展工程造价咨询企业营业收入排序工作

为适应新形势和新要求，在开展排序工作时，一方面紧跟《工程造价咨询企业管理办法》的最新修改内容，对排序要求进行了调整；另一方面遵照疫情常态化防控的新要求，将企业现场核查调整到赴所在市造价协会核查。本年度申请排序的企业共有156家，组织专家对申报材料进行了认真审核，同时从会计师事务所聘请专家，组成3个核查组，随机抽取了37家企业进行现场核查。针对核查情况，约谈了17家企业，并对7家实际收入与统计报表收入差距较大的企业进行了通报。将排序结果及时与省信用评价系统对接，为社会选择工程造价咨询企业提供了有益参考。

四、提升综合能力，积极参加安徽省社会组织评估并荣获最高评估等级

积极申报参评2020年度省级社会组织评估，高质量地完成了评估材料的准备和申报工作。安徽省民政厅公布，协会荣获2020年度省级社会组织最高评估等级“5A级”。

五、大力弘扬工匠精神，积极做好安徽省五一劳动奖章申报工作

针对首届工程造价技能竞赛个人一等奖的两名获奖人员，主动协助安徽省住房和城乡建设厅向总工会申报五一劳动奖章。安徽省劳动竞赛委员会、总工会联合印发的《关于表彰2019年度安徽省劳动竞赛先进集体先进个人和新冠肺炎疫情防控工作“双百”安徽省五一劳动奖章的决定》，行业两位同志被授予安徽省

劳动竞赛先进个人（省五一劳动奖章获得者），工程造价专业人员首次荣获此项殊荣。

六、引领行业精神文明建设，培育健康向上的行业文化

在新冠疫情防控工作中，第一时间向会员发布了做好疫情防控工作的倡议，率先向安徽省红十字会捐款1万元。广大会员积极响应，踊跃捐赠，据统计，共有200余家企业、454名个人捐款捐物，捐款金额达262万余元。分批公布了会员抗疫捐赠名单，并对抗疫先进单位和个人进行了表彰，安徽省直机关工委对协会和行业支援抗击疫情的"爱心接力"进行了报道。同时推出多项措施帮助会员减轻疫情冲击，有序推进复工复产：一是向会员免费开展线上职业资格考前培训、疫情防控和复工复产专题讲座以及线上主题论坛等公益活动，使会员在疫情期间不虚度，停工不停学；二是为减轻会员资金压力，对因疫情影响较大，交费困难的会员予以减免。

在脱贫攻坚工作中，主动对接贫困村，赴六安市陵波村开展扶贫帮困活动，捐献2万元兴建水利设施造福当地群众，鼓励和号召广大会员以结对帮扶、捐赠款物、消费扶贫等多种形式投入脱贫攻坚工作。在防汛救灾工作中，及时在网站、期刊、微信公众号上开辟专栏，对广大会员中涌现的先进人物和感人事迹进行宣传报道，传递正能量。

（本章供稿：洪梅、王磊）

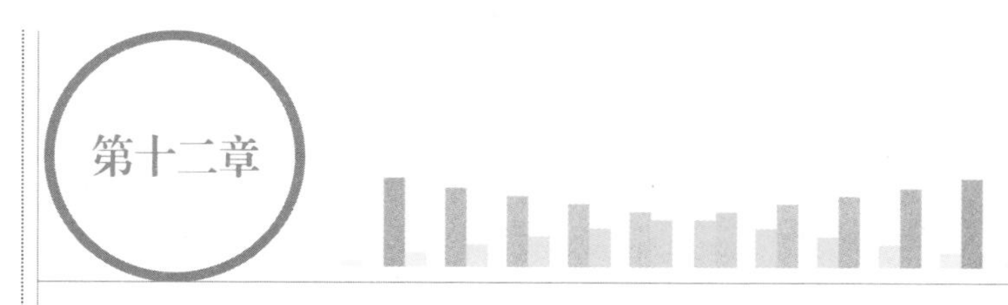

福建省工程造价咨询发展报告

第一节　发展现状

一、企业总体情况

2020年，福建省共有257家工程造价咨询企业，其中甲级资质的工程造价企业共124家，占比48.25%；乙级资质的工程造价企业共133家，占比51.75%。相较2019年工程造价企业数量增加39.67%，其中甲级资质的工程造价企业增加18家，乙级资质的工程造价企业增加55家。

二、从业人员总体情况

2020年，福建省工程造价咨询企业拥有从业人员21596人，较2019年增加16.16%。其中，一级注册造价工程师2328人，占比10.78%。一级注册造价工程师中，土木专业造价工程师1812人，占一级造价工程师总数的77.83%；交通运输专业造价工程师41人，占比1.76%；水利专业造价工程师29人，占比2.41%；安装专业造价工程师284人，占比18.00%。

另外，福建省造价咨询企业21596名从业人员中，共有2077人拥有高级职称，占比9.62%；6374人拥有中级职称，占比29.52%；4192人拥有初级职称，占比19.41%。有职称人数共计12643人，占全部从业人数的58.54%。

三、营业收入情况

2020年，福建省工程造价咨询企业工程造价咨询业务收入14.64亿元，较2019年增加9.4%。

按所涉的专业划分，房建专业收入9.01亿元，占比61.57%；市政专业收入3.19亿元，占比21.81%；公路专业收入0.77亿元，占比5.27%；石化专业收入0.08亿元，占比0.57%；城市轨道交通专业收入0.07亿元，占比0.45%；水电专业收入0.25亿元，占比1.72%；水利专业收入0.47亿元，占比3.22%；电子通信专业收入0.17亿元，占比1.13%；其他各专业收入共计0.63亿元，占比4.26%。

按工程建设的阶段划分，前期决策阶段咨询项目收入1.66亿元；实施阶段咨询项目收入5.78亿元；结（决）算阶段咨询项目收入4.77亿元；全过程工程咨询项目收入1.98亿元；工程造价经济纠纷的鉴定和仲裁的咨询项目收入0.30亿元；其他项目收入0.13亿元，各类业务收入占总营业收入分别为11.31%、39.48%、32.58%、13.50%、2.04%、1.09%。

四、行业变化情况

相较2019年，工程造价咨询企业数量、从业人员规模和业务收入均在增加，反映了行业总体体量有了一定的提高，但发展水平不高，其平均企业规模、平均企业业务收入以及人均产值均有不同程度下降。

五、行业发展水平

1. 积极推行施工过程结算办法

为贯彻落实《国务院办公厅关于全面治理拖欠农民工工资问题的意见》（国办发〔2016〕1号）要求，加强工程造价行为监管，完善工程结算管理，从源头减少工程款纠纷，有效破解工程款拖欠问题，缩短竣工结算时间，促进建筑业持续健康发展，制定了《福建省房屋建筑和市政基础设施工程施工过程结算办法（试行）》（闽建〔2020〕5号），推行工程建设过程结算。

2. 完善福建省预算定额体系

为确保房屋建筑加固工程质量安全，合理确定加固工程造价，根据国家相关定额和实际情况，编制了《福建省房屋建筑加固工程预算定额》FJYD-202—2020，完善现行预算定额体系。

3. 发布相关全过程工程咨询相关政策文件

（1）2020 年 7 月，发布《关于在房屋建筑和市政基础设施工程项目实施全过程工程咨询服务有关事项的通知（征求意见稿）》，提出财政投融资项目采用工程总承包组织模式的，鼓励采用全过程工程咨询服务；咨询合同估算金额达到 100 万元以上，应当通过招标方式确定全过程工程咨询服务单位；依法必须招标的全过程工程咨询项目采用综合评估法，并实施资格后审；全过程工程咨询服务费可采用“1+X”模式计价。

（2）2020 年 10 月，发布《福建省完善质量保障体系提升建筑工程品质若干措施》（闽建建〔2020〕05 号），提出发展全过程工程咨询，支持政府投资项目优先采用全过程工程咨询模式。鼓励政府投资项目采取“全过程工程咨询 + 工程总承包”管理服务方式；发布《关于装配式建筑招标投标活动有关事项的通知》（闽建筑〔2020〕09 号），鼓励装配式建筑采用全过程工程咨询服务，形成“工程总承包 + 全过程工程咨询”组织方式。

（3）发布《关于印发标准工程总承包招标文件（2020 年版）和模拟清单计价与计量规则（2020 年版）的通知》（闽建筑〔2020〕2 号），规范福建省房屋建筑和市政基础设施工程项目工程总承包计价行为，促进工程总承包健康发展。

六、信用体系建设和行业自律

为做好工程造价咨询企业信用综合评价工作，依据《福建省工程造价咨询企业信用综合评价办法》在福建省内开展造价咨询企业信用评价，向社会公布企业信用综合评价结果，鼓励社会主体在委托工程造价咨询业务时将信用评价结果作为评价指标之一考虑。

为建立统一开放、公平竞争的工程造价咨询市场，加强事中事后监管，更好地服务建筑业高质量发展，2021 年起造价咨询企业在闽承接工程造价咨询业务的，通过《福建省工程造价成果文件信息登记系统》实行造价咨询企业信息和工程造价咨询业务信息登记，无需办理备案登记手续。造价咨询企业信息和工程造价咨询业务信息分别通过省建设行业信息公开平台和省成果文件信息登记系统向社会公开，并作为开展信用综合评价和监督检查依据。

为适应建设工程造价咨询行业市场需求变化，推动造价咨询行业健康发展，提升行业服务质量，保障建筑市场各方主体权益，发布《关于福建省建设工程造价咨询服务费行业标准的通知》，规范了工程造价咨询市场秩序，推动工程造价行业健康有序良性发展。

七、数字化建设

全过程工程咨询时代的来临，数字化的飞速发展不断变革着传统的业务操作模式，在“数字造价”的赋能下，通过业务牵引、科技赋能，对传统工程造价业务模式进行创新改进，形成“智能化市场定价、数字化精细管理、数据化精准服务”的新咨询，为工程造价行业的可持续发展提供新动能。

部分企业依托工程管理创新技术和管理平台，以先进的经济与管理理念为基础，充分运用 BIM、云、网、端等互联网技术，建立线上业务平台，赋能作业端、管理端和治理端，对项目进行全过程、全要素、全参与方的有效管理，促进建设项目有效集成建造、工期、质量、安全、造价和环保等要素信息，带动各参与方积极参与到项目管理中，提升项目综合价值。

一些大型复杂的建设项目，通过现代化信息手段进行工程项目管理，运用 BIM 技术完成了项目从工作环境营造、全专业协同设计、模型审核、装配、成果精细化管理及交付等一系列工作。并通过项目协同管理平台帮助项目团队在同一环境、同一标准下开展各阶段专业间及各专业内部的协同工作，使信息数据共享，消除信息不对称问题，有效避免资料遗失，并能快速发现问题及解决问题。省内各大型设计院也开始尝试探索三维正向设计流程，提升设计质量，实现数字孪生。

部分咨询企业根据其主要服务板块，与软件开发企业针对性的研发数据库应用软件，并初见成效，通过对已完成项目的数据进行清洗、加工、分类处理，初步建立工程项目数据库、企业材料数据库、工程指标数据库，实现数据溯源，为项目决策及对标提供数据支撑。

第二节　发展环境

一、社会环境

2020 年是“十三五”规划收官之年，是具有里程碑意义的一年，也是福建省众志成城、共克时艰的一年。习近平总书记给予福建极大关怀，亲自作出系列重要指示批示，赋予福建全方位推动高质量发展超越的重大使命，亲自向第三届数字中国建设峰会等致贺信，亲自宣布建立厦门金砖国家新工业革命伙伴关系创新基地，为福建发展进一步指明了前进方向，增添了巨大动力。

二、经济环境

2020 年，福建省扎实做好“六稳”工作、全面落实“六保”任务，深入实施“八项行动”，保持了经济社会持续健康发展，主要经济指标回升情况好于全国，就业、物价、节能减排等主要预期指标进展顺利，“十三五”规划实施取得丰硕成果。全年实现地区生产总值 43903.89 亿元，比上年增长 3.3%，高于全国 1 个百分点。

2020 年，福建省全年全社会建筑业实现增加值 4654.13 亿元，比上年增长 5.8%。具有资质等级的总承包和专业承包建筑业企业完成建筑业总产值 14117.80 亿元，增长 7.2%。

三、技术环境

2020 年，福建省持续推行新型建造和组织方式，福建省住房和城乡建设厅印发《福建省装配式建筑评价管理办法》和《关于装配式建筑招标投标活动有关事项的通知》，发布《装配式混凝土结构工程施工及质量验收规程》，提升装配式建筑发展整体水平。以装配式建筑为重点，积极推行工程总承包模式，印发实施福建省首份标准工程总承包招标文件和模拟清单计价与计量规则。自新规实施以来，各地已有 64 个国有投资项目实施工程总承包模式。支持建设单位探索全过程工程咨询模式，2020 年以来各地已有 16 个国有投资项目实施全过程工程咨询。2020 年福建省认真贯彻党的十九届五中全会关于“发展绿色建筑”精神，深入开展绿色建筑创建行动，加大绿色建筑标准执行力度，抓好新建建筑节能，推进建筑能效提升，加大绿色建材推广应用，推动住房城乡建设高质量发展超越。

四、监管环境

规范建筑市场秩序方面，创新完善工程招标投标制度，规范投标保证金管理，推行电子投标保函，维护招标投标市场秩序。厦门市积极探索招标投标制度改革，出台招标投标“评定分离”办法和中国台湾建筑企业参与施工招标投标活动政策。开展全省工程招标投标专项整治，完善施工招标投标制度。各地运用信息化技术，加强对招标投标活动日常监管。福建省住房和城乡建设厅先后公布了两批 21 起建筑市场违法典型案例，在行业形成威慑作用。着力保障农民工合法权益，印发实施《福建省建筑工人实名制管理实施细则（试行）》，全面推行实名制信息化管理。

在加强工程造价管理方面，加强疫情期间工程造价监测，实时反映市场价格行情。各地发布疫情期间人工费专用指数及计价措施，助力疫情防控、复工复产。结合住建行业重点工作，制订古建筑修缮工程计价规定、房屋建筑加固工程预算定额、建筑工人实名制措施费计价规则、做好工程造价咨询企业有关信息登记等。推动“四新”技术，满足投资管控和市场计价需求，发布人材机市场价格信息 10.6 万余条。出台施工过程结算办法，从源头减少工程款纠纷，缩短竣工结算时间。

协会出台《关于发布福建省建筑工程造价咨询服务行业标准的通知》，为建设市场各方主体确定咨询费和新咨询项目制定收费参考依据。

第三节　主要问题及对策

一、存在问题

1. 规模小，缺乏向省外扩展的能力

在造价咨询行业起步阶段，许多有一定造价技术水平的人员自行成立造价咨询企业或工作室或挂靠省外咨询机构，形成市场小、竞争激烈的局面，难以造就出规模大的造价咨询机构。

由于福建省造价咨询机构相对来说没有营业收入规模较大和具有超大型工程业绩的企业，因此在比较规模和大型业绩的情况下，福建的造价咨询机构不具有向省外扩展的营业规模、大型业绩和综合技术能力等优势。政府或国有投资的超大型工程（如机场、地铁、水利）没有为培养福建本土的造价咨询机构而给予政策倾斜，而是偏向引进省外有相应业绩的造价咨询机构来承担。

2. 咨询收费低造成行业内恶性竞争

福建省政府或国有投资的造价咨询费收费标准目前处于整个造价咨询市场低付费的氛围。因造价咨询机构利润率低，也就难以对职工进行更多的技术培训、难以提升公司管理水平、难以增加技术研发投入。因此，市场的竞争忽略了服务质量和技术优势竞争，而是以压低咨询收费进行竞争，并形成恶性循环。

3. 造价咨询行业人才集聚度差

福建造价咨询企业规模绝大部分都是属于小规模企业，且因收费偏低，造成造价咨询机构的职工加班多、压力大。因人员流动大、挂靠分支机构或成立工作室的现象较多，由此造成本省绝大部分造价咨询公司的在职职工人数都在100人以内，注册造价师人数在20人以内，人才集聚度差，难以承接超大型项目的造价咨询业务，也难以向上下游相关工程咨询业务发展，影响福建造价咨询行业的发展壮大。

4. 中介机构迎合委托方，影响造价咨询行业的信誉度

造价咨询其信誉来源于执业的诚信、公平、公正、合理、合法和高质量服务。有些咨询企业为了迎合委托方，有意压低或抬高工程造价；有些咨询企业采用低于成本价承揽造价咨询业务等造成咨询成果严重偏离实际，给委托方造成损失。

5. 造价咨询委托方的理念偏差，不利于造价咨询行业的良性发展

委托人不是采用择优选择造价咨询企业，而是以低价或者采用抽签的方式来作为选择咨询人，造成不良的恶性竞争，不利于鼓励咨询行业提高自身水平和服务，甚至造成劣币驱逐良币的现象。

6. 分支机构技术力量差，管理水平低，也给行业带来不良影响

有的分支机构没有足够的技术力量和相应的管理能力，而是承接到业务后委托工作室或临时找外协人员来完成，提供的造价咨询成果质量低劣。

7. 造价咨询企业信息化程度低

由于福建省造价咨询机构普遍规模小，咨询收费低，没有足够的资金支撑以建立适合自己企业业务需求的信息化管理平台，而向软件公司购买标准的造价信息化管理平台软件往往适应不了福建市场及其自身公司业务运作的需求，所以建立独立的信息化平台和造价数据库水平均较低。

二、相应对策

（1）促进福建省内造价咨询企业强强联合或并购，形成几家规模大、业绩经验好、技术力量强的龙头企业。

（2）倡议省内大型工程项目在合法合规的情况下优先选择省内信誉好、技术力量强、服务优的造价咨询龙头企业，摒弃低价中标或抽签的办法选择造价咨询企业，提高福建省造价咨询行业在国内的竞争力。

（3）引导造价咨询委托方采用择优的办法选择造价咨询企业，促进造价咨询

企业以诚信取胜，减少不良的恶性竞争。

(4) 进一步调整优化造价咨询费收费标准。制定行业自律及超低价（低于行业成本价）承接业务的处罚办法，促进行业的良性竞争。

(5) 制定更加完善和科学合理的造价咨询行业信用评价体系和办法，在造价咨询资质取消的情况下，引导和促进造价咨询公司诚信执业和良性竞争，通过信用评价等手段来遏制恶性竞争和不良或非法行为。

(6) 建立不良或非法执业的黑名单和处罚制度，净化造价咨询市场环境，逐步提高造价咨询的信誉度。

(7) 加强对行业内专业人员的培训，或增加组织走出去引进来的交流学习，以提高福建造价咨询行业的专业技术水平和组织管理水平。

(8) 鼓励福建较大规模的造价咨询企业自行建立数据库和信息化平台，并参与行业数据库和信息化平台的建设。协会逐步建成造价数据库和信息化平台，服务福建的中小造价咨询企业。

（本章供稿：谢磊、金玉山、黄俊莉、黄启兴、陈政、杨新辉、林淑华）

江西省工程造价咨询发展报告

第一节　发展现状

一、从业人员结构

1. 行业人员结构趋于稳定，技术人才结构得到改善

2020 年，江西省工程造价咨询企业数量有所增加，工程造价咨询企业从业人员数量也随之增加，行业保持稳定发展。2020 年末，江西省工程造价咨询企业从业人员 9657 人，比上年增长 25.07%。其中，正式聘用员工 8664 人，占 89.72%；临时聘用人员 993 人，占 10.28%；共有注册造价工程师 1969 人，占全部工程造价咨询企业从业人员 20.39%，其他专业注册执业人员 1079 人，占比 11.17%。

近三年江西省工程造价咨询企业从业人员总数以及正式聘用员工数量逐年上升，且增长态势趋于明显，从业人员结构得以不断优化，有利于提升相关企业的管理水平和服务质量。企业拥有注册造价工程师的数量变动不大，而其他专业注册执业人员数量逐年稳步且低幅增长。表明近三年来江西省工程造价咨询企业专业人才总量趋于稳定，专业化程度稳步提升，一定程度上说明了江西省该行业技术人才结构得到有效改善。

2. 人才质量有所提升，高端人才仍待发展

2020 年末，江西省工程造价咨询企业共有专业技术人员 5282 人，占全体从业人员的 54.70%，比其上一年增长 8.68%。2020 年专业技术人员中包括高级职称人员 1253 人，中级职称人员 2765 人，初级职称人员 1264 人，分别比上

一年增长58.61%、减少0.82%、减少1.40%，分别占专业技术人员的23.72%、52.35%、23.93%，占全体从业人员的12.98%、28.63%、13.09%，而上一年高级职称人员、中级职称人员和初级职称人员分别占全部专业技术人员的16.25%、57.37%和26.38%。

近年来，江西省工程造价咨询企业专业技术人员规模有所上升，各等级职称人员均出现不同程度的变动，其中高级职称人员占全部专业技术人员比例稍有上升，且增幅较高，而中级职称人员和初级职称人员占比稍有下降。总体上，依然是中级职称人员占比最高，高级与初级职称人员相仿。显然，在如此形势下，江西省致力于吸纳工程造价咨询行业高端人才的措施略有成效，激励初、中级人才正向发展，从而改善高端人才比例，促进行业人才结构快速升级。

3. 各地区人才分布情况

江西省不同地区工程造价咨询企业从业人员分布差异较大，南昌市由于区位优势、行业发展规模等原因，其工程造价咨询从业人员与专业技术人员总数均位居首位，且远超其他地区。南昌市、赣州市、上饶市的行业从业人员均排在前三位，分别达到6289人、1588人、478人，其中正式聘用人员占比分别为89.36%、95.58%、77.41%。南昌市、赣州市、上饶市的专业技术人员也位于前三，分别为3216人、773人、312人，其中高级职称人员占比分别为26.55%、17.21%、15.71%，就期末注册执业人员而言，南昌市、赣州市、九江市工程造价咨询企业中的注册造价工程师总数排在全省前三位，分别为1084人、235人、168人，其他专业注册执业人员排在前三位的是南昌市、赣州市、上饶市，分别为537人、265人、70人，如表2-13-1所示。

2020年江西省各地区工程造价咨询企业从业人员分类统计表（人）　表2-13-1

序号	地区	期末从业人员			期末专业技术人员				期末注册执业人员	
		合计	正式聘用人员	临时工作人员	合计	高级职称人员	中级职称人员	初级职称人员	注册造价工程师	期末其他专业注册执业人员
	合计	9657	8664	993	5282	1253	2765	1264	1969	1079
1	南昌市	6289	5620	669	3216	854	1669	693	1084	537
2	景德镇市	56	51	5	41	10	27	4	25	2

续表

序号	地区	期末从业人员			期末专业技术人员				期末注册执业人员	
		合计	正式聘用人员	临时工作人员	合计	高级职称人员	中级职称人员	初级职称人员	注册造价工程师	期末其他专业注册执业人员
3	萍乡市	175	150	25	104	16	68	20	51	2
4	九江市	401	363	38	188	45	109	34	168	21
5	新余市	213	205	8	140	52	52	36	45	2
6	鹰潭市	188	179	9	126	22	82	22	40	59
7	赣州市	1108	1059	49	773	133	372	268	235	265
8	吉安市	402	356	46	190	43	115	32	91	68
9	宜春市	97	81	16	63	8	47	8	43	14
10	抚州市	250	230	20	129	21	79	29	60	39
11	上饶市	478	370	108	312	49	145	118	127	70

而宜春市由于地区及行业发展等一系列原因，其从业人员、专业技术人员及注册造价工程师均排在全省倒数三位，总体情况同往年一致，发展缓慢。萍乡市、鹰潭市、景德镇市等地区也均处于全省下游水平。与往年相比，各地区消除了其他专业注册执业人员总数为0的窘境，景德镇市注册造价工程师以及中、高级职称人员占全从业人员比例排在全省前列，行业从业人员结构较为优良。

结合各地区行业人员配置情况，江西省工程造价咨询行业的发展仍然存在显著的非均衡特征，工程造价咨询行业的执业人员更愿意在经济状况良好且具有区位优势的地区就业，南昌市和赣州市明显领先其他地区，上饶市、九江市、吉安市次之，抚州市、鹰潭市、宜春市、萍乡市、新余市、景德镇市较为落后。江西省工程造价咨询行业总体上发展缓慢，人才结构趋于稳定。

二、企业结构

1. 企业资质情况

随着建筑业产业结构调整，工程造价咨询行业也面临着巨大的挑战，对规范工程造价咨询企业的经营行为，提高工程造价咨询企业的核心竞争力及其自身技术水平的要求日益提升。2020年江西省210家工程造价咨询企业中，具备甲级工程造价咨询资质的企业有 98 家，乙级资质的有 112 家。

受全过程工程咨询浪潮影响，近年来江西省一些工程造价咨询企业逐渐趋于多元化发展，其业务范围涉及工程监理、工程咨询、工程设计等方面，其中也存在主营其他业务的企业转型发展工程造价咨询业务。在江西省 210 家工程造价咨询企业中，有 70 家专营工程造价咨询业务的企业，占 33.3%；兼营其他业务的工程造价咨询企业有 140 家，占 66.7%，兼营企业数量为专营企业数量的一倍，显然，江西省工程造价咨询企业多元化发展势头逐步增强。

2. 企业注册类型

为进一步响应国家“放管服”政策，江西省一些合伙企业、国有独资公司及国有控股公司逐步向有限责任公司转型，从而实现本行业在本省的市场化发展目标。在 210 家工程造价咨询企业中，存在 202 家有限责任公司，约占整体的 96.19%，其他登记注册类型企业仅占全体企业的 3.81%，其中包括 2 家合伙企业，6 家国有独资公司及国有控股公司。目前，江西省登记注册为有限责任公司的工程造价咨询企业仍远超其他类型企业，占据本行业主要地位。

3. 各地区企业结构

江西省大部分地区的工程造价咨询企业总数量和甲级资质企业数量与往年相比有所增长，但仍然存在显著的地区差异，主要呈现出实力分布非平衡特征。2020 年，作为江西省省会的南昌市以拥有 97 家工程造价咨询企业稳居江西省第一位，其各项分类均远超其他地区，且其甲级资质企业多于乙级资质企业。除南昌市外，赣州市（26 家）、九江市（18 家）、上饶市（16 家）虽与南昌市相差甚远，但均表现出乙级资质企业多于甲级资质企业的现象，如表 2-13-2 所示。

2020 年江西省工程造价咨询企业按资质汇总统计信息表（家） 表 2-13-2

序号	地区	工程造价咨询企业数量			只有工程造价咨询资质企业数量	多资质工程造价咨询企业数量
		小计	甲级	乙级		
	合计	210	98	112	147	63
1	南昌市	97	59	38	69	28
2	景德镇市	4	1	3	1	3
3	萍乡市	8	2	6	7	1

续表

序号	地区	工程造价咨询企业数量			只有工程造价咨询资质企业数量	多资质工程造价咨询企业数量
		小计	甲级	乙级		
4	九江市	18	8	10	17	1
5	新余市	8	0	8	7	1
6	鹰潭市	6	1	5	4	2
7	赣州市	26	12	14	16	10
8	吉安市	14	4	10	12	2
9	宜春市	5	1	4	4	1
10	抚州市	8	3	5	2	6
11	上饶市	16	7	9	8	8

大部分地区只有工程造价咨询资质企业数量仍大于多资质工程造价咨询企业数量，仅有景德镇市、抚州市、上饶市等少数地区实现多资质企业数量的反超或数量相符。可以看出，当地区工程造价咨询企业规模相差悬殊，实力越高者，其甲级资质企业数量和只有工程造价咨询资质企业数量也越高；而当地区工程造价咨询企业规模差距较小，实力较高者，并不意味着该地区的甲级资质企业数量和只有工程造价咨询资质企业数量也相对较高。显然，江西省工程造价咨询行业呈现出一定的两极分化态势（与南昌市相比），且行业整体水平亟待提升。

三、学术研发能力

1. 开展第七届工程造价优秀成果评选活动

2020 年开展了江西省第七届工程造价行业优秀成果文件评选活动，参评项目 74 项，经协会学术委员会按照评审标准，对申报的项目逐一量化评审，由高分到低分排序，评出一等奖 5 项、二等奖 32 项、三等奖 37 项。

2. 开展工程造价学术研究活动

组织开展了 2020 年度工程造价行业学术研究论文评审工作，共收到学术研究论文 197 篇。共评选出获奖论文 78 篇，其中一等奖 5 篇、二等奖 31 篇、三等奖 42 篇。

四、行业党建工作

协会党支部以习近平新时代中国特色社会主义思想为指导，全面贯彻党的十九届四中全会精神，积极开展各项党建工作，发挥基层党支部的战斗堡垒作用，引领行业正确的发展方向。

为庆祝党的99周岁生日，党支部全体党员收看庆祝大会；召开支委会及时传达住房和城乡建设厅行业综合党委7·15党建工作推进会议精神；开展了《民法典》专题学习活动；根据省委组织部关于加强“二新组织”党建要求，实现党的建设全覆盖，吸纳先进分子加入党组织，正式培养预备党员一名；坚持“三会一课”制度，认真开展组织生活会、民主评议和谈心活动，党支部书记上微党课。

五、行业公益慈善

面对疫情，号召会员切实履行社会责任，以捐款、捐物、志愿服务等不同形式投入到这场疫情防控的阻击战中。据全面统计，会员单位及个人会员为抗击疫情捐款合计262万余元，同时还捐赠了口罩、消毒液、医用手套等防疫急需的各类物资。为此协会授予89家会员单位为“爱心单位会员”，99名个人会员为“爱心个人会员”，并进行了表彰。

新型冠状病毒肺炎疫情期间，开展免费的线上造价师考试培训、疫情对造价行业的影响及对策公益讲座、数字造价智慧企管等在线直播活动，让会员疫情期间宅在家里也能随时“充电”，更好地为复工复产做好准备。

六、主要工作情况

1. 完成了换届工作

第四次会员代表大会暨换届大会于2020年11月18日上午在南昌顺利召开，选举产生了第四届理事会和新的协会负责人。完成了上一届会长的离任审计和协会负责人、章程备案及法人变更等手续。

2. 开展全省工程造价咨询企业信用评价等级评价工作

根据《工程造价咨询企业信用评价办法》《工程造价咨询企业信用评价标准》等有关规定，组织开展了2020年全国工程造价咨询企业信用评价工作。

3. 开展先进造价咨询单位、先进单位会员、先进个人会员评选活动

根据各专业委员会、各设区市协会联络处和省直单位推荐上报评选名单，评选出先进造价咨询单位60家，先进单位会员4家，先进个人会员194人。

4. 建立健全协会各个委员会

为加强工程造价咨询行业诚信体系建设，规范经营行为，创造良好的市场环境，成立了第四届理事会行业自律委员会。为加强工程造价咨询行业学术研究工作，提升行业整体业务水平，成立了第四届理事会学术交流委员会。

5. 配合做好注册造价工程师相关工作

配合完成了二级注册造价工程师考试教材修订、审查及题库的编辑印刷工作，配合做好一级、二级注册造价工程师的继续教育工作。

6. 做好了各设区市协会联络处内设机构的协调工作

召开两次各设区市协会联络处负责人联席会议，总结协会2020年上半年工作，部署下半年的主要工作，与会代表就当前福建省造价行业的现状展开了讨论和提出了建议。

7. 搭建平台，开展企业“开放日”活动

12月18日，开展了第三期“企业开放日”活动，来自全省20多家咨询企业的主要负责人参加了本次活动。

8. 积极做好会员服务和管理工作

运用微信、QQ、网站、快递等方式，将所有的文件、资料、信息、会刊等及时发送给每个会员单位，受到会员的高度评价。

为深入贯彻落实党中央、国务院决策部署，统筹推进新冠肺炎疫情防控和经济社会发展，助力企业复工复产、共渡难关。切实为会员单位减负，给予会员单位减免 2020 年度 20% 的单位会费，减免款已经返回给会员单位。

9. 办好“一刊一网”，为会员提供服务平台

为了给会员互通信息、交流工作体会、了解行业发展现状和前沿，在官网开设企业风采、新闻资讯、招聘信息等窗口，充分展示造价行业服务形象。集中反映协会工作动态、行业改革发展信息、评先评优和行业自律信息，以及专业论坛等内容，为会员提供更便利的服务平台。特别是企业风采栏目，展现了从业人员风采，为行业的创新发展创造了良好的文化氛围。

10. 继续当好企业与行业主管部门的桥梁

深入企业、邀请企业负责人交流，认真听取会员对行业现状的分析和诉求，搭建行业与政府交流的平台。坚持在政府指导引领下完善行业市场管理，做以服务为本、治理规范、行为自律的社会组织，提高对政府公共服务的水平和效率。

第二节　发展环境

一、经济环境

1. 营业收入总体规模扩大，人均收入有所下降

江西省工程造价咨询企业的全部营业收入为 27.14 亿元，比上年（19.24 亿元）增长 41.06%。其中，工程造价咨询业务收入为 12.93 亿元，比上年（11.60 亿元）增长 11.47%，占全部营业收入的 47.64%。在其他业务收入中，招标代理业务收入 3.31 亿元、项目管理业务收入 1.28 亿元、工程咨询业务收入 1.46 亿元、建设工程监理业务收入 8.16 亿元。2020 年全省工程造价咨询行业从业人员的人均营业收入为 28.10 万元，较上年增幅 12.78%，而去年较前年曾减幅 9.74%，总体表现为 2020 年江西省固定资产投资回暖，为工程造价咨询企业创造了良好的经济环境，企业健康发展，年总收入总体保持增长态势。

2. 各地区营业收入情况各异，南昌市领跑全省

2020 年江西省整体营业收入地区汇总情况可以看出，工程造价咨询行业在各地区间发展极不平衡，南昌市各项数据均领跑全省。

整体营业收入及工程造价咨询业务收入排在前列的分别是南昌市（20.76 亿元、9.45 亿元）、赣州市（2.63 亿元、1.06 亿元）、九江市（0.68 亿元、0.62 亿元），除南昌市独占鳌头，占全省整体营业收入的 76.49%，赣州市占比 9.70% 外，其余地区占比均在 5% 以下，地区差异显著。人均营业收入最高的三位是景德镇市、南昌市、赣州市，分别达到 50.88 万元、33.01 万元、23.76 万元，最低者为新余市 8.02 万元，极差达到 42.86 万元。在其他业务收入中，各地区工程造价咨询企业均拥有招标代理业务，南昌市和赣州市企业囊括列出的全部业务，且收入规模较大，仅有新余市和宜春市企业未接办建设工程监理业务，项目管理业务与工程咨询业务的缺席地区数量过半。萍乡市、吉安市涵盖两项业务，而新余市、宜春市仅拥有招标代理这一项其他业务，且收入规模较低，如表 2-13-3 所示。

2020 年江西省各地区工程造价咨询企业营业收入汇总表（万元）　　表 2-13-3

序号	地区	营业收入合计	工程造价咨询业务收入	其他业务收入					人均营业收入
				小计	招标代理业务	项目管理业务	工程咨询业务	建设工程监理业务	
合计		271408.38	129325.88	142082.50	33079.95	12799.57	14571.67	81631.32	28.10
1	南昌市	207593.78	94522.85	113070.93	25131.41	11747.57	12891.50	63300.46	33.01
2	景德镇市	2849.38	646.91	2202.47	174.90	0	51.98	1975.59	50.88
3	萍乡市	3950.49	2786.34	1164.15	759.64	0	0	404.51	22.57
4	九江市	6848.81	6237.72	611.09	386.69	179.44	0	44.96	17.08
5	新余市	1707.42	1536.05	171.37	171.37	0	0	0	8.02
6	鹰潭市	2594.667	1733.06	861.607	274.424	0	238.04	349.143	13.80
7	赣州市	26328.63	10608.73	15719.9	3321.08	868.26	837.12	10693.44	23.76
8	吉安市	6374.38	3868.21	2506.18	620.47	0	0	1885.71	15.86
9	宜春市	1768.77	1044.80	723.97	723.97	0	0	0	18.23
10	抚州市	3030.21	1689.50	1340.72	938.86	4.30	0	397.56	12.12
11	上饶市	8361.83	4651.72	3710.11	577.14	0	553.03	2579.94	17.49

二、技术环境

1. 创建大数据云计算平台

随着大数据时代的到来，建设相关企业可以直接进行企业私有云平台的搭建，对工程建设过程中各项目所涉及、生产的所有信息数据进行科学整合，通过平台实现信息数据的共享与相互利用，对各工程项目进行全面实施监管，确保处理工作的安全可靠性，并能够为相关工作人员提供相应的云计算服务等，以此来有效不断提升在工程造价方面的管理水平。随着社会建设进程的加快，江西省工程造价咨询企业在自身管理模式方面也在进行着探索与创新，以期能够满足发展需求，提高工程造价咨询行业服务质量水平。

2. BIM 技术的发展和应用将为造价人才的发展提供更大的空间

BIM 技术的应用在很大程度上推动了工程造价咨询企业的转变，实现了现代化的发展，将全过程有效渗透到工程造价管理中，保障了工程造价的实时性。BIM 技术的发展和应用将使造价人员从繁重的初级算量工作中解放出来，在更高端、更重要的工作方面投入精力，如方案对比分析、合同管理、过程动态控制等，通过这些高附加值的工作，对项目进行精细化的造价管控，为企业节省成本，从而体现行业价值。因此，造价人员应怀着积极的心态迎接 BIM 技术的大规模应用，正确认识新技术对专业带来的变化，跟踪 BIM 技术的发展应用，助力行业发展。

3. 全过程造价管理信息化平台是实现全过程造价管理的必要手段

建设项目工程总承包和全过程咨询对造价管理提出了新要求，实施单位需要将投资估算、设计概算、预算、招标控制价、过程进度款支付、结算等造价管理工作纳入一个平台进行统一管理，以便实现建设项目全过程的成本管控。全过程造价管理平台通过数据分解编码，并结合项目实施过程情况进行设计，对建设项目全过程的造价成果数据、合同及变动数据进行及时整理分析，可实现对建设项目全过程的造价进行精细化的管控。这种变化，对造价专业人员的知识结构和能力都提出了新的要求。

第三节　主要问题及对策

一、行业存在的主要问题

（1）没有明确的法律地位，管理部门分散

长期以来，造价咨询行业没有较为明确的法律地位，管理体制不够完善。从一个项目的决策阶段开始直到该项目结束，由多家单位分别管理，形成投资估算、施工预算等技术经济文件。从各方面来看，由于各个单位之间的立场和所获得的利益需求不同，导致最后形成的文件出现混乱、前后矛盾等情况。

（2）企业管理薄弱

大多数企业受到经济利益的驱使，很少考虑到企业的发展战略问题，不仅不利于企业把握整个行业的发展方向，也无法确定企业自身的发展方向，导致发展停滞不前。很多企业没有建立起较为完善的监督机制，内部管理不规范，工作人员素质较低，业务能力不熟练等。

（3）相关人员素质较低，缺乏人才

由于近几年市场对人才的需求越来越旺盛，导致工程造价咨询企业无法吸引更多的人才。企业缺乏相应的人才，技术能力不足，服务范围受到技术水平以及人员素质的影响，导致全过程造价的合理控制和业务控制难以胜任和完成。

（4）风险和责任意识不强

企业信用意识和品牌意识较为淡薄，对相关的工作人员没有约束，缺乏应有的责任意识和风险意识，企业本身的资产无法承担项目实施过程中有可能发生的各类风险，一旦发生和经济有关的问题，会产生严重的不良影响，阻碍企业的发展。

二、应对策略

（1）培养高素质的人才队伍

拓展相关工作人员的知识范围，改善人才培养模式，提高工作人员素质，加强相关人员获得注册造价工程师的机会；在行业中建立鼓励政策，促进企业做好人才储备，优化人才结构，形成具有高效率的专业人才团队；立足于科学技术的运用和各种网络平台的搭建，培养专业性人才，注重发展素质文化。

（2）提高企业核心竞争力

企业的核心竞争力决定着企业的发展，应紧随市场动态和技术发展趋势，明确自身的特点来应用新技术，提升技术发展水平及工作效率，形成独特的经营领域和范围。由于当前的市场竞争很激烈，需要不断进行学习，适应外部环境的变化发展，及时调整企业的发展战略。企业应从实际情况出发，树立科学健康的发展观念，营造良好的工作氛围和建设独特的企业文化，塑造良好的企业形象。

（3）加强信息化建设，提高服务水平

将高科技信息技术和网络技术应用到工程造价管理中，加快造价管理信息平台的建设。建立完善的工程造价信息数据库，运用专门的工程造价管理软件进行相关数据整理和统计，选择有实力的大型企业进行专业功能软件的合作开发，定制专门的造价软件进行使用。对于不具备条件的中小型企业则可以选择通用的专业软件进行使用。建立科学的信息系统，对于全过程咨询业务更要完善系统，拓宽服务范围。加强人才培养力度，通过学校和企业之间进行人才的培养和输送，培养既懂得工程造价知识，又精通计算机应用的多方位人才。

三、行业发展趋势

（1）咨询市场的建立和完善

随着建筑行业的专业化建设，对于内部缺乏完善的工程造价管理能力的建筑企业，工程造价咨询公司可以为其提供更加专业的造价管理服务，确保其获得工程造价数据信息的准确性与科学性。将工程总造价咨询从建筑工程行业单独分离出来，可以帮助相关企业降低管理成本，实现高效的工程造价管理。目前，我国的工程造价咨询市场已经有了一定的发展规模，未来肯定更加完善，工程造价咨询业务的独立运作是未来发展的必然结果。

（2）全过程管理的深入

随着我国基本国情、经济、法律的发展，在全寿命造价管理与全面造价管理的基础上发展而成的全过程管理，其具备的先进性更加符合我国现有市场的需求。全过程管理在工程造价的各个阶段都有相应的、相近的业务内容：在工程项目决策阶段编制投资造价估算，在设计阶段进行限额概算，在项目的实施阶段强化合同管理、注重招标投标与材料定价的造价管理，在工程竣工结算阶段进行公正客观的造价管理。全过程管理将工程造价管理进行细化，根据实际情况和工程项目特点在操作中给予适当的调整，能够降低造价管理成本，符合企业的利益需求。

（3）工程造价管理的专业化趋势

所谓的专业化并不是指由企业构建的工程造价管理团队缺乏专业素养，而是指在现阶段社会分工日益精细的环境下，出现了大量以工程造价管理为主营业务的独立法人以及第三方机构。这一趋势在我国发展的过程中已经持续了若干年，并且成为较为成熟的市场体系。且从发展现状与未来趋势看，专业的工程造价管理咨询与服务企业的业务范畴将更为具体，对于企业工程造价管理的深入程度也日益强化。

（本章供稿：邵重景、刘伟、花凤萍、刘小燕）

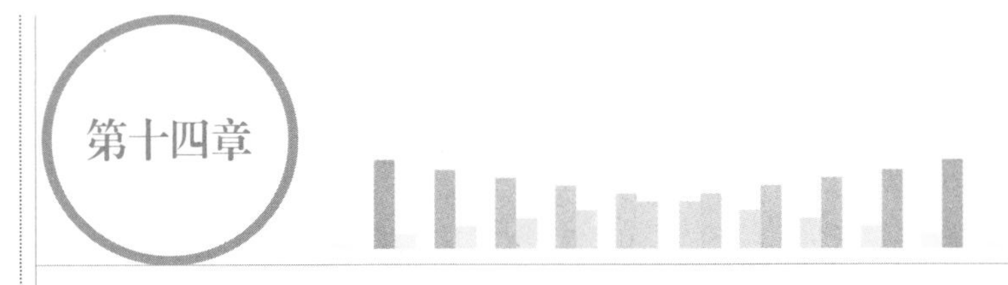

山东省工程造价咨询发展报告

第一节　发展现状

新时期，中国经济发展模式已从高速型转为高质量型，粗放型转为集约型，追赶型转为淘汰型，山东省坚持以习近平新时代中国特色社会主义思想为指导，全面贯彻党的十九大和十九届二中、三中、四中和五中全会精神，认真落实习近平总书记对山东工作的重要指示要求，坚持稳中求进工作总基调，坚持以供给侧结构性改革为主线，坚定践行新发展理念，扎实推动高质量发展，人民群众获得感、幸福感、安全感不断提升，全面建成小康社会取得新进展。全省国民生产总值（GDP）14.6 万亿美元，按可比价格计算，比上年增长 2.3%，人均生产总值 72447 元，增长 2.54%，按年均汇率折算为 10504 美元。

一、行业收入情况

2020 年，全省工程造价咨询企业完成咨询项目包括房屋建筑、市政、城市轨道交通、公路、水利等二十余个专业工程，业务范围涵盖工程建设各个阶段，企业上报的咨询业务经营收入合计 125.40 亿元，实现利润 7.26 亿元，其中工程造价咨询业务收入 62.50 亿元。

1. 咨询企业分布不均衡

截至 2020 年底，山东省具有造价咨询资质的企业共 764 家，工程造价咨询企业数量较多的 3 个市为济南、青岛、烟台，三市工程造价咨询企业数量和占全省 42.41%。省内各市工程造价咨询企业数量和实力分布不均衡。

2. 咨询收入多元化

764 家企业中有 239 家专营工程造价咨询企业，占咨询企业总数 31.28%；525 家企业开展除工程造价咨询外的其他业务，占咨询企业总数 68.72%；所有企业的营业收入中工程造价咨询收入占 49.84%，其他业务收入占 50.16%。

在其他咨询服务业务收入 62.90 亿元中，按业务类型划分，招标代理业务收入 15.64 亿元，项目管理业务收入 4.29 亿元，工程咨询业务收入 5.81 亿元，建设工程监理业务收入 37.16 亿元。

3. 房屋建筑工程咨询收入占主要地位

工程造价咨询业务收入 62.50 亿元，按专业划分，房屋建造工程专业收入 40.71 亿元，占全部工程造价咨询业务收入的 65.14%；市政工程专业收入 10.10 亿元，公路工程专业收入 2.57 亿元，其他各专业收入合计 9.12 亿元。

4. 工程造价咨询收入集中在实施阶段

工程造价咨询业务收入 62.50 亿元，按建设项目的全过程划分，前期决策阶段咨询收入 3.86 亿元，施工阶段咨询服务收入 9.81 亿元，工程结算阶段咨询收入 23.64 亿元，全过程工程造价咨询服务收入 22.06 亿元，工程造价司法鉴定收入 2.38 亿元，其他咨询服务收入 0.75 亿元。

5. 行业市场集中度提高，竞争日趋激烈

2020 年，造价咨询业务收入排名前 50 名的企业与上年排名企业相比总体呈现增长趋势，合计收入 27.42 亿元，占全省企业造价咨询收入的 43.87%。前 50 名企业市场份额占有率稳步增加，造价咨询业务市场集中度提高。

二、造价咨询企业发展现状

1. 从业人员数量稳步递增

2020 年末，工程造价咨询企业从业人员 45084 人，其中正式聘用人员 41271

人，占总数的 91.54%；临时聘用人员 3813 人，占总数的 8.46%。正式聘用员工占比增加，行业发展稳定。

2. 专业化程度有所提升

工程造价咨询企业中共有一级注册造价工程师 7424 人，占全部造价咨询企业从业人员的 16.47%；其他注册执业人员 6014 人，占全部造价咨询企业从业人员的 13.34%。

3. 技术力量不断增强

工程造价咨询企业共有专业技术人员合计 27844 人，占年末从业人员总数的 61.76%。其中，高级职称人员 4481 人，中级职称人员 13960 人，初级职称人员 9403 人，分别占比为 16.09%、50.14%、33.77%，高端人才比例不断攀升。

4. 社会贡献持续显现

2020 年，工程造价咨询企业完成的工程造价咨询项目所涉及的工程造价总额为 26941.97 亿元，工程竣工结算中核减不合理费用 1734.53 亿元，有效地控制了基本建设投资。造价咨询企业支付职工薪酬 65.95 亿元，上缴税金 7.26 亿元，应交企业所得税 1.32 亿元，为保障就业做出了贡献。

三、业务工作

1. 积极参与多元化纠纷解决机制建设

携手山东省各级法院创建多元化纠纷解决机制，优化行业营商环境，保护了工程造价咨询成果，维护了造价行业的法律地位。2020 年，接受山东省高级人民法院、济南市中级人民法院及历城区人民法院等委派案件 60 余件，其中成功调解案件 12 件；接受当事人自主委托调解或评审案件 9 件，其中成功 7 件；接受滨州市中级人民法院、烟台市中级人民法院等司法机关委托，成功评审案件 3 件。为表彰先进，树立典型，激励调解员继续发扬积极进取、奋发向上的精神，对 2020 年度在纠纷调解工作中表现突出的 28 名调解员进行了表彰。

2. 开展团体标准的编制、审查和发布工作

2020年1月，发布了团体标准《建设工程造价争议评审规范》T/LESC-01—2020、《建设工程造价咨询招标投标规范》T/LESC-02—2020、《预制混凝土构件生产企业星级评价标准》T/LESC-03—2020。

3. 开展企业信用评价工作

2020年，山东省60家造价咨询企业自主上报了信用评价资料，最终有48家企业被评定为3A级、7家企业被评定为2A级。2020年进行了第一批山东省资深会员的申报评选活动，上报资深会员46人。

4. 举办职业技能竞赛，带动行业队伍整体素质提高

2020年举办了山东省数字工程造价（安装专业）应用技能竞赛，竞赛分预赛和决赛两个阶段，预赛由各市竞赛组织机构组织实施，各市预赛的优胜者组成市级代表队进行决赛。

5. 出版山东省二级造价工程师职业资格考试实务科目培训教材

组织编写山东省二级造价工程师职业资格考试实务科目培训教材，教材分《建设工程计量与计价实务（土木建筑工程）》和《建设工程计量与计价实务（安装工程）》，目前已发行使用。

四、行业党建工作

为促进山东省工程造价咨询行业基层党组织设置从“有形覆盖”向“有效覆盖”转变，自2017年以来，引导会员单位连续开展了“新阶层 党旗红”工作品牌创建活动，并通过协会官网对先进单位的党建活动进行展示、宣传。2020年，97家单位被评为行业党建模范单位，该活动受到省委统战部的高度赞扬。

五、参与公益慈善活动

2020 年，我国脱贫攻坚战取得了全面胜利，区域性整体贫困得到解决，完成了消除绝对贫困的艰巨任务。本年度协会向扶贫村拨付资金 32 万元，用于村容村貌提升和农家乐基础设施建设。截至 2020 年底，协会通过基金会筹集扶贫资金 138.38 万元，已投入项目 62 万元，尚有 76.38 万元扶贫基金存放于山东省扶贫开发基金会爱心捐赠专用账户。通过消费扶贫方式，帮助对口帮包村进行农产品销售获得营业性收入 57.65 万元。协会对 2020 年参与“脱贫攻坚”活动的会员单位进行了表彰并颁发了荣誉证书。

第二节　发展环境

“新基建”带来的基本建设投资，为工程造价咨询业务的发展提供了广阔的市场。2020 年山东省统筹疫情防控和经济社会发展取得显著成效，经济展现出了强大的修复能力和旺盛的活力，新动能加速集聚，发展质效稳步提升，全年实现生产总值 73129.0 亿元，按可比价格计算，比上年增长 3.6%。

一、基础设施建设加速加力

高速铁路建设扎实推进，在建 6 条高铁，潍莱高铁建成通车，高铁通车里程达到 2110km。高速公路建设强力推进，公路通车里程 28.68 万 km，比上年增加 6489km。其中，高速公路通车里程达到 7473.4km，新增 1026km。水运建设成绩显著，沿海港口生产型泊位 607 个，其中新增万吨级以上深水泊位 14 个，累计达到 340 个。能源项目建设全力推动，原油、成品油、天然气管道里程分别为 3980km、2200km 和 6730km。可再生能源发电装机总容量 4541.2 万 kW，占电力总装机容量的 28.6%，比上年提高 6 个百分点；光伏、生物质发电装机居全国首位。

二、建筑业持续发展壮大

具有总承包和专业承包资质的有工作量建筑业企业 8081 家，比上年增加 782 家。其中，国有及国有控股企业 582 家，增加 28 家。建筑业总产值 14947.3 亿元，比上年增长 4.8%。

三、投资总体平稳增长

固定资产投资（不含农户）比上年增长 3.6%。三次产业投资构成为 2.3∶31.3∶66.4。重点领域中，民间投资增长 6.9%，占全部投资比重的 63.9%，比上年提高 2 个百分点；制造业投资增长 7.6%，对全部投资增长贡献率为 51.9%。新兴产业投资加速，“四新”经济投资增长 18.7%，占全部投资比重的 51.3%，比上年提高 6.5 个百分点；高技术产业投资增长 21.6%，其中高技术制造业、服务投资分别增长 38.1% 和 8.4%。

四、房地产市场健康运行

房地产开发投资 9450.5 亿元，比上年增长 9.7%。其中，住宅投资 7296.4 亿元，增长 9.4%。商品房施工面积 79791.9 万 m^2，增长 5.3%；住宅施工面积 58913.6 万 m^2，增长 5.3%。商品房销售面积 13271.7 万 m^2，增长 4.3%；住宅销售面积 11904.7 万 m^2，增长 4.2%。商品房销售额 11065.6 亿元，增长 7.7%。其中，住宅销售额 10109.6 亿元，增长 8.9%。年末商品房待售面积 2533.4 万 m^2，比上年末增长 4.1%。

第三节 主要问题及对策

一、存在的主要问题

1. 咨询企业规模偏小，经营范围狭窄

现有的工程造价咨询企业中小型数量较多，咨询企业规模偏小，提供服务同质化严重，只有少量发展好、有规模和能力的企业能提供多元化业务服务，大部分的咨询企业业务范围较为狭窄，咨询业务主要集中在工程项目前期咨询、招标代理、实施阶段造价咨询、竣工结算等分段式咨询服务，不能有效进行全过程工程咨询服务。

2. 造价咨询专业人才能力有待提高，知识需要更新

随着我国技术、经济快速发展，新技术、新材料、新工艺、新方法广泛推广应用于工程建设领域，传统造价咨询人员的专业能力和知识结构难以满足当下高端化、复合化、专业化、全程化的业务需求，难以胜任全过程咨询、知识面广、学科交叉的高端咨询服务工作，传统的造价咨询专业人才，依赖定额和软件的计量计价，对合同的理解不透彻，对工程总承包、全过程工程咨询、BIM 运用等理解不深入，缺乏体系化为服务方增值思维及专业技能。高学历人才在工程造价领域相对较少，与社会快速发展需求远远不相匹配，不能有效参与国际工程承发包市场竞争。

3. 造价信息共享度不够，造价数据库有待加强

工程造价咨询业数据通道未能打通，数据交换标准不统一，存在信息孤岛问题，行业内的造价信息共享及交换较差，工程计价信息及造价指标在行业内未进行有效的信息化处理，建立信息数据库的能力较弱。在造价信息数据采集过程中，存在信息员数量有限、信息可靠度不高、价格信息采集渠道单一等问题。

二、应对措施

1. 鼓励咨询企业扩大规模，拓展业务范围、培育全过程咨询标杆企业

推动综合实力较强的咨询企业纵横向拓展业务范围，开展工程建设全过程咨询，跨行业开展招标代理、监理、项目管理、会计审计、资产评估等其他咨询类业务，培育一批全过程工程咨询企业。构建“四新”应用引导机制、培育学习型企业，鼓励会员企业构建学习共同体，促进新技术资源的共享。

2. 建立多渠道多方式人才培养机制，促进会员企业员工素质提升

造价咨询专业跨度大、业务面广，涉及的因素多且复杂，对企业员工的素质和能力要求高，既需要具有深厚的专业技术和经济管理、法律法规、信息收集利用知识技能，还需要职业道德、谈判与沟通管理等综合知识技能。需要企业建立长期的员工素质和能力培训制度，形成多渠道多方式人才培养机制，进行新业务、新技术、新知识的学习、研讨和经验交流，着力培养和选拔一批懂技术、会管理、善谋划具有创新能力的咨询行业领军人才，以满足咨询业务拓展的需要。

3. 加快信息平台建设，推动行业信息化和互通互享

加快行业管理信息平台、行业服务信息平台和企业信息平台建设，通过行业管理信息平台提供服务、监督、管理，为相关方提供所需的行业信息；通过行业管理信息平台提供各类材料设备价格、造价指标、技术服务等，实现数据信息共享；鼓励企业建立造价大数据信息平台，通过该平台提高效率、降低成本。鼓励造价咨询企业推广应用 BIM 技术、云计算技术和大数据技术，提高项目管理的质量和效率，提高企业核心竞争力。

（本章供稿：于振平、荀志远）

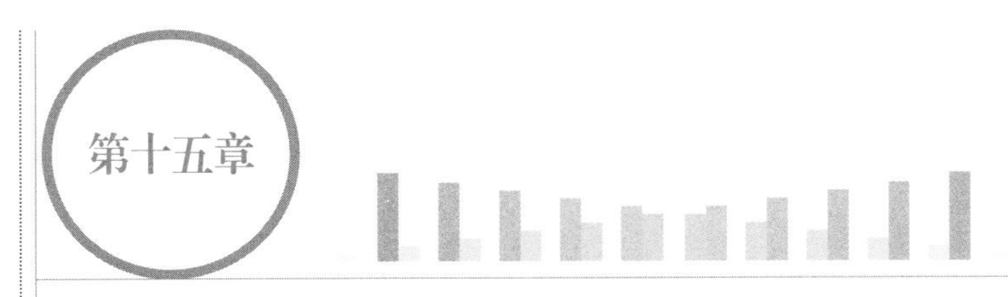

河南省工程造价咨询发展报告

第一节　发展现状

一、基本情况

1. 企业总体情况

截至 2020 年末，河南省共有 444 家工程造价咨询企业，其中甲级资质企业 203 家，占比 45.7%；乙级资质企业（含暂定乙级）241 家，占比 54.3%。专营工程造价咨询业务企业 179 家，占比 40.3%；兼营工程造价咨询业务企业 265 家，占比 59.7%。省内分布情况：郑州市 278 家，占比 62.6%；洛阳市 23 家，占比 5.2%；其他地市县 143 家，占比 32.2%。

2. 从业人员总体情况

截至 2020 年末，河南省工程造价咨询企业从业人员合计 37943 人，正式聘用人员 33875 人，占比 89.3%；临时聘用人员 4068 人，占比 10.7%。比 2019 年增加 16768 人，增长率 79.2%。工程造价咨询企业共有一级注册造价工程师 3957 人，占全部工程造价咨询企业从业人员总数的 10.4%。比 2019 年增加 716 人，增长率为 22.1%。工程造价咨询企业共有专业技术人员 23110 人，占全部工程造价咨询企业从业人员总数的 60.9%。其中，高级职称人员 4443 人，中级职称人员 11178 人，初级职称人员 7489 人，各类职称人员占专业技术人员比例分别为 19.2%、48.4%、32.4%。比 2019 年专业技术人员增加 10155 人，增长率 78.4%。一级造价工程师考试通过 3671 人，其中土建安装工程 3466 人，交通运输工程162人，水利工程43人。比2019年通过人数增加1803人，增长率为96.5%。

3. 行业营业收入情况

截至2020年末，河南省工程造价咨询企业完成工程造价咨询项目涉及的工程造价总额约为15955亿元，工程造价咨询业务收入为25.54亿元，比2019年增加2.44亿元。按涉及专业类别划分，房屋建筑工程专业收入15.65亿元，占全部工程造价咨询业务收入比例为61.3%；市政工程专业收入5.12亿元，占20%；公路水利水电及其他专业收入4.77亿元，占18.7%。按工程建设的阶段划分，前期决策阶段咨询业务收入1.89亿，占7.4%；实施阶段咨询业务收入7.52亿元，占29.5%；竣工决算阶段咨询业务收入9.20亿元，占36.0%；全过程工程造价咨询业务收入5.06亿元，占19.8%；工程造价经济纠纷的鉴定和仲裁的咨询业务收入1.34亿元，占5.2%；其他工程造价咨询业务收入0.53亿元，占2.1%。河南省收入排名前30的工程造价咨询企业造价咨询业务收入合计11.65亿元，占全部工程造价咨询业务收入比例的45.6%。收入排名前30的企业中有29家注册地位于郑州市。工程造价咨询企业收入1亿元以上有1家，占比0.2%，工程造价咨询企业收入五百万元以上有115家，占比25.9%。

二、工作情况

1. 持续做好会员发展和服务工作

发挥行业协会职能，号召会员单位为疫情防控一线捐款捐物，贡献力量。各会员单位共捐赠防疫资金333.71万元，防疫物资价值13万余元；组织开展了《疫情下数字经济驱动造价行业变革》网络公益讲座、《河南省工程造价咨询企业ERP系统》网络培训，会员共参与3000余人次；配合省定额站每双月按时发布河南省建设工程材料价格信息，供会员单位免费下载使用。建立会员单位微信工作群和QQ工作群及信用评价QQ工作群，为会员提供及时的行业信息服务；充分发挥桥梁纽带作用，完成省住房和城乡建设厅、省定额站交办的各项工作，做好主管部门的思想库、智囊团，对政府部门发布的各项调查问卷、征求意见进行收集、整理、汇报，耐心听取会员单位的困难、呼声和建议并及时向主管部门反映。

2. 开展河南省工程造价咨询企业信用评价工作

2020年，共3批19家会员单位参加了信用评价工作，目前合计82家会员单位参加并获得了信用评价等级，会员单位参评率85%以上。制定《河南省工程造价咨询企业信用评价自主评价细则》，鼓励和引导会员单位扎实工程造价业务，积极开展党建、工会活动，注重人才培养与团队建设，稳妥拓展造价外延业务。

3. 组织开展了河南省第三届"匠心杯"工程造价技能大赛

全省共4000余名工程造价从业人员参加了河南省第三届工程造价技能大赛。历时3个多月，14个省辖市的16支代表队近百人进行了决赛，决出了团体和个人一、二、三等奖，为行业营造了良好的人才培养氛围。

4. 加强党建工作与自身学习

协会秘书处加强党建学习，由定额站派驻党建指导员，目前有正式党员1名，预备党员2人。同时制定各类规章并定期学习，树立服务意识，及时处理会员诉求，为会员做好各项服务。

第二节　发展环境

一、专业政策环境

2020年3月，住房和城乡建设部正式发布《住房和城乡建设部关于修改〈工程造价咨询企业管理办法〉〈注册造价工程师管理办法〉的决定》(住房和城乡建设部令50号)，取消了"双60%"的规定。打破了工程造价咨询企业进入资本市场的政策限制，对工程造价咨询行业的发展产生了重大的影响。在工程造价行业不断深化改革的大环境下，河南省也推行了各项改革举措：

(1) 出台河南省工程造价改革方案，完善工程计价依据发布机制，取消最高投标限价按定额计价规定，推动建立通过市场竞争形成工程造价新机制。

(2) 强化建设单位造价管控责任，严格施工合同履约管理。

（3）2020年8月31日河南省住房和城乡建设厅发布《关于落实工程造价咨询企业“证照分离”改革全覆盖试点工作的通知》，率先作为全国性试点地区试行工程造价资质告知承诺制，在郑州、开封、洛阳自贸区范围内直接取消工程造价资质审批，加强事中事后监管。

（4）制定22项地方标准和3项定额，完善了地方标准体系。

（5）2020年1月29日河南省发展和改革委员会制定了《河南省省级政府投资项目概算管理暂行办法》。

二、经济环境

1. 宏观经济环境

2020年全省生产总值54997.07亿元，比上年增长1.3%。固定资产投资比上年增长4.3%，其中基础设施投资增长2.2%，民间投资增长2.5%，工业投资增长2.7%。大力推进新型基础设施、新型城镇化和交通、水利、能源等领域8280个重大项目建设，省重点项目完成投资超过1万亿元。

2. 建筑与房地产业经济形势

2020年全省建筑业总产值达到13122.55亿元，比上年增长3.3%；建筑企业新签合同额15935.00亿元，增长10.1%。2020年房地产开发投资7782.29亿元，比上年增长4.3%；其中，住宅投资6453.00亿元，增长6.6%。商品房待售面积2628.52万m^2，增长3.9%；其中，商品住宅1721.68万m^2，增长1.6%。城镇保障性安居工程住房基本建成25.39万套，新开工16.65万套。亿元及以上固定资产投资在建项目9490个，完成投资比上年增长6.8%。

三、技术环境

1. 城市精细化、智能化管理水平不断提升

河南省17个省辖市数字城市管理平台与住房和城乡建设部平台联网，全年处理事件超过800万件。住建系统不断推动科技攻关，形成一批绿色施工、建筑信息模型（BIM）技术等集成应用的示范工程。

2. 推动信息化技术发展与应用

组织制定了《河南省房屋建筑和市政基础设施工程信息模型（BIM）技术服务计费参考依据》。持续发布“河南省建筑材料价格信息数据”。

3. 强化行业监管，推进信用体系建设

通过“河南省工程造价咨询市场监管信息系统”、统计报表报送、“双随机”抽查等方式强化行业监管，推动行业信用体系建设。

第三节　主要问题及对策

河南省是人口大省，造价咨询行业从业人数近 4 万人，造价咨询企业数量在全国属中上游。但造价行业整体营业收入与全省固定资产投资的比值却呈现较低的水平，造价咨询企业的平均年收入增长率、人均营业收入及行业利润增长率呈现降低和大幅波动趋势。

一、面临的主要问题

目前，河南省造价咨询企业不论从数量、规模、收入、利润等方面，与行业发展较好的地区相比仍存在差距。主要面临以下问题：

1. 企业自身发展水平有限，业务范围单一

省内大部分企业属于中小企业，企业的资金实力、技术条件和技术创新能力都较为欠缺，经营理念较为落后，因此未能形成部分兼具品牌和专业实力的大型龙头企业。

2. 复合型人才短缺

造价咨询企业从业人员的专业技术能力及服务水平有限，无法为业主提供高附加值的服务。在诸如项目经济评价、优化设计、施工方案、全寿命周期造价管理及索赔、风险管理、房地产评估等方面，缺乏高素质的复合型人才，无法满足全过程工程咨询的需要。

3. 市场机制不够完善，存在部分不规范竞争

当前造价咨询行业的市场环境在信用建设、价格形成、风险防范、仲裁等方面还不够完善，同时由于近年工程造价咨询企业数量激增，市场竞争愈发激烈，部分企业恶意低价承接业务，造成服务质量低下，损害了造价行业市场的良性竞争秩序。

4. 行业信息化程度偏低

行业在信息系统建设方面仍然较为薄弱，信息壁垒尚未打破，造价信息互联互通、数据共享及数据间的交换较差。工程计价信息的标准化、时效性不佳，工程计价信息及造价数据化指标在行业内未能进行有效的信息化处理，还处于碎片化的阶段。企业之间、部门之间的平台数据难以共享，不同的计价软件及计量软件之间无法实现数据的无缝对接。

二、有关对策

针对行业面临的问题，需要采取各项措施，推动行业的健康发展。

1. 鼓励造价咨询企业创新发展

通过政策引导鼓励造价咨询企业不断创新，建立健全以决策程序、风险控制、人才培养、收益分配、执业网络协调为重点的内部管理制度，探索建立全生命周期、全过程造价咨询服务模式，不断提高自身的专业实力与发展水平，增强市场竞争力。

2. 重视工程造价行业人才队伍建设，完善人才培养体系

在全省范围内搭建行业沟通交流平台，建立行业人才培养联动机制，分层分类开展教育培训、论坛交流活动，重点推进“师资库、课程库”建设。开展造价行业高端人才培养模式研究，培养一批既懂造价又懂管理、财务和法律方面的复

合型造价工程师，建立高端人才培养、使用和管理机制，发挥高端人才的行业引领作用。

3. 加强行业自律，营造良好的市场环境

深入推进行业信用体系建设，完善行业自律管理办法，研究配合搭建全国统一的自律信息、信用信息平台，营造良好的市场环境，促进行业良性发展。

4. 建立工程造价纠纷调解机制

建立工程造价纠纷调解委员会，发挥工程造价行业专家的专业优势，把工程造价纠纷化解在萌芽状态，切实维护市场各方的合法权益。

5. 提高行业信息化水平，建立大数据平台

健全工程造价市场监管、材料价格信息、工程造价指标管理系统，实现工程造价数据互联共享，形成工程造价大数据库。逐步形成工程全生命周期的专业大数据，满足政府投资项目估算、概算、最高投标限价、建筑材料市场预测等不同层级的需求。

（本章供稿：高丽萍、金志刚、王新民、魏冬梅、吴桂兰、王书定、杨飘扬、高润喆）

湖北省工程造价咨询发展报告

第一节　发展现状

一、行业总体情况

1. 企业总体情况

湖北省工程造价咨询企业共365家，具有甲级工程造价咨询企业资质等级214家，乙级151家。取得工程监理企业资质资格的企业34家，工程咨询企业78家，工程设计企业10家。设立了分公司企业有109家。

企业所有制形式国有独资及国有控股5家，其他均为有限责任公司。企业注册资本情况：500万元以下（含500万元）273家，500万～1000万元（含1000万元）53家，1000万元以上39家。

2. 从业人员总体情况

2020年，企业总从业人数14929人，50人以下（含50人）：292家，50～100人（含100人）：55家，100～200人（含200人）：8家，200人以上10家。正式人员14193人，占总从业人员的95.07%，临时工作人员736人，占总从业人员的4.93%。在湖北省造价咨询企业注册的一级造价工程师3140人（土木建筑工程专业2738人，占比87.20%；安装工程383人，占比12.20%；交通运输6人，占比0.2%；水利工程13人，占比0.40%），其他专业注册执业人员1414人，高级职称人员1488人，中级职称5306人，初级职称1368人。

3. 业务收入总体情况

2020年度全省完成工程造价咨询工程量10469.66亿元，因受新冠病毒疫情影响，较上年下降20.23%（负增长），企业营业收入37.90亿元，较上年下降0.99%；实现工程造价咨询业务收入27.15亿元，较上年下降5.7%（负增长）；全员劳动生产率25.39万元/人。365家企业中未盈利企业63家，盈利500万元以上企业10家。获得政府补助的企业71家，政府补助总额1083.6241万元，其中公有经济形式的造价咨询企业3家，非公有经济形式的造价咨询企业68家。

二、标准建设与工作制度

1. 主要工作

按照《湖北省建设工程造价咨询协会资深造价工程师评定办法》规定，完成了评审湖北省2020年度资深造价工程师工作。为适应工程造价改革，助力企业适应新形势变化，应对数字时代的竞争，构建企业数字化转型新模式，举办了工程造价改革暨项目BIM数字化应用交流会。为引导广大专业人员正确理解和把握关于新冠肺炎疫情发生以来的工程造价文件精神，组织了《新冠肺炎疫情影响下的工期与费用索赔》的公益网络直播活动。为引导工程造价咨询企业充分发挥专业优势，提升整体水平，推动工程造价咨询行业高质量发展，免费网络直播宣贯《工程造价咨询企业服务清单》CCEA/GC11—2019。

2. 公益服务

为了稳定造价咨询行业发展，做了大量稳岗就业促发展的务实工作，组织召开疫后湖北工程造价行业发展分析会，发起抗击疫情稳定发展共克时难问卷调研的社会调查，免收会员单位2020年度会费。先后颁发多个疫情防控文件：《湖北省建设工程造价咨询协会关于进一步做好新型冠状病毒感染的肺炎防控工作的通知》（鄂建造咨〔2020〕01号）、《疫情防控捐赠倡议书》（鄂建造咨〔2020〕02号），全面落实抗疫政策。面对疫情，全省造价咨询企业勇于担当，分担社会责任，尽职履责，全面实现造价咨询行业目标。据统计，会员单位和个人通过各种渠道捐款赠物折合人民币累计达800余万元。

3. 地方标准建设

2020年，湖北省住房和城乡建设厅、市场监督管理局联合组织完成了《湖北省建设工程造价咨询质量控制规范》DB42/T 823—2021的修订工作。湖北省住房和城乡建设厅审查修订了《湖北省仿古建筑工程消耗量定额及全费用基价表》。协会修订了地方标准《湖北省建设工程造价咨询质量控制规范》DB42/T 823—2012。

4. 诚信建设

积极引导造价咨询企业参评各级行业自律组织的信用评级活动，参加信用评价企业130家，其中取得中国建设工程造价管理协会3A信用单位共90家，取得湖北省建设工程造价咨询协会3A级机构71家。引导造价工程师申请资深荣誉，取得中国建设工程造价管理协会资深会员60人，取得湖北省建设工程造价咨询协会资深造价工程师45人。

第二节　发展环境

2020年，新冠疫情肆虐，为振兴湖北经济，湖北省委、省政府以及行业管理部门制定了一系列政策文件:《湖北省防控新型冠状病毒感染肺炎疫情财税支持政策》(鄂政办发〔2020〕4号)、《关于印发湖北省促进经济社会加快发展若干政策措施的通知》(鄂政发〔2020〕6号)、《关于印发应对新冠肺炎疫情影响促进普通高校毕业生就业创业工作若干措施的通知》(鄂政办发〔2020〕11号)、《关于全力以赴坚决打赢我省新冠肺炎疫情防控阻击战的意见》《关于更大力度优化营商环境激发市场活力的若干措施》《关于印发进一步激发市场主体活力若干措施的通知》(鄂政办发〔2020〕35号)、《关于印发湖北省"擦亮小城镇"建设美丽城镇三年行动实施方案(2020—2022年)的通知》(鄂政办发〔2020〕54号)、《关于取消和调整省级行政许可等事项的决定》(鄂政发〔2020〕10号)、《湖北省发展改革委关于印发支持全省服务业疫后加快发展若干意见的通知》(鄂发改服务〔2020〕115号)、《湖北省财政厅关于政府采购支持中小企业发展的实施意见》

（鄂财采发〔2019〕5号）、《关于发布“装配式混凝土建筑工程垂直运输补充预算定额（试行）”的通知》（鄂建标定〔2020〕21号）等。

对《湖北省市政公用设施维修养护工程消耗量定额及全费用基价表》项目设置征求意见，《湖北省建设项目总投资组成及其他费用定额》向社会征求意见，完成“2018版建设工程计价定额勘误表”，校核《湖北省房屋建筑和市政基础设施项目工程总承包管理实施办法（送审稿）》。

湖北省人民政府《关于印发湖北省数字政府建设总体规划（2020—2022年）的通知》要求，整合集成全省住房和城乡建设行业信息资源，构建“数字住建”，实现信息共享、业务协同，大力推进住建行业治理体系和治理能力的现代化。

《湖北省国民经济和社会发展第十四个五年规划和2035年远景目标纲要》指出，要加强数据资源实时共享和业务系统互联互通能力，推动大数据在城市治理领域的应用创新。加快物联网技术在城市基础设施领域的应用，部署建设感知互联设施，推进基础设施智能化。加大信息资源开发共享力度，构建政企数字供应链，有力支撑城市应急、治理和服务。

2020年，面对疫情汛情、严峻复杂外部环境的多重冲击，湖北省委、省政府带领全省上下，深入贯彻习近平总书记关于统筹疫情防控和经济社会发展的系列重要讲话精神，坚持把扩大有效投资作为稳住经济基本盘的“头号工程”，认真做好复工复产、中央一揽子支持政策对接落实、补短板强功能“十大工程”谋划推进等工作，有力推动全省投资逐月回升、逐季向好。

投资增速稳定恢复。全年投资运行呈现低开高走、回升强劲的整体态势。受疫情影响，全省投资增速于一季度探底至-82.8%，随后保持逐月回升，特别是单月投资增速自7月转正后始终保持着两位数增速，投资回稳态势不断巩固。全年投资同比下降18.8%，降幅较一季度累计收窄64.0个百分点。

重大项目支撑有力。按照“能开则开、能早则早、能多则多、能快则快”的原则，以超常规力度抓项目、抓进度，夯实投资增长的项目支撑。湖北省委、省政府督办的重大产业项目、省级重点项目分别完成242.5亿元、2879.0亿元，均超额完成全年投资计划。全年共争取中央预算内投资277.1亿元（同比增长21.2%），安排中央预算内投资项目2750个，总投资1861.6亿元；全年共发行地方政府专项债项目818个、发行债券1530亿元，带动完成投资7266亿元。积极谋划推动疫后重振补短板强功能“十大工程”项目6114个、总投资2.3万亿元，已开工 2770 个，完成投资 3782 亿元。从先行指标看，2021 年投资项目支撑稳固，全省通过政务服务网共申报审批项目 54529 个、总投资 77585.25 亿元，分别同比增加 29.91%、31.54%。

全年具有总承包和专业承包资质建筑企业完成总产值 16136.10 亿元，下降 5.0%；全年新签合同额 22055.89 亿元，增长 9.1%。全年固定资产投资——基础设施投资、工业投资和房地产开发投资分别下降 22.8%、23.9% 和 4.4%。商品房销售面积 6587.83 万 m^2，下降 23.4%；实现商品房销售额 6087.90 亿元，下降 21.5%。全省亿元以上新开工项目 3649 个，下降 7.7%，亿元以上项目完成投资额下降 21.2%。

第三节　主要问题及对策

《住房和城乡建设部关于修改〈工程造价咨询企业管理办法〉〈注册造价工程师管理办法〉的决定》的全面实施，造价咨询企业面临：降低门槛，加速中小企业涌入，市场竞争将更加激烈；资本市场放开，咨询行业投资主体多元化，民营咨询企业生存空间愈加艰难，促使造价咨询业加速洗牌；大量资本市场介入或引入，人才竞争愈加激烈；项目代建、项目代建管理、建设项目全过程管理咨询融合时代来临。这些造价咨询企业带来了前所未有的机遇，同时也带来极大的挑战。

在机遇与挑战面前，造价咨询企业应以“服务为前提、市场为主轴、人员为核心、技术为基础、合规为保证”，全面提升造价咨询企业市场竞争、优质服务、合规执业、风险管控。造价咨询企业的主要技术力量为具有准入执业资格的注册造价工程师，按要求造价工程师应是懂经济、晓法律、会技术、知财税、有管理、实际经验丰富的复合型专业技术管理人才。造价工程师应从投资的角度全面参与介入建设项目建筑活动的全过程，包括投资决策、建设管理、建设程序、招标采购、履约监管等项目建设全过程。

面对降低门槛，造价咨询企业应固守造价与咨询已有业务，顺势开展产业链的横向延伸，打破产业边界，探索“造价 + 咨询（前期咨询、招标代理、工程监理、项目管理、代建管理）+ 财务（注册会计师）+ 税务（税务师）+ 法律（律师）”

新联合的多元化组合模块方式，提供多角度、一体化、全方位的全过程工程咨询服务新模式，提供高附加值的新服务，推动造价与咨询业做大做强。造价与咨询业正在从静态向动态综合转变，由碎片单一式到参与集成化全方位管控的转变，造价与咨询的工具由传统手段与经验结合向高科技转化、转变。创新模式，提升能力，打造具有高素质人才的复合型专家团队，立足专业、敬业、精业，脚踏实地夯实企业的传统筑底业务，与时俱进，更新业务范畴，稳步赢得客户以及社会的认可度，确保在改革浪潮之中立于不败之地。

（本章供稿：张其涛、恽其鋆）

湖南省工程造价咨询发展报告

第一节　发展现状

一、发展现状

1. 行业发展水平

（1）总体情况

截至 2020 年底，全省共有工程造价咨询企业 352 家。其中甲级 175 家，占全省企业数量的 49.72%；乙级 177 家，占全省企业数量的 50.28%。省外企业在湖南省登记设立分公司开展造价咨询业务的共 53 家。新修订的《工程造价咨询企业管理办法》实施后，2020 年新申请造价资质的企业达到 74 家。

（2）规模企业情况

2020 年全省规模企业（造价咨询业务收入超过千万元）数量 68 家，规模企业占全省企业总数的比例为 19.30%，业务收入占总收入的 44.39 %，产值突破亿元的企业 1 家，接近亿元的 2 家。全省 352 家工程造价咨询企业中，238 家企业同时具有其他一种或多种资质。其中具有工程监理资质的有 87 家，占 24.71%；具有工程咨询资质的 192 家，占 51.54%；具有工程设计资质的 31 家，占 8.80%，其他占 14.95%。

2. 从业人员情况

截至 2020 年底，全省工程造价企业从业人员共 23532 人，较上年度同比增长 79.78%。全省共有全国注册一级造价工程师 6338 人，较上年度同比增长

9.31%，其中注册在咨询企业的3169人，占注册造价工程师总数的50%。大力治理注册造价工程师“挂证”乱象，引导企业开展自查自纠，自清理违规“挂证”工作开展以来，注册造价工程师注销注册达1074人次，其中咨询企业的挂证人员240人次，督促“挂证”人员转回企事业单位达300人次，治理成效明显。

3. 行业收入情况

2020年度，全省工程造价咨询业务收入27.16亿元，较上年度同比增长13.45%。造价咨询业务收入按专业领域划分，其中房屋建筑工程占55.59%，市政工程占20.28%，城市轨道交通工程占1.55%，其他占22.58%。造价咨询业务收入按服务内容划分，其中前期咨询占13.29%，概预算编审占22.75%，结算审计占35.71%，工程造价经济纠纷鉴定和仲裁等占2.1%，其他占26.15%。

二、工作情况

1. 突出党建引领全局

为促进会员企业的党建工作，自2018年开始，在行业开展“诚信服务精神文明示范企业创建”活动过程中，结合湖南省住房和城乡建设厅重点调研课题“基层党建+”，在创建内容设置上有特色地设置了党建工作评比内容，鼓励企业逐步建立健全党支部，充分发挥党建在企业发展中的引领带头作用。通过开展创建活动，企业支部建设逐步完善，党员数量不断增加，参建企业70%已成立党支部。企业“党建促发展、发展靠党建”，各项工作不断焕发新的生机与活力，全面提升了行业党建工作水平，得到湖南省文明委、直机关工委及住房和城乡建设厅有关领导的高度认可。

2. 行业发展向快向好

(1) 大力推动诚信体系建设，以监管推动质量

严控造价成果文件编制质量关，在事中事后监管上持续发力，对成果文件检查的标准进行了科学细化，制定了新的成果文件检查标准，组织了两次工程造价咨询成果文件质量检查，抽查了193家企业的193个项目成果文件，通报表扬51家企业、通报批评30家企业、责令整改30家企业，对相关个人也进行了相

应通报，极大提高了行业自律能力，开拓市场监管新模式，推动造价咨询行业向快向好发展。

注重“管”“服”结合，联合湖南省财政投资评审中心对2019年度省本级财政投资项目评审情况进行了通报，约谈了服务质量不合格46家企业。开展了2020年度工程造价咨询企业信用评价工作，共有13家企业被评为3A，3家企业被评为2A，1家企业被评为1A，到目前为止，全省共有239家企业参加了信用评价，其中122家企业评为3A，107家企业评为2A，10家企业被评为1A，营造了良好的造价咨询市场从业环境。

以湖南省造价咨询行业诚信服务精神文明示范企业创建活动为契机，三年来累计评选36家行业示范企业，选树了一批行业标杆，规范了企业行为，强化了各企业看齐意识，使企业参之有标、学之有样。同时通过开展创建活动，将诚信建设意识在全行业辐射，加强了行业威信，提高了行业认可度，增进了行业凝聚力，形成了“言必诚信”的良好从业氛围，为行业健康可持续发展注入强劲动力，为今后业务指导和行业建设夯实了基础。

（2）高度重视人才队伍培养

顺利完成湖南省2020年度全国二级造价工程师职业资格首次考试，共13687名考生参考；为提高造价咨询从业人员业务水平，本着为会员服务的理念，举办了多种形式的培训班，对湖南省注册的全国造价工程师和经全国造价工程师执业资格统一考试合格但尚未初始注册的人员开通了网络教育学习（含往年的补训）平台，共有4573人参加了2020年网络继续教育学习，1056人参加了往年的补训。

采取线下培训线上同步直播的方式，举办了2020年《湖南省建设工程计价办法》《湖南省建设工程消耗量标准》宣贯交底培训，400余名工程造价从业人员参加了线下培训，26683人参与线上同步直播培训；举办了2020年二级造价工程师考前培训班（土建、安装专业），共计620余名造价从业人员参加；为适应当前EPC总承包模式下全过程工程咨询服务，进一步提升企业竞争力，邀请著名专家教授进行了题为“EPC工程总承包方式对造价行业的机遇与挑战”专题讲座，共计300余人参加。

（3）持续强化技术服务能力

为了进一步提高建设工程造价领域学术理论研究水平，对2018年度确定的

《当前形势下工程造价咨询企业的生存与发展》《全过程咨询中工程造价咨询企业的地位和作用》两个课题，召开中期检查报告会。

2020年共征集论文60篇；组织专家进行评选，评选出一等奖2篇、二等奖9篇、三等奖19篇、优秀奖13篇、组织奖2个。

持续开展工程造价信息数据监测和信息发布课题研究，全年在《国家建设工程造价数据监测平台》实时上报项目成果文件数据8539个；主动争取成为全国四个试点省份之一，积极参加住房和城乡建设部标准定额司组织的《全国市场价格信息发布平台》建设研究；组织召开专题会议撰写了《湖南省BIM技术造价应用现状的报告》，为BIM技术的应用与造价行业的结合发展探索方向；承办了《定额与造价》的编印和发行工作，2020年度共编印和发行6期《定额与造价》期刊，共向会员单位发放9880本。

3. 社会公益持续升温

（1）强力驰援疫情防控

新冠肺炎疫情期间，积极组织市州主管部门、行业协会发动工程造价咨询企业，先后募集54余万元善款及物资送到抗疫一线，在新疆吐鲁番市疫情防控任务艰巨、医疗物资紧缺时，积极联系湖南援疆前方指挥部、防疫物质筹备工作组，发动造价咨询行业十家爱心企业，共捐助10万只N95口罩支援新疆吐鲁番市抗疫。

（2）深度参与脱贫攻坚

先后组织向重庆市“阿依土豆”支教项目，湖南省民政厅“五个专项行动”的贫困兜底户、需要做手术的白内障患者和需要安装假肢的残疾户，捐献和资助资金9万余元；向行业发出“人文住建”消费扶贫活动倡议，引导组织会员单位购买扶贫点农产品10万余元，为助力打赢脱贫攻坚战、推进实施乡村振兴战略做贡献。同时，各企业还纷纷动员员工主动参加资助贫困学子、组织看望“慢天使”、慰问贫困户和留守儿童等各类活动，社会公益逐步成为行业人人参与的自觉行动。

第二节　发展环境

一、政策环境

1. 持续推进造价立法

根据湖南省政协20名代表提出的造价立法建议提案，采取电话沟通、登门拜访、座谈交流等方式多次进行沟通和交流，深入部分市（州）进行调研，广泛听取发展改革、财政、审计、交通、水利、电力、人防以及工程造价咨询企业等方面的意见和建议。会同湖南省司法厅前往宁夏回族自治区，学习宁夏回族自治区工程造价立法工作经验和做法。在汇集各方意见、经过充分论证的基础上，修改完善形成了《湖南省建设工程造价管理条例（草案）》，湖南省人民政府已将条例立法列入2021年立法调研论证项目，立法各项工作正积极推进中。

2. 发布系列政策文件

近年来，为积极推进工程造价咨询行业法制化建设，在《湖南省建设工程造价管理办法》（省人民政府令第192号）的基础上，湖南省政府陆续发布了《湖南省人民政府办公厅关于推进工程总承包发展的指导意见》（湘政办发〔2017〕58号）、《湖南省人民政府关于取消一批行政许可事项的通知》（湘政发〔2018〕8号）、《湖南省人民政府办公厅关于印发〈工程建设项目审批制度深化改革实施方案〉的通知》（湘政办发〔2019〕24号）等多部文件，湖南省住房和城乡建设厅也陆续制定颁发了《湖南省住房和城乡建设厅关于进一步下放省直管项目管理权限的通知》（湘建建〔2018〕117号）、《湖南省住房和城乡建设厅关于印发〈湖南省政府投资房屋建筑和市政基础设施项目建设期工程造价全过程管理办法〉的通知》（湘建价〔2018〕61号）、《关于印发2020〈湖南省建设工程计价办法〉及〈湖南省建设工程消耗量标准〉的通知》（湘建价〔2020〕56号）等一系列文件，为推动法制化行业建设提供了良好的政策环境。为进一步规范全省房屋建筑和市政基础设施工程造价咨询招标投标活动，防止咨询企业恶性竞争，制定印发了《湖南省住房和城乡建设厅关于印发〈湖南省房屋建筑和市政基础设施工程造价咨询招标评标暂行办法〉的通知》，系全国第一个发布相关文件的省份，为维护招标投标当事人合法权益提供了有力保障。

二、技术环境

1. 计价依据编制成效显著

为进一步规范建设工程计价行为，合理确定和有效控制工程造价，维护工程建设各方的合法权益，围绕新型城镇化等工作重点，扎实推进计价依据编制工作。历时两年多时间，2020 年《湖南省建设工程计价办法》《湖南省建设工程消耗量标准》编制及宣贯交底培训工作圆满完成，已于 2020 年 10 月 1 日起执行。《湖南省城市轨道交通工程消耗量标准》和《湖南省城市照明设施维护工程消耗量标准》编制进入尾声，启动了《湖南省房屋建筑改造加固及大中修消耗量标准》《湖南省城市雕塑工程消耗量标准》编制工作，开展了《湖南省房屋建筑与装饰工程概算指标》前期调研、立项工作，逐渐形成完善了具有湖南特色的建设工程计价依据体系。

2. 智慧工地、大数据、BIM 技术稳步推进

积极响应国家战略，以形成智能制造体系为目标，推动传统产业转型升级，在工程建设相关领域，建成各类智能生产基地。智能制造随之带来建造方式的变化，引起计价方式的不同，已部分构建与智能制造适配的计价体系。

近年来，建设工程项目实施“智慧工地”管理系统呈增长趋势，智慧工地的实施有效促进互联网 +、大数据、人工智能同建筑业深度融合，进一步推动建筑业向信息化、智能化和精细化方向转变，打破“信息孤岛”，提高管理效率。

3. 造价服务信息化建设不断提速

高度重视信息化在推动造价管理工作的作用。以打造“湖南数字造价管理”为目标，高效优质完成《湖南省建设工程电子数据标准》编制，这是全国首次实现不同计价软件所生成计价文件可以互导互编的建设工程造价数据规范领域统一标准，将为电子招标投标提供技术支持，积极推动电子化招标投标工作顺利开展。

第三节　主要问题及对策

一、存在的问题

随着全过程工程咨询、EPC总承包模式的不断推进，在国家严控财政债务、实施政府投资项目全面预算绩效管理的政策下，建设单位越来越看重咨询企业在投资控制中的主动控制作用，新的需求给咨询带来新的机遇也带来新的问题。

（1）随着我国市场化改革政策的推进，工程造价咨询企业资质取消的新趋势，倒逼着整个行业进入“拼人才、拼数据、拼服务”的新阶段。行业恶意低价竞争的现象依然严重，不利于工程造价咨询行业的健康高质量且可持续的发展。

（2）在全过程工程咨询的浪潮中，尤其是湖南省住房和城乡建设厅2020年7月发布《关于推进全过程工程咨询发展的实施意见》（湘建设〔2020〕91号）以来，全过程工程咨询竞争愈发激烈。造价咨询企业很少有涵盖设计、监理全资质的综合性咨询单位，投资管控是造价咨询企业的优势，但因其相较于建设项目的设计、监理规模偏小，在全过程工程咨询服务中主导地位难以落地。

（3）随着新基建的要求、新技术的运用，许多专业工程如玻璃幕墙、智慧办公、5A智能系统、专项技术施工等都很难以定额计价来衡量，趋向于市场的计价模式是当前造价咨询企业的弱项，探索标准化的市场计价方式、大数据的积累是当前造价咨询企业发展不可回避的问题。

（4）造价行业从业人员平均学历水平偏低，专业技能参差不齐，尤其是投资管控、项目管理能力还不能满足当前全过程工程咨询的需求。

二、应对策略

（1）围绕国务院“证照分离”改革，进一步完善造价咨询行业的诚信建设，健全行业自律制度。

（2）加强与“湖南省全过程工程咨询发展战略联盟”的联系，建立全过程工程咨询服务标准。

（3）完善计价体系，建立大数据平台，大力推广 BIM 技术的运用，以推动造价咨询企业的变革。

（4）鼓励企业加强高端人才的引进，加大综合人才的培养及专业技术人员的培训，不定期组织学习培训交流活动，协助行业人才建设。

（本章供稿：关艳、谭平均）

广东省工程造价咨询发展报告

第一节　发展现状

一、全省行业总体情况

1. 企业总体情况

2020年广东省工程造价咨询企业共652家，比2019年增长232家，同比增长55.24%。2020年甲、乙级资质企业数量分别为275家、377家，甲级资质企业比2019年增加21家，同比增幅为8.27%；乙级资质企业比2019年增加211家，同比增幅为127.11%。

2020年652家工程造价咨询企业中，专营工程造价咨询企业160家，占比24.54%；兼营企业492家，占比75.46%。2020年对比2019年专营工程造价咨询企业增加29家，同比增长22.14%；多种资质的咨询企业增加203家，同比增长70.24%。

2. 造价咨询收入情况

2020年广东省工程造价咨询业务收入为81.88亿元，其中房屋工程类的收入总额为49.52亿元，占工程造价咨询业务收入60.48%，完成的工程造价咨询项目所涉及的工程造价总额4.91万亿元。造价咨询年收入大于2亿元的有4家，占比0.61%，合计年收入11亿元；造价咨询年收入1亿～2亿元的企业有12家，占比1.84%，合计年收入16.95亿元；造价咨询年收入8000万～1亿元的企业有6家，占比0.92%，合计年收入5.28亿元；造价咨询年收入5000万～8000万元的企业有 13 家，占比 1.99%，合计年收入 8.20 亿元；造价咨询年收入低于 5000 万元企业为 617 家，占比 94.64%，合计年收入 40.44 亿元，如图 2-18-1 所示。

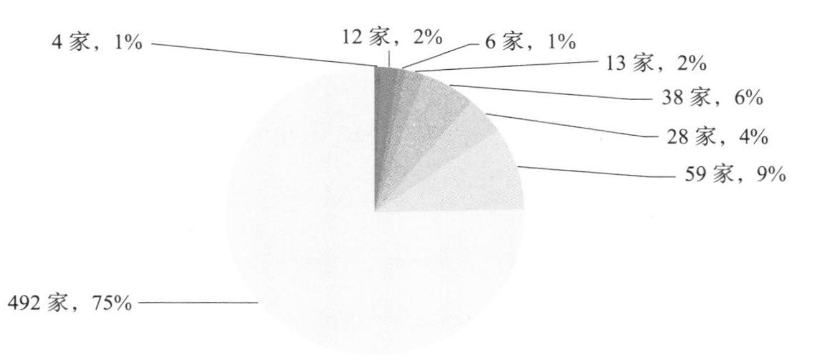

图 2-18-1 2020 年广东省工程造价咨询 652 家企业工程造价营业收入

二、从业人员情况

2020 年，广东省工程造价咨询企业从业人员合计 76750 人，其中正式聘用人员为 72860 人，占总人数 94.93%。从业人员中有注册执业人员 15901 人，其中一级注册造价工程师 6005 人，占注册执业人员总数 37.76%；二级造价工程师 272 人（未注册），占比 1.71%；其他注册执业人员 9624 人，占比 60.52%。正式聘用人员中专业技术人员为 38621 人，其中高级职称人员 9124 人，占专业技术人员 23.62%；中级职称人员 19268 人，占比为 49.89%；初级职称人员 10229 人，占比为 26.49%。

2020 年广东省一级造价工程师资格考试合格人数共有 3516 人（包括交通、水利专业），相比 2019 年合格人数 1861 人，增长 88.93%，二级造价工程师职业资格试点考试合格人员共计 7609 人（包括交通、水利专业），有效缓解广东省对注册造价工程师的需求。

三、信用体系情况

2020 年，根据《工程造价咨询企业信息评价管理办法》《工程造价咨询企业信用评价标准》，分4次开展全省工程造价咨询企业信用评价。共对15家工程造价咨询企业进行评价，获得3A级7家，2A级5家，1A级3家。

四、信息化建设情况

2020年9月，“广东省工程造价信息化平台”改版后正式上线试运行。运用“数字造价管理”的理念，改线下办公的模式，在保证办公过程留痕、数据可追溯的基础上，整合全行业的技术与人才资源，搭建了工程造价信息、计价依据、材料价格预警、纠纷处理、定额动态管理、指数指标、数据监测、人工价格等数字化管理系统，实现了“一网通办”。平台的上线运营提升了工程造价管理的服务水平。

第二节 发展环境

一、政策环境

1. 工程造价改革

2020年7月，住房和城乡建设部发布《关于印发工程造价改革工作方案的通知》(建办标〔2020〕38号)，广东省作为全国先行试点省份，为深入领会工程造价改革精神内涵、加深理解改革的意义和必要性，先后召开“工程造价改革交流、调研座谈会”近百场次，“造价改革百堂课”五场次，微信公众号累计推送文章169篇。选择了一些有条件的国有资金投资项目进行市场化改革试点，采取由点切入、以点带面、全面推进的方式，逐步探索、总结并积累可复制、可推广的经验。

2. 推进粤港澳大湾区建设

为促进中国香港从事建筑相关活动的企业和人员在大湾区内地城市发挥作用，2020年11月正式印发《广东省住房和城乡建设厅关于香港工程建设咨询企业和专业人士在粤港澳大湾区内地城市开业执业试点管理暂行办法》(粤建规范

〔2020〕1号，以下简称《暂行办法》），通过备案方式开展中国香港工程建设咨询企业和专业人士在粤港澳大湾区内地城市开业执业试点。《暂行办法》共23条，主要从备案对象、业务范围、备案程序、从业规则、监督管理等方面规范中国香港工程建设咨询服务企业和专业人士的从业活动。

3. 深化招标投标方式改革

2020年7月，发布了《广东省住房和城乡建设厅关于深化房屋建筑和市政基础设施工程领域招标投标改革的实施意见》（粤建市〔2020〕119号），推进了招标方式的改革，明确招标人对工程招标负首要责任，鼓励招标人采用全过程工程咨询、工程总承包等工程建设组织模式，减少招标投标层级；并推进了评标方式改革，试行“评定分离”制度，倡导“择优与竞价相结合”竞标模式。

4. 规范中介服务超市管理

2020年12月，印发了《广东省人民政府办公厅关于印发广东省网上中介服务超市管理办法的通知》（粤办函〔2020〕332号），对网上中介服务超市的入驻、选取流程及方式作进一步的细化约定。此外，完善了对服务质量的管理，建立信用评分系统及对应的失信管理系统，对失信行为的中介采取相应的限制惩罚措施，健全了咨询服务监督管理制度。

二、经济环境

1. 宏观经济发展稳定

2020年，广东省生产总值110760.94亿元，同比增长2.3%，居全国首位。其中，第一产业增加值为4769.99亿元，同比增长3.8%；第二产业增加值为43450.17亿元，同比增长1.8%；第三产业增加值为62540.78亿元，同比增长2.5%。

2. 固定资产投资稳步增长

2020年，广东省全年固定资产投资比上年增长7.2%。第一产业投资比上年增长81.0%，第二产业投资下降1.1%，第三产业投资增长9.3%；民间投资占固定资产投资的比重为52.1%；基础设施投资增长11.6%，占固定资产投资的比重为 28.6%。

3. 建筑业总产值增速下滑

2020 年，广东省建筑总承包和专业分包企业完成建筑业总产值 1.84 万亿元，同比增长 10.8%，与 2019 年的增长率 21.3% 比较，因受疫情影响，增速有所下滑。全年新签订合同额增长 15.9%，全省总承包和专业分包建筑企业房屋工程新开工面积同比增长 10.2%。全省建筑业企业在广东省外完成的产值增长 16.0%。

4. 重点项目建设超额完成

2020 年，广东省重点项目合计 1230 个，年度计划投资 7000 亿元。全省重点项目全年完成投资约 9268 亿元，为年度计划投资的 132%，同比提高 11 个百分点，超额完成年度投资任务。

三、技术环境

1. 加快推进 BIM 技术的应用

2020 年，政府投资单体建筑面积 2 万 m^2 以上的大型房屋建筑工程、大型桥梁（隧道）工程和城市轨道交通工程，装配式建筑工程以及广州市重点发展区域大型建设项目新建工程项目，应在规划、设计、施工及竣工验收阶段采用 BIM 技术，鼓励在运营阶段采用 BIM 技术。广州市住房和城乡建设局出台《建筑信息模型（BIM）施工应用技术规范》DB4401/T 25—2019。深圳市住房和城乡建设局发布《关于做好我市建设工程施工图审查改革工作的通知》。协会积极开展 BIM 论坛及 BIM 应用大赛活动，分享 BIM 技术应用的最新成果，加快推进 BIM 技术应用的进程。

2. 大力发展装配式建筑及绿色建筑

2020 年，广东省发布了《广东省人民政府办公厅关于大力发展装配式建筑的实施意见》，深圳、广州、东莞等多个城市接连出台符合地方特点的装配式建筑实施意见，大力发展装配式建筑。广东省第十三届人民代表大会常务委员会第二十六次会议通过了《广东省绿色建筑条例》，要求在广东范围内新建民用建筑

（农民自建住宅除外）全部应当至少达到绿色建筑基本级的要求，实现“全绿”的目标，推动绿色建筑的高质量发展。

第三节　主要问题及对策

一、主要问题及原因分析

1. 行业发展方面

（1）造价咨询服务收费偏低

由于国家暂停了造价咨询收费标准，而市场竞争不规范，恶性竞争时有发生，造价咨询单位难以得到合理的咨询服务费用，导致造价咨询企业缺乏资金夯实内部基础建设，造成工程造价咨询企业发展壮大动力不足。

（2）行业自律管理欠完善

行业协会对企业和人员的自律管理缺乏有效的手段和方法，影响了行业的持续健康发展。

（3）行业信息共享困难

工程造价信息缺乏统一数据标准，全过程造价数据碎片化，各造价信息管理系统的数据存储格式不一致，给工程造价信息的互联互通、共享、交换造成了很大的困难。

2. 企业服务方面

（1）复合型人才缺乏

随着行业从业人员队伍不断壮大，部分造价专业人员综合素质跟不上市场需求，主要表现在专业知识掌握不全面，对新技术、新工艺、新材料、新工具、合同管理等不够熟悉，沟通、应变、抗压等能力不足，复合型人才短缺。

（2）竞争同质化

造价咨询企业同质化竞争严重，个性化竞争力不足，相当部分企业缺少对工程造价的确定与控制、项目价值的提升、互联网、BIM、工程大数据等核心竞争力。

（3）理论研究匮乏

企业针对自身提高竞争能力的理论研究不够，缺少适合自身发展的模型理论或运营模式。社会对造价行业扶持的研发经费较少，企业自主投入培育人才和信息化建设普遍偏弱。

二、行业发展展望

1. 行业监管体系进一步完善

（1）各级工程造价管理机构强化工程造价市场监管和公共服务意识

建立健全工程造价咨询企业和人员的追责和造价咨询成果质量信息公示机制，开展工程造价咨询执业保险。依法依规全面公开工程造价咨询企业和个人信用记录，推动行业协会和社会力量参与行业自律和社会监督。

（2）完善工程造价咨询业信用体系建设

充分发挥政府管理部门、行业协会、社会征信机构、企业和个人的力量，依据法律法规建立信用信息平台，更好地完善信用体系建设。

2. 加快企业规模化和创新发展

（1）提高造价咨询企业市场影响力

造价咨询企业应按市场化要求改进咨询方式，提高咨询能力，坚持以市场化运作为核心，咨询质量为前提，人才建设为根本，制度化建设为手段，提高品牌和效益为目标，努力提高诚信度和自律水平，由传统的造价咨询转型到工程项目全过程投资管控的发展道路。

（2）打造工程造价咨询领军品牌企业

推动大型造价咨询企业做大做强，引导中小企业做专做精，形成业务领域各有侧重、市场定位各有特色、业务竞争公平有序的合理布局。鼓励工程造价咨询企业采取优化重组、强强联合、战略联盟等形式实施品牌战略和规模效应。

（3）促进工程造价咨询业创新发展

拓展工程造价咨询业务范围，优化业务结构，在服务阶段、服务层次、服务领域等进行全方位的业务拓展，以信息技术创新推动转型升级，向工程咨询价值链高端延伸，提升工程造价咨询服务价值。

(4) 推进工程造价咨询企业国际化

以“一带一路”倡议为引领，以粤港澳大湾区建设为契机，加强粤港澳工程建设服务的交流与合作，鼓励造价咨询企业开拓国际市场，探索通过新设、收购、合并、合作等运作方式参与国际咨询业务，提高企业属地化经营水平和走出去能力。

3. 探索高效的人才培育体系

随着市场经济的发展和经济建设的需要，造价从业人员素质的提升已成为当前造价管理的重要课题。造价从业人员素质的培养，可围绕人员素质的目标，制订专门的素质培养计划、建立造价从业人员素质评价体系、创新人才管理方法。

在制定素质培养计划时，应对从业人员的现有素质作分析研究，分门别类，使素质培养计划能够针对不同人群的特点有的放矢，加强专业针对性，减少盲目性，减少教育资源的浪费，提高素质培养的效果。

建立一套完整动态的造价从业人员素质评价体系，明确相应的评价指标和专门的评价机构。通过综合评分，由专门的评价机构对从业人员进行素质评价。

创新人才管理方法和收益分配制度。鼓励企业对特殊人才采取特殊的分配方法，体现一流人才、一流贡献、一流待遇。打破分配制度的固有模式，实行收益分配制度创新，使从业人员自觉提高自身综合素质，以适应企业内部管理变革的需要。

（本章供稿：许锡雁、叶巧昌、王巍、雷敏仪、孙权、蔡堉）

广西壮族自治区工程造价咨询发展报告

第一节　发展现状

2020 年，广西工程造价咨询企业继续保持整体向好的态势，各企业内部控制机制不断完善，执业人员技术水平不断提升；多数企业经营状况良好，咨询业务收入稳中有升。

一、基本情况

1. 从业人员总体情况

工程造价咨询企业的人才队伍中，一批具有大学以上学历的中青年人才逐渐成长为业务骨干，企业专业人员的知识结构、年龄结构进一步优化，运用新知识、新技术的能力进一步增强，企业承接各类建设项目咨询业务的技术能力进一步增强。

2020 年末，广西工程造价咨询企业从业人员 12861 人。其中，正式聘用员工 12359 人，占 96.10%；临时聘用人员 502 人，占 3.90%。一级注册造价师 3326 人，二级注册造价师 6412 人，其中，在工程造价咨询企业的一级注册造价工程师 1440 人，二级注册造价工程师 635 人。工程造价咨询企业共有专业技术人员 7383 人，占全部工程造价咨询企业从业人员 56.46%。其中，高级职称人员 1856 人，中级职称人员 3778 人，初级职称人员 1749 人。

2. 企业收入总体情况

2020年，广西工程造价咨询企业完成的工程造价咨询项目所涉及的工程造价总额约4688.75亿元。2020年广西共有168家造价咨询企业，同比增长20家，增长率为13.51%。企业的营业收入为30.22亿元。其中工程造价咨询业务收入10.47亿元，占34.65%。2020年企业收入情况如表2-19-1所示。

2020年广西工程造价企业收入情况　　表2-19-1

工程造价咨询收入	企业数量（家）	工程造价咨询收入（万元）
5000万元以上	3	19583.4
2000万元（含）至5000万元	9	26793.18
1000万元（含）至2000万元	15	21239.34
500万元（含）至1000万元	22	15495.61
100万元（含）至500万元	75	19607.58
100万元以下	44	1951.17
合计	168	104670.28

上述工程造价咨询业务收入中：按工程建设的阶段划分，前期决策阶段咨询业务收入1.51亿元、实施阶段咨询业务收入2.73亿元、竣工决算阶段咨询业务收入4.04亿元、全过程工程造价咨询业务收入1.70亿元、工程造价经济纠纷的鉴定和仲裁的咨询业务收入0.36亿元，其他工程造价咨询业务收入0.13亿元。

按所涉及专业划分，房屋建筑工程专业收入6.32亿元，市政工程专业收入1.80亿元，公路工程专业收入0.57亿元，火电工程专业收入0.14亿元，水电工程专业收入0.39亿元，水利工程专业收入0.32亿元，其他各专业收入合计0.93亿元。

二、党建及公益情况

1. 党建+抗疫捐赠活动

协会党支部积极组织党员参与社区志愿者活动，同时号召会员单位开展爱心捐赠活动。据统计，会员单位向省内省外的捐款金额达159万余元。

2. 党建＋扶贫捐助活动

协会党支部将上林县北林村结成定点帮扶对象，2020 年多次前往开展实地走访、植树环保、扶贫捐助等活动。分别于 4 月和 10 月前往北林村开展兴水利、种好树、助脱贫、惠民生主题活动及扶贫日活动，并按照原定结对帮扶户进行了帮扶慰问，党员个人送慰问金共计 1200 元，购买扶贫产品共 1500 元，还入村张贴脱贫攻坚宣传海报，宣传脱贫攻坚方针政策和减贫成效；7 月前往上林县北林村开展"七一"扶贫慰问主题党日活动，入户慰问北林村贫困党员、困难大学生 2 户，送慰问金 2000 元，捐赠北林村报王庄自来水安装工程项目 2 万元，捐赠北林村村委、扶贫工作队价值 1000 元的办公用品和生活用品等。

第二节　主要工作

一、持续完善诚信体系建设

为贯彻落实国务院、住房和城乡建设部关于社会信用体系建设的工作部署，指导和规范工程造价咨询企业信用评价工作，对《广西工程造价咨询企业信用评价管理办法（暂行）》进行了修订，并于 2020 年 4 月 1 日将修订后的《广西工程造价咨询企业信用评价管理办法（2020 年版）》予以公布。截至 2020 年底，共有 63 家企业参与信用评价，获得 3A 的 46 家，2A 的 11 家，1A 的 6 家。

二、举办第二届综合造价技能大赛

6 月 15 日至 9 月 3 日，举办广西第二届综合造价技能大赛，历时两个半月，共吸引了全区 200 多家企业、584 人参与。本次竞赛充分展示出工程造价技术人员在工程计量与计价、工程造价全过程管理与控制及 BIM 技术应用等方面的水平和技能。

三、积极做好抗击疫情工作

积极响应“行业协会要在打赢疫情防控阻击战中发挥积极作用”的要求，以《新型冠状病毒肺炎疫情影响下会员单位经营状况调查问卷》的形式，深入了解新冠肺炎疫情对全区建设工程咨询行业企业经营状况的影响，及时掌握会员单位面临的困难及诉求，以便进一步为会员提供精准服务。同时，向会员单位提供免费工程类职业资格考前培训、住建领域免费线上学习培训课程、《新冠肺炎疫情影响下相关的计价问题及应对措施》、广西建筑业疫情防控等线上公益系列讲座。

四、积极开展行业交流

组织召开了广西建设工程造价改革工作座谈会，就如何推进工程造价管理改革工作建言献策；召开工程造价司法鉴定工作调研座谈会，对规范司法鉴定机构鉴定行为起到督促作用，各机构将改进工作作风、提高鉴定质效，以良好的工作业绩支持法院的司法鉴定及民事审判工作；举办了2020年广西数字建筑年度峰会，推进建筑工业化、数字化、智能化升级，加快建造方式转变，推动建筑业高质量发展；顺利召开了第四届第四次理事会和第五届会员代表大会，并进行换届选举，共计130名会员代表参加了大会。

第三节　发展环境

一、政策环境

1. 造价改革试点工作

2020年7月24日，住房和城乡建设部印发《关于印发工程造价改革工作方案的通知》(建办标〔2020〕38号)，广西是此次被列入试点的唯一自治区及西部省区。8月26日，广西壮族自治区住房和城乡建设厅召开会议，全面启动建设工程造价改革试点工作。

2020年11月，广西住房和城乡建设厅、财政厅联合印发《广西建设工程造价改革试点实施方案》，明确了广西造价改革的总体目标是建立政府宏观调控、企业自主报价、市场竞争定价的市场化工程造价形成机制。主要在南宁市、柳州市、桂林市、北海市和玉林市五个城市开展试点工作。2021年3月，广西住房和城乡建设厅、发展改革委、财政厅组成调研组对五个列入工程造价改革的试点城市进行工作调研。2021年5月成立广西建设工程造价改革试点工作专家委员会，发布关于建设工程造价改革试点项目招投标及计价规定调整的通知，内容包括《建设工程工程量清单计价规范（GB 50500—2013）广西壮族自治区实施细则》《房屋建筑和市政工程施工招标文件范本》《房屋建筑和市政工程总承包招标文件范本》三个附件（适用于工程造价改革试点项目）。

2. 工程总承包

2020年6月，广西住房和城乡建设厅、财政厅联合印发了《广西壮族自治区房屋建筑和市政基础设施项目工程总承包计价指导意见（试行）的通知》（桂建发〔2020〕4号）；10月，《广西壮族自治区房屋建筑和市政基础设施工程总承包招标文件范本（2020年版）等两个范本的通知》（桂建发〔2020〕14号）颁布实施。这两个文件的正式发布，进一步健全了工程总承包政策体系，完善了工程总承包计价模式下招标投标制度，规范了招标投标文件编制，明确了最高投标限价编制方法，提升了工程总承包电子化招标投标工作水平，适应了新形势下招标投标工作需要，使房屋建筑和市政基础设施工程总承包工作更加规范，总承包计价水平不断提升，企业降低了交易成本，为优化营商环境、推动住房城乡建设事业高质量发展迈出了积极稳定的步伐。

二、经济环境

1. 宏观经济环境

（1）经济总量、结构

2020年全年广西全区生产总值22156.69亿元，按可比价计算，比上年增长3.7%。其中，第一产业增加值3555.82亿元，增长5.0%；第二产业增加值7108.49亿元，增长2.2%；第三产业增加值11492.38亿元，增长4.2%。第一、

二、三产业增加值占地区生产总值的比重分别为16.0%、32.1%和51.9%，对经济增长的贡献率分别为21.9%、19.9%和58.2%。

全年全区城镇新增就业36.52万人，比上年少增4.85万人。全区634万建档立卡贫困人口全部脱贫、5379个贫困村全部出列、54个贫困县全部摘帽，历史性消除了绝对贫困。全年贫困地区（33个原国家贫困县）农村居民人均可支配收入13140.8元，比上年名义增长9.9%，扣除价格因素，实际增长6.2%。受疫情影响，2020年全年广西生产总值增速虽比2019年下滑2.3个百分点，但全区经济运行总体平稳，发展质量继续提升，保持了经济持续健康发展和社会大局稳定。

（2）固定资产投资

2020年全年广西全区固定资产投资（不含农户）比上年增长4.2%，其中，第一产业投资增长9.9%；第二产业投资增长9.4%，其中工业投资增长7.7%；第三产业投资增长2.6%。民间固定资产投资下降6.1%。

2. 建筑业经济环境

2020年全年全区全社会建筑业增加值1903.37亿元，比上年增长4.9%。全区具有资质等级的总承包和专业承包建筑业企业实现总产值5853.24亿元，比上年增长8.2%。其中国有控股企业2679.56亿元，比上年增长14.6%。

3. 房地产业经济环境

全年全区房地产开发投资3845.62亿元，比上年增长0.8%。其中住宅投资2983.51亿元，增长2.0%；办公楼投资71.39亿元，下降32.2%；商业营业用房投资287.59亿元，下降10.7%。商品房销售面积6729.02万m^2，增长0.3%。其中住宅6007.45万m^2，下降1.1%。年末商品房待售面积1281.21万m^2，比上年末增加12.25万m^2。其中，商品住宅待售面积668.82万m^2，减少33.63万m^2。

三、技术发展环境

建筑业转型升级步伐加快。持续推动建筑业实现组织模式、工业化、信息化、数字化和建筑工人产业化“五个转变”。一是推动建筑业组织模式转变，持续推广工程总承包和全过程工程咨询，印发《广西壮族自治区房屋建筑和市政基础设施工程总承包计价指导意见》，加强工程总承包计价管理。二是推动建筑业工业化转变，组织开展2020年广西装配式建筑暨绿色建材博览会，印发《关于支持广西新型装配式建筑材料产业发展的若干措施》等政策文件，大力推广装配式建筑。三是推动建筑业信息化转变，多措并举积极推广BIM技术应用，利用BIM技术加快全区后备应急医院项目建设。四是推动建筑业数字化转变，大力开展智慧工地建设，推动工程质量安全监管有关信息系统互联互通，在南宁市开展两个"智慧安全监管试点"。五是推动建筑业产业工人管理模式转变，印发《广西建筑产业工人队伍培育试点2020年工作任务》，积极开展建筑业产业工人队伍培育试点。

（本章供稿：温丽梅、唐家球、王燕蓉、韦明剑、张婷）

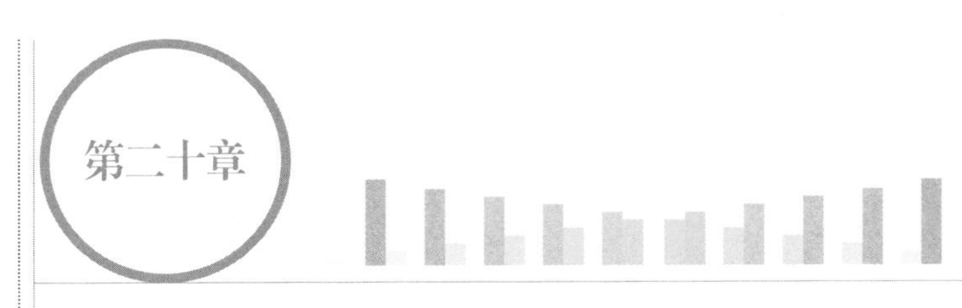

海南省工程造价咨询发展报告

第一节　发展现状

工程造价咨询作为建筑市场最基本的经济活动，关系着项目投资效益、建设市场秩序以及各方利益，是保障建设领域高质量发展的重要基础。在国务院深化“证照分离”改革和工程造价改革的背景下，随着工程造价咨询企业资质的全面取消，工程造价咨询行业要进一步加强行业信用体系建设，推进全过程工程咨询服务的应用，实现工程造价咨询行业高质量跨域式发展。

目前，海南省工程造价咨询企业总量为131家（参与统计调查的企业74家），其中3A级企业12家，2A级企业有5家。全省造价咨询从业人员增速虽不突出，但一级注册造价师数量增速在全国范围排名靠前，人才结构优化明显。

第二节　主要问题及对策

一、造价行业在发展中存在的问题

1. 行业从业人员的问题

一是从业人员知识结构单一，大部分人员专业以土建为主，安装和其他专业的较少，企业中安装专业紧缺，且总体学历偏低，以专科毕业生居多；二是部分从业人员没有经过施工现场学习就直接走上工程造价岗位，缺少对施工工艺的理解和认识，缺乏对市场价格的了解，完成的成果文件争议较多；三是造价咨询企业收入水平偏低，难以留住高层次人才。

2. 造价行业服务内容单一

目前，造价咨询行业所提供的服务仍以传统的预（结）算、招标控制价编审为主，虽然部分企业开展了全过程咨询服务，但从实际情况来看，大部分仍是传统造价咨询服务的简单堆砌，服务内容比较单一，重计算、轻分析，对工程造价的把握仍依赖于定额，这与海南省自由贸易港的定位相距甚远。

3. 行业压价竞争严重

尽管目前大部分造价咨询业务都采用公开招标的方式选定服务企业，但在投标中，部分企业为了承接工程造价业务，采用低价恶性竞争手段获取中标，使得一些综合实力较强的企业在低价竞争中处于弱势。在低价恶性竞争的情况下，部分企业诚信经营意识和行业自律意识不足，存在不按合同履行约定的责任与义务。这些行为也给工程造价咨询行业的健康发展造成了一定阻碍。

二、造价咨询行业发展应对策略

根据《国务院关于深化“证照分离”改革进一步激发市场主体发展活力的通知》（国发〔2021〕7号），自2021年7月1日起工程造价咨询资质在全国范围内正式取消。面对建筑市场逐步开放，市场准入壁垒取消，工程造价改革逐步推进的形势，造价咨询企业应明晰市场，及时转变企业战略、加强人才培养、强化企业和执业人员信用管理，才能在市场变革中取得长足的发展。

1. 动态管理定额，逐步实现市场化竞争机制

探索工程造价管理改革发展新路径，创新计价依据编制与管理办法，提高工程定额编制的及时性和准确性，强化工程定额应用的针对性和时效性，更好地为工程建设提供基础性保障服务，将目前相对静态的建设工程计价依据管理模式改革为动态管理，由社会广泛参与并根据市场实际需求对计价依据进行动态调整或编制补充定额，实现计价依据的市场化、动态化、信息化和专业化，为下一步形成市场化竞争机制打好基础。

2. 引导企业发展，探索全过程造价咨询

编写符合海南建筑市场实际情况的造价行业服务导则，既能对咨询企业起到引导作用，也为建设单位的采购服务工作建立一个具备可操作性的标杆。鼓励造价咨询企业积极探索工程造价在全过程咨询中的关键作用，结合行业特点，发挥专业优势，拓展服务内容和服务范围，引导成本咨询、技术咨询和管理咨询的紧密结合，摆脱服务内容单一、重计算、轻分析的现状，为企业向高质量发展寻求路径。

3. 培养行业人才，提升企业综合竞争实力

工程造价咨询的关键是要发挥人的作用，咨询工作的价值也是通过人的经验和专业人员各个阶段能力的融合来体现的。造价咨询企业要积极开展对人的培养，帮助从业人员拓展知识，创新企业人才培养制度，通过合理设置人才薪酬规划，培养兼有经济、法律、管理等方面知识的复合型人才，提升企业的核心竞争力。

4. 健全企业信息，强化行业信用体系建设

进一步贯彻落实国务院、住房和城乡建设部关于社会信用体系建设的工作部署，加强信用监管，完善工程造价咨询企业信用体系建设，利用多种新闻媒介刊登宣传，逐步向社会公布企业信用状况，鼓励社会主体在委托工程造价咨询业务时重点参考评价结果，对失信主体加大抽查比例并开展联合惩戒。发挥协会行业自律作用，推动工程造价咨询企业依法依规开展工程造价咨询活动，促进工程造价咨询行业健康发展。健全和完善全国建筑市场监管公共服务平台企业信息数据库，确保相关信息公开、完整、准确。

5. 加强监管力度，拓宽事中事后监管措施

根据《关于对在中国（海南）自由贸易试验区依法开展工程造价咨询活动加强事中事后监管的通知（试行）》（琼建规〔2020〕5 号），加大对工程造价咨询活动违法行为的查处力度，积极落实“双随机、一公开”监管方式，及时受理并依法查处工程造价咨询活动违法行为的投诉举报并公开结果，保护当事人的合法权

益，对严重违法经营的企业及注册造价工程师，依法撤销、吊销有关证照，实施市场禁入措施。

（本章供稿：王禄修、贺垒）

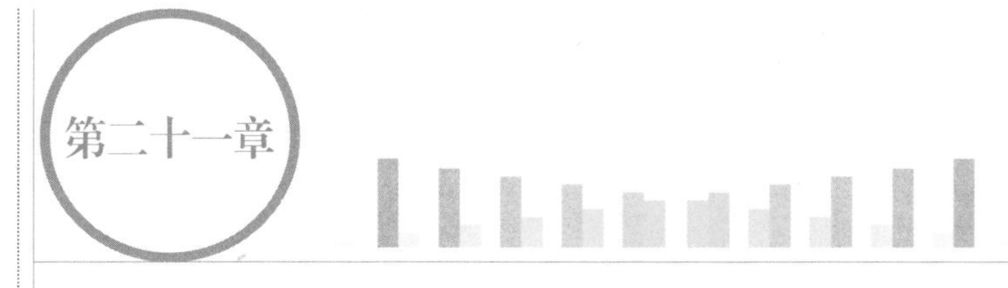

重庆市工程造价咨询发展报告

第一节　发展现状

一、行业总体情况

1. 重庆建筑业保持了持续稳定的发展态势，建筑业总产值逐年增加

“十三五”时期，重庆市累计完成建筑业总产值36845亿元，年均增长7.1%；累计实现建筑业增加值11173亿元，年均增长13.1%。重庆建筑业总产值由“十二五”末的6257亿元增加至2020年的8500亿元，增长35%；建筑业增加值由“十二五”末的1514亿元增加至2020年的2900亿元，增长92%。

2. 工程造价咨询企业数量持续递增

受2017年《国务院办公厅关于加快推进“多证合一”改革的指导意见》（国办发〔2017〕41号）及重庆关于改善营商环境的系列文件的影响，2018～2020年咨询企业总量持续增长，外地入渝工程造价咨询企业数量由2016年的94家，发展壮大至2017年284家，再到2020年480家，从数量上已超过重庆本地造价咨询企业。2020年重庆本地造价咨询企业有232家，其中甲级163家，乙级69家。

3. 重庆本地工程造价行业营业收入保持稳定

2018～2020年，重庆本地咨询企业工程造价行业营业收入分别为32.57亿元、34.83亿元、35.94亿元，受新冠肺炎疫情影响2020年工程造价行业营业收入停止了保持多年的上升趋势，略有下降。其中工程造价咨询业务收入分别为

23.72 亿元、23 亿元、24.6 亿元。

4. 资质取消后工程造价咨询企业两极分化现象明显，中小企业发展将变得愈加困难

232 家重庆本地工程造价咨询企业中，收入在 5000 万元以上共 6 家，2000 万元（含）至 5000 万元共 35 家，1000 万元（含）至 2000 万元共 36 家，500 万元（含）至 1000 万元共 34 家，100 万元（含）至 500 万元共 96 家，100 万元以下 25 家。

据分析，营业收入 1000 万元以上的 77 家咨询企业占重庆市建设工程造价咨询收入总量的 78.82%，1000 万元以下的 25 家企业仅占重庆市建设工程造价咨询收入总量的 0.54%，工程造价咨询企业两极分化现象明显。随着资质的取消，全过程工程咨询服务、BIM 等信息化技术带动行业跨越式发展，中小企业发展环境将变得更加困难，未来的工程咨询行业也会出现强者恒强的局面。企业造价咨询收入分布如表 2-21-1 所示。

2020 年重庆市建设工程造价咨询收入分布　　表 2-21-1

工程造价咨询收入	企业数量（家）	工程造价咨询收入（万元）	工程造价咨询收入行业占比（%）
5000 万元以上	6	32639.71	13.27
2000 万元（含）至 5000 万元	35	108783.91	44.23
1000 万元（含）至 2000 万元	36	52442.07	21.32
500 万元（含）至 1000 万元	34	23731.86	9.65
100 万元（含）至 500 万元	96	27053.34	11.00
100 万元以下	25	1322.15	0.54
合计	232	245973.04	100

二、业务结构分析

2020 年重庆本地咨询企业造价营业收入为 245973.04 万元。

1. 按专业划分，房屋建筑工程专业咨询收入占比过半

房屋建筑工程为 125194.06 万元，占全部收入的 50.9%；市政工程为

68324.99 万元，占全部收入的 27.78%；公路工程为 18664.2 万元，占全部收入的 7.59%；水利工程 5965.4 万元，占全部收入的 2.43%；城市轨道交通工程为 3675.9 万元，占全部收入的 1.49%；其他工程（农业、林业、化工等）为 24148.49 万元，占全部收入的 9.82%。

2. 按工程建设阶段划分，竣工结（决）算阶段营业收入凸显重要地位

前期决策阶段咨询 29588.4 万元，占全部收入的 12.03%；实施阶段咨询 60067.72 万元，占全部收入的 24.42%；结（决）算阶段咨询 80663.04 万元，占全部收入的 32.79%；全过程工程造价咨询 63087.7 万元，占全部收入的 25.65%；工程造价经济纠纷的鉴定和仲裁的咨询 6577.66 万元，占全部收入的 2.67%；其他 5988.5176 万元，占全部收入的 2.43%。

三、从业人员结构

重庆近三年工程造价咨询行业规模扩大，对工程造价专业人员的需求也是逐年增大。2018 年重庆一级注册造价工程师 4322 名，其中注册到重庆造价咨询企业的有 2657 名；2019 年 4242 名，其中注册到重庆造价咨询企业的有 2170 名；2020 年 4829 名，其中注册到重庆造价咨询企业的有 2269 名。

第二节　主要工作

一、坚持以党的政治建设为统领，提升工作能力

协会坚持以党的政治建设为统领，加强对习近平新时代中国特色社会主义思想以及党的十九大和十九届五中全会精神的学习，提升党建工作能力。切实发挥党组织核心引领作用，把党建工作与工程造价咨询行业发展结合起来，以党建促会建，积极引导行业有积极性的企业履行社会责任，参与爱心帮扶等社会公益活动，树立良好的社会形象，促进行业健康发展。积极开展“不忘初心，恪守党性”主题教育活动、“学习型党组织”活动、“两学一做”“三会一课”等专题教育

活动；积极参加由中共重庆市委组织部举办的“重庆市非公企业和社会组织党组织书记示范培训班”；组织开展“情暖重阳节、金秋敬老情”活动，彰显行业使命感。

二、强化作用发挥，当好参谋助手

积极发挥桥梁纽带作用，受政府及相关行业主管部门委托，协助开展相关工作，为引领行业健康发展，奠定坚实基础。受重庆市财政局的委托，开展市内工程造价咨询企业征集入围工作，组织咨询企业积极参与、入驻重庆市政府采购网上超市；受重庆市高级人民法院委托，共推荐186家工程造价咨询企业纳入《重庆法院对外委托鉴定专业机构名册》；接受国家税务总局重庆市沙坪坝区税务局委托，编制并发布重庆市沙坪坝区2014年至2018年五年间房产工程项目建安造价综合指标；为促进建设工程造价咨询质量和水平进一步提高，满足咨询行业收费服务的需求，按照《关于商品和服务实行明码标价的规定》(国家发展计划委员会令第8号）和中国建设工程造价管理协会《工程造价咨询企业服务清单》CCEA/GC 11—2019内容，制定《重庆市建设工程造价咨询业收费市场参考价》，供造价咨询服务项目收费参考；依靠行业专家委员会，接受区县财政投资评审中心、中国石化等单位委托的30余个项目的专业咨询，高效快捷地化解社会矛盾，维护市场稳定，促进经济和社会和谐发展。

三、强化队伍建设，培养优秀人才

持续做好行业人才培养工作，聚焦建筑业转型升级和工程造价体制机制市场化改革，丰富造价从业人员专业能力培养。组织会员单位参加“减税费促发展——第十届全国税法知识竞赛活动”、《国内外经济形势及十四五发展》专题讲座、EPC总承包工程项目管理专业实战培训等活动；聘请行业专家、学者录制2020年造价工程师继续教育和考前培训课件；在重庆市委统战部的部署安排下，2020年推荐了1名会员单位优秀负责人参加重庆市新的社会阶层党外代表人士挂职实践锻炼活动，培养锻炼企业复合型管理人才，目前共推荐14名优秀人员挂职锻炼；开展土木建筑人才服务；举办建设工程司法造价鉴定实务公益网络直播培训；签约成为川渝建设职业教育联盟成员单位；疫情期间，联合社会力量在线开展《工程造价咨询企业服务清单》、“数字直播——造价战‘疫’最强音网络直播会议”及《携手并肩，“疫”后同行——后疫情时代咨询企业转型之道》等免费线上直播，帮助造价从业人员有序开展各项工作。

（本章供稿：邓飞、宋欣逾）

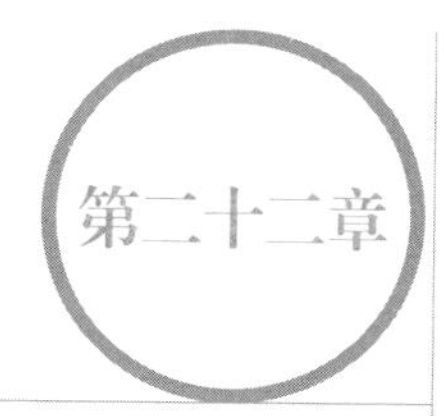

四川省工程造价咨询发展报告

第一节 发展现状

一、基本情况

1. 企业数量不断增加，增速明显加快

2020年，四川省共有工程造价咨询企业499家，较2019年增加56家，增幅12.64%。其中甲级资质企业318家，占比为63.73%，较2019年增加了30家，增幅10.42%；乙级资质企业181家，较2019年增加了31家，增幅16.77%。专营工程造价咨询企业166家，兼营工程造价咨询企业333家。2016～2020年，四川省工程造价咨询企业数量总体呈上升趋势，2020年数量增长幅度最为显著。

2. 从业人员队伍不断扩大，增速有所回落

2020年，四川省工程造价咨询企业共有从业人员48954人，较2019年增加2086人，增长率为4.45%。其中正式聘用员工46410人，占比94.8%；临时聘用人员2544人，占比5.2%；一级注册造价工程师6026人，占从业人员总数的12.3%。期末其他专业注册执业人员12034人，占从业人员总数的24.58%。期末获取职称的专业技术人员共有28045人，占从业人员总数的57.29%，其中高级职称人员6588人，占从业人员总数的13.46%，中级职称人员15656人，占从业人员总数的31.98%，初级职称人员5801人，占比总从业人员总数的11.85%。

四川省造价咨询企业从业人数较多，但具备专业资格人员数量偏少，特别是一级造价师人数占比低于全国平均水平及部分省份（全国平均17%，上海27%，

江苏 31%，浙江 18%，湖北 27%，四川 12.3%）。从业人员专业单一，以土木建筑工程专业为主，占比超过 80%。

2020 年，四川省内开设有工程造价及相关专业的高校共 54 所，其中本科院校 22 所，专科院校 32 所，总数量和本科院校的数量均位居全国首位。2020 年省内工程造价及相关专业的本专科招生人数共约 10100 人，其中本科及以上约 4469 名，专科约 5631 名。毕业生就业率为 90%，受疫情影响就业率较上年有所减少。

3. 营业收入稳步增长，呈良性增长态势

2020 年，四川省工程造价咨询企业总体收入总额为 139.79 亿元，较上年增长 13.08%。其中工程造价咨询业务收入总额为 69.03 亿元，占比 49.38%，较上年增长 10.5%，其他业务收入（招标代理、工程监理、项目管理、工程咨询）70.76 亿元，占比 50.62%，与工程造价咨询业务收入基本持平。在工程造价业务收入中，房屋建筑工程类收入 38.85 亿元，占比 56.28 %，市政工程类收入 15.4 亿元，占比 22.31%，公路工程类收入 4.65 亿元，占比 6.73%。

按建设项目阶段划分，前期决策阶段的咨询收入为 6.90 亿元，占比 9.99%，实施阶段的咨询收入为 16.78 亿元，占比 24.3%，结（决）算阶段的咨询收入为 21.33 亿元，占比 30.89%，全过程工程造价咨询收入 21.22 亿元，占比 30.74%，工程造价经济纠纷的鉴定和仲裁的咨询收入为 1.5 亿元，占比 2.18%，其他咨询收入 1.3 亿元，占比 1.89%。2020 年四川省咨询企业平均收入 2801.4 万元 / 家，人均收入 28.56 万元 / 人。

2016～2020 年，四川省工程造价咨询企业总体收入与人均营业收入均呈现较为良好的增长趋势。其中，2020 年四川省工程造价咨询行业的企业平均营业收入以及从业人员平均营业收入相比于 2019 年呈现出稳步的上升态势。分别从 2790.74 万元 / 家、26.58 万元 / 人上升至 2801.4 万元 / 家、28.56 万元 / 人，增长率分别为 0.38%、8.25%。

二、党建工作情况

2020 年，四川省工程造价咨询行业中工程造价咨询企业建立党组织 64 个，其中基层党委 8 个，党支部 56 个。行业党员队伍情况为中共党员 2218 名，其中

大专及以上学历党员 1889 名；35 岁以下青年党员 1615 名。2020 年四川省工程造价咨询行业受到上级表彰基层党组织 19 个，优秀共产党员 51 名，优秀党务工作者 15 名。协会党支部获得中共四川省住房和城乡建设厅社会组织联合委员会颁发“先进党支部”称号。

1. 组织学习党的会议精神、开展党史教育，完善党建制度等

协会及各会员单位认真学习党的十九大精神、习近平新时代中国特色社会主义思想，开展“两学一做”“不忘初心、牢记使命”——主题教育、“党史学习教育”等一系列党建活动，并加强党的思想建设、组织建设、作风建设、廉政建设和企业文化建设，坚持党建工作品牌化、党建工作制度化、党建工作体系化等。

2. 号召造价行业党员带头投入到抗击新冠肺炎疫情的工作中

在 2020 年抗击新冠肺炎疫情的工作中，倡议和号召会员积极响应党和政府号召，全力抗击新冠疫情，自愿捐款捐物 300 余万。

3. 开展落实了“两新联万村·党建助振兴”工作

为深入贯彻习近平新时代中国特色社会主义思想和习近平总书记对四川工作系列重要指示精神，全面落实全国组织工作会议和省委十一届三次全会精神，开展了“两新联万村·党建助振兴”行动。

4. 开展了“八一”建军节慰问特困退役军人活动

在中国人民解放军建军 93 周年前夕，开展“八一”建军节慰问特困退役军人活动，共计走访慰问了 35 名生活困难退役军人，通过发放生活必需品和慰问金的形式给他们带去节日的问候。

三、重点工作及成果

1. 完成四川省重点建设项目工程造价咨询情况

2020 年，四川省工程造价咨询行业完成了 104 个重点工程造价咨询服务项目，主要包括：成都天府国际机场建设项目，造价金额 718.64 亿元；东西城市

轴线东段（东二环—龙泉驿区界）工程项目，造价金额160.38亿元；龙泉山城市森林公园旅游环线市政工程，造价金额60亿元；自贡市东部新城三期基础设施建设项目，造价金额47.4亿元；成渝高速入城段（三环路—绕城高速）改造项目，造价金额34亿元；龙兴专业足球场EPC建设项目，造价金额28.29亿元；成都京东方医院BOE健康服务体系项目（一期），造价金额26亿元；成都万兴环保发电厂（二期）环保垃圾发电厂项目，造价金额20亿元等。

2. 在抗击新冠肺炎疫情工作中，引导会员有效复工复产

抗击新冠肺炎期间，响应政府减少集聚的要求，利用网络技术，3月15日举办了《在新冠肺炎疫情防控工作中有序高效复工复产3·15公益免费网络讲座》；4月8日举办了《工程造价咨询企业服务清单》免费网络直播宣贯讲座；5月23日举办了《建设行业公平竞争与反垄断案例分享专家公益免费网络讲座》。

3. 完成《工程造价鉴定意见书（示范文本）》研究课题

《工程造价鉴定意见书（示范文本）》已由协会发布并在全省试行，研究成果得到了四川省高院等司法系统认可并在全省范围内推广使用，为造价咨询行业提供了编制工程造价鉴定意见书的标准和指引。

4. 组织造价咨询企业高级项目经理培训等一系列活动

举办了“工程造价企业人才及业务生态体系构建沙龙”活动，60余家单位会员参加；举办了四川省第四届青年造价工程师沙龙活动，参会的四十余位省内青年造价师们进行了案例分享及讨论交流学习；举办了第二届工程造价专业技术人员技术与技能竞赛，参加线上理论竞赛的专业人员共计1800余人，最终决出工程咨询项目经理组、一级造价工程师组、造价员组三种类别的一、二、三等奖获奖者共306人；举办了为期四天的工程造价咨询企业高级项目经理免费培训，近300名单位会员的代表参加了培训，并对全体参训人员进行了结业测试，对考勤达标及结业测试合格者颁发《工程造价咨询高级项目经理培训结业证书》；开展了青年造价工程师论文征集活动，共征集199篇工程造价优秀论文，从其中评选出26篇论文向国家级期刊推荐发表。

5. 顺利开展了2019年度四川省工程造价咨询企业信用综合评价工作

召开了2019年度四川省工程造价咨询企业信用综合评价小组工作会议。此次参评企业共400家，最终获得信用等级377家，其中获3A级347家，占2019年四川省全部造价咨询企业数量的78%。并将此信用评价结果通过网络、报纸和媒体进行宣传，接受社会公众的监督。

6. 2020年四川省工程造价咨询行业公益工作情况

2020年协会捐赠资金30万元，资助雷波县帕哈乡特门村幼儿园建设项目，解决特门村3～6周岁89名幼儿入园问题；向布拖县采哈乡中心校运动场及大门门卫室项目定向捐赠8万元，极大改善该校学生活动场地不足及大门门卫室问题；按照四川省住房和城乡建设厅直属机关党委《关于持续深入开展消费扶贫行动的通知》要求，积极认购消费扶贫产品；按照《四川省住房和城乡建设厅社会组织联合党委关于转发得荣县脱贫攻坚领导小组办公室关于认购“阳光得荣扶贫礼包”的倡议书的通知》要求，认购6000元“阳光得荣扶贫礼包”助力消费扶贫。

第二节　发展环境

一、政策环境

1. 国家出台重要政策文件推动西部大开发以及成渝地区双城经济圈建设

2020年，新华社发表了《中共中央 国务院关于新时代推进西部大开发形成新格局的指导意见》，强化举措推进西部大开发形成新格局，推动西部地区高质量发展；中共中央政治局召开会议审议《成渝地区双城经济圈建设规划纲要》。要求全面落实党中央决策部署，突出重庆、成都两个中心城市的协同带动，注重体现区域优势和特色，使成渝地区成为具有全国影响力的重要经济中心、科技创新中心、改革开放新高地、高品质生活宜居地，打造带动全国高质量发展的重要增长极和新的动力源。

2. 深化“放管服”改革优化营商环境，实现行业市场化发展

2020 年，四川省政府办公厅印发《四川省深化“放管服”改革优化营商环境 2020 年工作要点》和《四川省商务厅关于认真落实深化“放管服”改革优化营商环境行动计划（2019—2020 年）有关工作任务的督办通知》。持续深化成渝地区双城经济圈“放管服”改革，创新开展科技领域“放管服”改革。在简政放权上，将一批省级行政职权下放或委托成都及七个区域中心城市实施，促进省会城市和区域中心城市加快发展。

3. 政府投入稳中有进，建筑业有序良性发展

在政府投入方面，《四川加快西部陆海新通道建设实施方案》确定了目标任务，以补短板、强弱项为重点，以重大项目为抓手，统筹各种运输方式发展，完善物流设施功能，增强交通物流设施保障能力。提出要加快推进铁路建设、提高公路通行效能、提升内河航运能级、提升交通枢纽功能、加强物流设施建设。强力推动成渝地区双城经济圈建设。成达万高铁等 27 个川渝共同实施的重大项目开工建设。设立成都东部新区、宜宾三江新区、南充临江新区、绵阳科技城新区，启动建设西部（成都）科学城，规划建设万达开川渝统筹发展示范区等毗邻地区合作平台。这些重大工程项目的实施落地为工程造价行业发展带来良好机遇。四川省住房和城乡建设厅印发了《2020 年全省建筑管理工作要点》，要求全面落实新发展理念，实施建筑业高质量发展“三步走”战略，加快建筑业结构调整和转型升级。

4. 出台相关政策推进四川省基础设施建设的健康可持续发展

四川省人民政府发布了《关于推动城市基础设施改造加强城市生态环境建设的指导意见》（川府发〔2020〕3 号），提出坚持以人为本，高水准完善城市基础设施。坚持共建共享，高效率提升城市治理能力；四川省住房和城乡建设厅、发展和改革委员会制定了《四川省房屋建筑和市政基础设施项目工程总承包管理办法》（川建行规〔2020〕4 号），加快推进工程建设组织实施方式改革，提升工程建设质量和效益。

5. 四川省造价行业发布相关规范性文件促进造价改革方案落地

四川省住房和城乡建设厅发布了《关于房屋建筑和市政基础设施工程推行施工过程结算的通知》(川建行规〔2020〕1 号)，进一步规范房屋建筑和市政基础设施工程造价计价和工程款支付行为，维护了建筑市场秩序；印发了《关于改进和完善我省建设工程计价定额计日工单价和人工费调整工作的通知》(川建造价发〔2020〕316 号)，进一步加强定额计日工单价和人工费的动态管理，及时反映市场实际，着力解决定额计日工单价与建筑市场人工单价不协调等问题，合理确定工程造价；发布了《关于发布〈四川省建设工程工程量清单计价定额〉的通知》(川建造价发〔2020〕315 号)，自 2021 年 4 月 1 日起执行，以推进建筑业高质量发展，满足工程建设计价需要，完善计价依据体系，合理确定和有效控制工程造价，维护工程建设各方的合法权益。

二、经济环境

1. 2020 年四川省经济情况

2020 年，四川省地区生产总值(GDP)48598.8 亿元，按可比价格计算，比上年增长 3.8%。其中，第一产业增加值 5556.6 亿元，增长 5.2%；第二产业增加值 17571.1 亿元，增长 3.8%；第三产业增加值 25471.1 亿元，增长 3.4%。三次产业对经济增长的贡献率分别为 14.1%、43.4% 和 42.5%。三次产业结构由上年的 10.4∶37.1∶52.5 调整为 11.4∶36.2∶52.4。

2. 固定资产投资情况

2020 年，全国全社会固定资产投资为 527270.00 亿元，比上年增长 2.7%。其中，四川省全社会固定资产投资为 33989.83 亿元，占比 6.4%。2016 年至 2020 年同比增长率分别为 12.1%、10.2%、10.2%、9.9%。由此可见，虽然 2020 年受到新冠肺炎疫情影响，但四川省固定资产投资仍然保持稳定增长。

3. 建筑业基本情况

2020 年，四川省建筑业总产值为 1.6 万亿元，占比 6.1%。2016 年至 2020 年，同比增长率分别为13.59%、14.46%、13.89%、9.5%。由此可见，从2017年以来，四川省建筑业增速放缓。

三、技术环境

举办了2020江苏四川工程造价智慧创新峰会，汇集业界同仁300余人，以“科技赋能变革，智慧引领造价”为主题，共同探讨新时代工程造价行业未来的发展方向；组织修订《四川省工程造价典型案例征选办法》，并继续征选四川省工程造价典型案例，经专家两轮评审，共评出85篇案例入选“2020四川省优秀工程造价典型案例库”，占比征选案例的78%；组织编制《2020四川省工程造价典型案例精选集》，精选了26个案例，已公开出版发行；组织《工程造价改革工作方案》（建办标〔2020〕38号文）大型研讨会，对标改革方案进行解读并分享部分企业清单计量、市场询价的经验，以及对工程总承包模式下的计量与计价探讨。

第三节　主要问题及对策

一、造价咨询行业发展因素分析

受国家关于“西部大开发”以及“成渝双城经济圈”发展战略的积极影响，四川省工程造价行业发展有着诸多外部环境优势，主要表现在重大工程建设项目的落地与实施。技术的日新月异，以及国家积极促进建筑行业采用新技术，也为四川省工程造价行业发展带来了积极的影响，BIM技术、云计算、大数据、智慧工地、人工智能等一系列新型技术已经应用于工程造价咨询企业开展的业务中，并为建设单位解决更多关于提升建设项目价值的问题。

二、面临的主要问题与原因

2020年，四川省工程造价咨询行业的主要问题体现在从业人员增长率的显著回落。经分析，造成这些问题的出现有以下原因：

1. 疫情的影响

因疫情原因造成建设项目大范围“停工”，使得项目建设进度滞后，并影响工程造价咨询企业的现金流。调薪、降酬成为“无奈之举”，从而一定程度上造成了行业中造价工程师的流失。

2. 工作强度过大

行业中造价工程师工作强度大的问题一直存在，加之疫情影响，复工后工作强度进一步增加。工作强度过大会降低造价工程师的“幸福感”，引发离职问题。

3. 行业对人才的吸引力减弱

行业中从业人员增长率的降低也说明行业本身对人才的吸引力正在减弱。部分从业人员或造价工程师将工程造价咨询行业视为毕业后的“二次教育”，然后利用在行业中积累的技术与经验“转行”。

三、主要问题应对策略与未来发展展望

1. 行业内市场细分化，企业战略科学化

随着工程造价咨询企业资质认定的取消，今后建设单位在选择工程造价咨询企业时将更多关注企业品牌、市场口碑、核心竞争力、项目业绩，因此工程造价咨询企业要形成科学的发展战略。可选择“小而精”战略，即专注于工程造价咨询的筑底基础型业务，以成本优势、工期优势、质量优势将专业领域做专做精，实现基础型业务的提质、降本、增效；也可选择“大而广”战略，即通过横向合作与纵向兼并扩大企业规模，开展全过程工程咨询，以项目增值为靶向，为建设单位提供一站式工程咨询服务。

2. 重视基础技术研发，强化专有优势形成

突发的新冠肺炎疫情也暴露出四川省工程造价咨询企业目前普遍遇到的“瓶颈”——同质化竞争情况显著。这就造成行业收费趋向于走低，行业从业人员加班情况加剧，企业抗风险能力降低且极易受到外界环境以及技术供应商的影

响。显然，在积极引入新型咨询模式、新型咨询工具的同时，工程造价咨询企业也要不遗余力地研发自己独有并具有独立知识产权的技术，强化自身的核心竞争力。

3. 关注造价工程师的"幸福指数"，降低行业人才的流失率

工作的意义不仅仅在于赚取工作报酬，更在于从工作中获取成就感，以及幸福感。在今后的行业发展中，不仅要关注造价工程师个人工作能力的提升，更要为其提供更多的文娱体育活动，以增强造价工程师对行业的黏性，降低行业的人才流失率。

4. 关注健康行业竞争环境的培育，形成良好市场氛围

行业内企业数量的增加一定程度上造成了工程造价咨询市场供给侧的饱和，使得咨询费用呈现走低趋势。随着工程造价咨询市场改革的不断深入，为兼顾市场活力与咨询成果质量，应重视相关收费参考标准的出台以及相关舆论的形成，以形成良好的市场氛围。

（本章供稿：陶学明、潘敏）

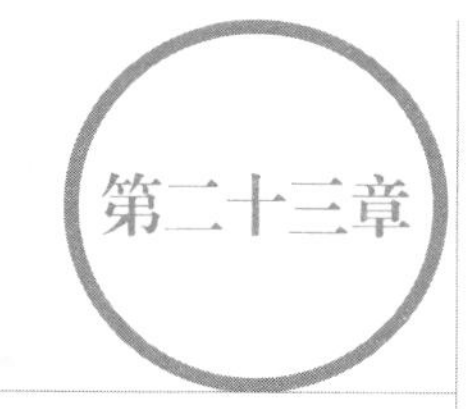

陕西省工程造价咨询发展报告

第一节 发展现状

1. 全省企业总体情况

2020年，全省共有工程造价咨询企业256家，较上年度的253家增加1.19%。其中甲级工程造价咨询企业153家，较上年度的136家增加12.50%，占59.77%，占比提高了6.02个百分点；乙级工程造价咨询企业103家，较上年度的117家减少了11.97%，占40.23%，占比下降了6.02个百分点。

兼营企业217家，较上年度的169家增加了28.40%，占84.77%，占比提高了18个百分点；专营工程造价咨询的企业39家，较上年度的84家下降了53.57%，占15.23%，占比下降了18个百分点。

2. 全省从业人员总体情况

2020年度，全省工程造价咨询企业从业人员19159人，比上年的17367人增长了10.32%。其中，正式聘用员工17113人，占89.32%；临时聘用人员2046人，占10.68%。

工程造价咨询企业共有专业技术人员10863人，比上年的10349人增长了4.97%，占全部造价咨询企业从业人员的56.70%，占比下降了2.89个百分点。其中，高级职称人员2055人，中级职称人员5759人，初级职称人员3049人。各级别职称人员占专业技术人员比例分别为18.92%、53.01%和28.07%。各级别专业技术人员的绝对数均有所增加。与上年比较，在占比上，中级下降了0.53个百分点，而高级和初级分别上升了0.03和0.5个百分点。

工程造价咨询企业共有一级注册造价工程师2687人，比上年的2459人增长了9.27%，占全部造价咨询企业从业人员的14.02%，较上年增加了1.19个百分点。一级注册造价工程师占全部专业技术人员的24.74%，较上年提高了0.98个百分点。二级注册造价工程师712人，比上年的501人增长了42.12%，占全部造价咨询企业从业人员的3.72%，占全部专业技术人员的6.55%，两个占比分别较上年提高了0.84和1.71个百分点。造价咨询企业中其他专业注册执业人员1792人，较上年的2025人下降了11.51%。一级注册造价人员与其他专业注册人员的比例关系为1:0.67，与上年的1:0.68比较，基本持平。

3. 全省业务收入总体情况

2020年度，陕西省工程造价咨询行业整体营业收入为67.86亿元，比上年的53.43亿元增长27.01%。其中，工程造价咨询业务收入34.75亿元，比上年的25.85亿元增长34.43%，占全部营业收入的51.21%；其他业务收入33.11亿元，比上年的27.58亿元增长20.05%，占全部营业收入的48.79%。在其他业务收入中，招标代理业务收入12.81亿元，建设工程监理业务收入18.00亿元，项目管理业务收入0.58亿元，工程咨询业务收入1.72亿元；除项目管理业务收入下降了18.31%外，其余各项较上年均有增长。招标代理业务收入增长了16.14%，建设工程监理业务收入增长了21.19%，工程咨询业务收入增长了60.25%。

第二节　主要工作

一、以推动企业转型升级为重点，促进行业持续健康发展

1. 继续推进有条件的工程造价咨询企业向全过程工程咨询转型升级

2020年在试点工作的基础上，陕西省住房和城乡建设厅、发展和改革委联合印发了《关于在房屋建筑和市政基础设施工程领域加快推进全过程工程咨询服务发展的实施意见》，全过程工程咨询由试点转入常态化推行。多家企业在探索全过程工程咨询的基础上，总结形成典型案例，研究制定“全过程工程咨询企业标准”，为探索发展这一新型业态奠定了工作基础。

2. 坚持实施品牌战略，持续推进工程造价咨询行业 20 强企业评价工作

（1）根据《陕西省工程造价咨询 20 强企业评价办法》和年度评价工作方案，历时 3 个半月，完成了 2020 年度的 20 强企业评价工作，发布了 2020 年度 20 强企业榜单。

（2）开展“20 强企业评价十周年回顾”活动，编写发布了《陕西省工程造价咨询行业 20 强企业十年发展报告》；编辑发行了展现“20 强企业十年发展风采”的《陕西工程造价信息》专辑；隆重举办了以“品牌之路，行稳致远”为主题的“陕西省工程造价咨询行业 20 强企业十年发展论坛”。在回顾活动中还围绕修订评价办法与评价标准，开展了系列调研活动。

3. 顺利完成 2020 年度工程造价咨询企业信用评价

申请参与 2020 年度信用评价的企业 13 家，12 家企业为首次申请，1 家企业为升级。通过评价，这些企业中有 12 家获得 3A 信用等级，1 家获得 2A 信用等级。

二、成功举办首届陕西省工程造价专业人员技能竞赛

成功举办了首届陕西省工程造价专业人员技能竞赛。此次竞赛定位为省级二类职业技能大赛，对于获得一等奖的个人选手将由省有关部门授予“陕西省技术能手”称号。共有来自工程造价咨询、建筑施工等 166 家会员企业和 1854 名个人选手参加了初赛，608 名选手参加决赛。这次竞赛个人一等奖 5 名，二等奖 14 名，三等奖 28 名，优秀奖 47 名；团体一等奖 5 名，二等奖 10 名，三等奖 15 名。技能竞赛的成功举办，为造价专业人员搭建了一个开阔视野、展示才能、学习借鉴、提升技能的平台，对造价专业人员的整体业务水平提高起到积极作用。

三、成功举办“专家大讲堂”

为了进一步发挥专家委员会在行业发展中的技术支撑作用，在充分沟通与论证的基础上，认真制定了“专家大讲堂”工作方案，并在专家委员会内广泛征集大讲堂的讲座主题、主讲专家。各位专家结合自己所长，考虑行业所需，积极应

征。在各方面重视与支持下，2020 年共举办了两期“专家大讲堂”。第一讲以《港式清单计价的理论与实务》为主题，第二讲以《全过程造价咨询业务操作指引》为主题，两讲内容针对性、实用性很强，均收到了良好的效果。“专家大讲堂”所形成的文字和音像资料，可以同时作为年度继续教育的课件使用。

第三节 主要问题及对策

一、取消工程造价咨询企业资质审批，助推工程造价咨询深入实施品牌战略

国务院为进一步激发企业活力，深化“放管服”改革，决定取消一批市场准入“资质”，今后的市场准入，将更多的是“不凭资质凭品牌”。陕西省工程造价咨询行业实施品牌战略十周年，先后有 40 家企业入列陕西工程造价咨询品牌企业。2021 年起，将对工程造价咨询品牌企业实施“扩容与升值”。所谓“扩容”，就是要扩大品牌企业的阵容；所谓“升值”，就是要更加着力于提升以企业核心竞争力为主要标志的品牌价值。以“扩容”为载体，以“升值”为手段，强力助推全行业实施品牌战略，促进行业持续健康发展。

二、取消发布量价合一的“预算定额”，倒逼工程造价咨询企业数字化转型升级

为全面推进工程造价形成机制改革，2020 年《住房和城乡建设部办公厅关于印发工程造价改革工作方案的通知》(建办标〔2020〕38 号)提出不再制定发布量价合一的“预算定额”。陕西省虽然早在 2004 年发布第一版《陕西省建设工程工程量清单计价依据》时，就废止了量价合一的“预算定额”，但“定额计价”的模式仍在。全国取消发布预算定额，对工程造价咨询企业、对计价软件研发企业，都形成了一种倒逼机制，出路就在“清单计量，市场询价，自主报价，竞争定价”，不靠“定额”靠询价、靠数字造价。协会已着手开展“数字化转型升级”专题系列调研活动，计划在 2021 年制定出以“企业数据库”建设为重点的《陕

西省工程造价行业数字化转型升级的指导意见》，以引领全行业进行数字化转型。

三、大力实施融合发展，在打造“全过程工程咨询”新业态上狠下功夫

全过程工程咨询已由试点进入了推行阶段，这种新型工程咨询业态，无论在需求侧还是供给侧，皆处于摸索阶段。陕西省作为“全过程工程咨询”试点省份之一，造价咨询行业也积极参与了试点工作，并取得了一定的效果。进入推行阶段后，还需要重点抓好一批“示范项目”，让需求方看清新业态的新风貌；扶持一些企业制定“全过程工程咨询企业标准”，让供给侧练就新业态的新本领。

（本章供稿：冯安怀、彭吉新）

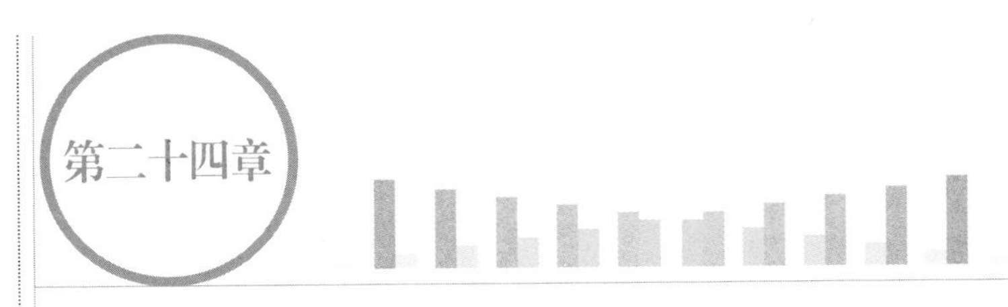

第二十四章 青海省工程造价咨询发展报告

第一节　发展现状

2020年面对突如其来的新冠肺炎疫情和复杂多变的内外部经济环境，青海省委、省政府坚定地以习近平新时代中国特色社会主义思想为指导，克难奋进、勇毅前行，统筹推进疫情防控和经济社会发展，扎实做好“六稳”工作，全面落实“六保”任务，奋力推进“一优两高”圆满完成全年各项目标任务，全年地区生产总值增长1.5%，地方一般公共预算收入增长5.6%，城乡居民人均收入增长6.3%，建筑业增长值360亿元，同比增长5%，交出非同寻常、特殊考验之年的好答卷，为“十三五”画上圆满句号。

一、企业总体情况

2020年，青海省有67家造价咨询企业，比上年增加13家，增长24.07%；其中甲级资质企业16家，增长77.77%；乙级（含暂定乙级）企业51家，增长13.33%；专营工程造价咨询企业20家，比上年增长42.86%；有兼营企业47家，增加17.50%。

二、从业人员总体情况

2020年末，青海省工程造价咨询企业从业人员1391人，比上年增长21.38%，其中正式聘用人员1271人，临时聘用人员120人，分别占全部造价咨询企业从业人员 91.37% 和 8.63%。

工程造价咨询企业共有一级注册造价工程师 378 人，比上年增加 14.89%，占全部造价咨询企业从业人员 27.17%。工程造价咨询企业专业技术人员 927 人，比上年增加 14.89%，占全部造价咨询企业从业人员 66.64%，其中高级职称 207 人、中级职称 450 人、初级职称 270 人，高、中、初级职称人员分别占专业技术人员比例为 22.33%、48.54%、29.13%。

三、总体业务情况

2020 年，全省 67 家工程造价咨询企业营业收入额为 6.10 亿元，比上年增长 7.96%，工程造价咨询收入 2.02 亿元。其中房屋建筑工程 1.39 亿元，市政工程 0.28 亿元，公路、电力、矿山及其他 3.46 亿元；按工程建筑阶段划分，前期决策阶段咨询业务收入 0.27 亿元，实施阶段咨询 0.5 亿元，结（决）算阶段 0.82 亿元，全过程工程造价咨询 0.27 亿元，工程造价经济纠纷的鉴定和仲裁咨询 0.07 亿元，其他 0.09 亿元。其他业务收入 4.08 亿元，其中招标代理业务 0.6 亿元、项目管理业务 0.16 亿元、工程咨询业务 1.54 亿元、建设工程监理业务 1.78 亿元。

四、企业财务总体情况

全省上报的工程造价企业营业利润 0.93 亿元，所得税 0.14 亿元，分别比上年增幅 2.20% 和 –6.67%。

五、数据分析

西部大开发是党和政府重大战略决策，掀起了西部基础建设和社会经济发展的高潮，2020 年中共中央、国务院发布《关于新时代推进西部大开发形成新格局的指导意见》，进一步推动了工程造价咨询企业的快速发展。2020 年工程造价咨询企业、从业人员、专业技术人员数量显著增加。外省进青登记资质有效期内的工程造价咨询企业达 154 家，为本省企业 2.3 倍。2020 年工程造价咨询营业收入、营业利润均有所增长，行业积极向好发展。

第二节　主要工作

一、全力开展抗疫斗争

青海省政府2020年1月25日发布了《关于做好新冠肺炎疫情防控处置工作通知》及《关于启动突发公共卫生事件一级响应的决定》，协会立即响应并向全体会员单位及个人会员发出《关于打赢疫情防控阻击战倡议书》，71家会员单位，2000多名企业员工，积极行动，响应号召，制定防控措施，居家办公、网上学习、参加志愿者行动、捐款捐物43万元，彰显造价人的大爱之心。经过全省人民共同努力，在一个月内实现确诊患者全部治愈出院，两个月转入常态化防控，在全国率先实现"五个清零"，为全国抗疫斗争作出了青海贡献。

二、提升会员政策、技术知识储备

对住房和城乡建设部修改《工程造价咨询企业管理办法》《注册造价工程师管理办法》进行解读，同时就《中国BIM发展现状分析及2020年BIM发展展望》《咨询企业如何借助BIM技术实现业务升级》宣传和推广，1000多名高层管理者及技术从业人员接受了培训；举办了《青海省咨询企业BIM全过程造价管理应用高层交流会》，会上由专家讲解《全过程造价咨询规程》《咨询企业BIM+全过程造价管理应用》《用科技构建数字新咨询》等专题讲座，会员企业在会上介绍交流BIM应用经验；开展了全省造价从业人员行业技能大赛、青海省首届端云大数据造价行业技能大赛，26家企业、124名个人参加了总决赛；举办了《携手共享未来造价——工程造价管理改革分享会》，510名会员代表参加了本次活动。

2020年，协会为提升和推进本省造价行业技术进步，举办了6场线上线下大型讲座、培训，其中两场为政府发布的政策改革解读培训、4场为专业技术推广培训、一场技能大赛，参加企业200家次，从业执业技术人员2000人次，为推进本省工程造价行业技术进步作出了贡献。

三、助力复工复产

收集疫情防控以来政府下发助力中小微企业纾困各方面优惠政策、通知、办法，组织参加《新冠肺炎疫情影响下的工期与费用索赔》网络讲座，转发青海省住房和城乡建设厅《关于新冠肺炎疫情防控期内建设工程计价有关事项》《关于加强建筑材料价格风险管控工作的通知》，为中小微企业发放《新冠肺炎疫情防控和企业开复工有关的政策文件摘要》《应对新冠肺炎疫情指导中小微企业发展相关政策措施》小册子，号召企业在确保安全防控的前提下，复工复产挽回经济损失，正确利用政策规定使造价咨询企业享受减免政策109.62万元。

四、发挥专家委员会及造价纠纷调解小组的作用

编写《青海省二级造价工程师计价计量实务》及土建、安装考试教材，于2020年11月26日通过专家评审，为推进青海省二级造价工程师考录工作奠定了基础。在纠纷调解方面，成功调解了一起因专业技术人员离职而带走单位数据库数据的案例，为企业挽回了损失。同时接受个人诉求欠薪案例一例，维护了员工诉求。

五、开启协会院校企业对接合作新征程

与青海建筑职业技术学院就人才培养、输送、共建“专兼结合师资库”、技术研发、成果转发、资源共享、科技信息、软件智能化发展等一系列合作机制，进行了深入广泛的交流和探索。

六、加强党建工作

2020年，在青海省委“两新”工委和青海省住房城乡建设行业社会组织党委指导支持下，按照新时代党的建设总体要求，成立了中共青海省建设行业社会组织委员会联合第一党支部，扎实推进党建引领建设行业社会组织中心工作，提升

服务能力，为社会组织高质量发展提供坚强的组织保障。

第三节　发展环境

一、政策环境

青海省住房和城乡建设厅履行全省建筑施工和房地产复工复产职责，出台复工复产 20 条措施和复工指南，推出一系列“不见面”审查审批、优化审批流程、延续企业资质、简化开复工手续，制定《青海省建设工程材料价格风险控制的指导意见》、下发《关于新冠肺炎疫情防控期间建设计价有关事项的通知》、印发《应对新冠肺炎疫情支持中小微企业发展相关政策措施》小册子，为疫情防控和复工复产提供了坚实的保障。

二、经济环境

青海省委、省政府按照党中央统一部署，经过科学研判，精准做出决策，在全国率先实现复工复产，恢复经济秩序。2020 年全省 190 项重点项目全部开工复工，中欧班列、铁海联运班列常态化运营，外贸企业生产经营保持稳定，出台助企纾困政策，为各类市场主体让利 85 亿元，通过“五专”服务体系，“四个集中”服务模式，解决各类诉求 1.3 万件，开展惠民暖企促消费系列活动，批发和零售业商品销售额稳步增长，成功举办第 21 届青洽会。为规范建筑市场秩序，开展“六清”行动和“行业清源”工作，公布项目、项目总监、信用评价结果，实施联合奖惩，岗位履职在线监测，实现了 366 个项目工地人员实名制信息化管理。

2020 年全省各类市场主体增长 11.6%，农业增长 4.5%，再获丰收。

三、技术环境

1. 推进行业科技进步创新

2020 年住建行业两项省级科技计划项目通过验收，完成 6 个项目 10 项新技术示范工程立项、验收，大力推进“四新”技术及绿色建材推广应用，37 项工程建设地方标准通过复审，编制完成 12 项工程建设地方标准。

2. 推进建筑业改革转型，积极培育装配式建筑产业生产企业

建立第二批国家装配式建筑产业基地，发展绿色建筑、制定实施意见和指导图册，推进建筑垃圾减量化、资源化利用。启动新一轮工程造价计价依据编制工作，满足建筑市场各方主体计价需求保障。

3. 推进全过程咨询服务发展

大力培育工程全过程咨询，举办 BIM 技术培训班及全过程咨询研讨班、高层交流会。2020 年有 25 家造价咨询企业开展全过程工程造价咨询业务，年收入达 2.69 亿元。

“十三五”期间，青海基础建设、经济发展取得优异成绩。习近平总书记在“十三五”开局之年到青海视察，为青海摹画了富裕、文明、和谐、美丽新青海的美丽蓝图，青海将继续沿着习近平新时代中国特色社会主义思想前行，全面落实习近平总书记在青海重要讲话精神，按照“三个最大”省情定位，“四个扎扎实实”重大要求，与时俱进，推动新青海建设不断迈上新台阶。

（本章供稿：白显文、柳晶）

第二十五章 宁夏回族自治区工程造价咨询发展报告

第一节　发展现状

一、行业基本情况

1. 工程造价咨询企业资质分布情况

2020 年，宁夏工程造价咨询企业共有 93 家，比上年度增加 20.78%，其中甲级工程造价咨询企业资质等级 40 家，乙级（含暂定乙级）资质企业 53 家。专营工程造价咨询企业共有 19 家，包含甲级资质企业 4 家，乙级（含暂定乙级）资质企业 15 家。兼营工程造价咨询企业共有 74 家，分别为甲级 36 家，乙级（含暂定乙级）38 家。符合原资质资格标准并同时具有工程监理的甲级资质企业 5 家，乙级（含暂定乙级）资质企业 4 家。

2. 从业人员情况

2020 年，工程造价咨询企业专业技术人员总数 1841 人，同比增长 0.16%。其中，高级职称人员 337 人，同比增长 0.60%；中级职称人员 927 人，同比减少 8.52%；初级职称 577 人，同比增长 16.10%；在宁夏工程造价咨询企业注册的一级注册造价工程师 686 人，同比减少 5.38%。其他专业注册执行人员 221 人，同比减少 21.07%。

3. 行业收入情况

2020 年，宁夏工程造价咨询企业工程造价咨询业务收入 41483.3790 万元，比上年增长 4.03%；其他业务收入 17963.0042 万元，比上年增长 8.32%。其中招标代理业务 10381.1645 万元，比上年增长 12.91%；项目管理业务 710.5200 万元，比上年增长 2.07%；工程咨询业务 241.5900 万元，比上年减少 92.81%；建设工程监理业务 6629.7297 万元，比上年增长 6.45%。

工程造价咨询业务收入中，按涉及专业类别划分：房屋建造工程专业收入 26689.7982 万元，占全部工程造价咨询业务收入比例为 64.34%；市政工程专业收入 5990.4861 万元，占 14.44%；公路工程专业收入 2424.3543 万元，占 5.84%；铁路工程专业收入 125.2000 万元，占 0.30%；城市轨道交通专业收入 26.3400 万元，占 0.06%；火电工程专业收入 366.1267 万元，占 0.88%；水电工程专业收入 979.1783 万元，占 2.36%；新能源工程专业收入 257.2335 万元，占 0.62%。

工程造价咨询业务收入中，按工程建设的阶段划分：前期决算阶段咨询业务收入 1574.9675 万元；实施阶段咨询业务收入 12248.5845 万元；竣工结算阶段咨询业务收入 16956.4815 万元；全过程工程造价咨询业务收入 7064.8936 万元；工程造价经济纠纷的鉴定和仲裁的咨询业务收入 2496.8625 万元。

二、工作情况

新冠肺炎疫情发生以来，协会高度重视，迅速反应，认真学习贯彻习近平总书记的重要指示精神，严格落实党中央、国务院及自治区住房和城乡建设厅的部署要求，切实做好抗击疫情、复工复产、保障供应工作。呼吁各会员单位共同防控疫情，有效减少人员聚集，阻断疫情传播，确保会员单位人员的健康和安全，并倡议有条件有能力的会员，通过正规的捐献渠道捐赠疫情工作需要的物资，献出一份爱心，为疫情的防控尽一份力量。为助力会员企业复工复产，经协会常务理事会研究决定，减免会员企业 20% 的会费，共计金额 12 万元。同时举办线上一系列专题公益讲座。

1. 党建促进发展

协会党支部始终深入学习贯彻党的十九大精神和习近平总书记考察宁夏系列重要讲话精神。在自治区住房和城乡建设厅机关党委和民政厅有关部门的正确领导和严格要求下，认真贯彻全面从严治党，加强党组织建设，强化党建党务政治理论学习，提高党员政治思想觉悟和服务意识，拓宽思路、团结奋进，坚持把协会党建工作与协会发展相结合的原则，以服务政府、服务社会、服务行业、服务会员为宗旨，有序实施并完成本年度各项工作计划。

2. 公益慈善工作

积极开展“牢记嘱托、脱贫攻坚做表率”与基层造价咨询企业的党组织联创联建主题党日活动，组织参观宁夏盐池县惠安堡镇大坝村黄花菜产业加工晾晒储存基地，走访慰问了驻村干部及帮扶建档立卡户并捐赠物资。加强基层党组织党性修养，坚定理想信念，助力脱贫攻坚，深度聚焦“脱贫攻坚的最后一公里”。

开展“党建引领、筑牢根基”主题党日活动。关爱困境儿童，传递爱心，携手儿童福利院奉献爱心孤残儿童，推动党建工作“走出去”开展形式多样的活动，深刻体会到社会大家庭的温暖和关爱，积极探索“党建引领公益”新模式。

3. 修编宁夏二级造价工程师职业资格考试培训教材

为落实住房和城乡建设部等四部委《关于印发〈造价工程师职业资格制度规定〉〈造价工程师职业资格考试实施办法〉的通知》精神，根据《全国二级造价工程师职业资格考试大纲》(2019 版）及《关于积极推进二级造价工程师职业资格考试培训教材编写工作的通知》精神，开展并完成《建设工程计量与计价实务》的编写工作。编制工作从 2019 年 3 月开始启动，2019 年 5 月初稿完成，2019 年 12 月经专家审核后，根据专家审核修改意见，对教材再次进行有针对性的修改和补充编制，最终修改定稿《建设工程计量与计价实务》土木建筑工程、安装工程两册，共计约 61 万字，于 2020 年末提交出版社。

4. 组织编制宁夏《二级造价工程师职业资格考试培训教材指南（土建、安装）》

为了方便参加二级造价工程师职业资格考试的学员对《建设工程计量与计价实务》学习理解，协会于 2020 年 3 月开始，依据教材，编制《宁夏二级造价工程师职业资格考试培训教材指南（土建、安装）》，整个编制工作于 2020 年 8 月初完成，共计约 37 万余字。

5. 协助自治区高级人民法院遴选工程造价行业的《宁夏法院对外委托备选专业机构名录》

随着市场经济的不断完善，公众的法治意识日益增强，近几年来，因建筑工程造价纠纷问题而引起的民事诉讼案件逐年增多，出现了诉讼中的工程造价司法鉴定问题。工程造价司法鉴定作为一种独立证据，是工程造价纠纷案调解和判决的重要证据，因其纠纷产生的原因很多，导致工程造价司法鉴定的复杂性。为此，受自治区高级人民法院委托，推荐了一批行业内专业知识丰富，诚信优质的造价咨询企业入选《宁夏法院对外委托备选专业机构名录》，协助法院从事司法鉴定工作。经协会推荐，自治区高级人民法院遴选，全区共有28家企业入选。举办涉案建设工程造价鉴定专业技术培训，全区28家入围《宁夏法院对外委托备选专业机构名录》的企业及部分造价咨询企业的300多名从业人员参加了培训。

6. 开展高峰论坛

目前，建筑工程造价正处在行业改革与发展中，工程造价计价依据和计价办法正在发生深刻变化，建筑市场之间竞争十分激烈，2020年6月，为进一步促进建筑业的转型升级与可持续健康发展，全面落实住房和城乡建设部《2016-2020年建筑业信息化发展纲要》，协会组织举办了“造价咨询企业高峰论坛”，探讨咨询企业如何开展BIM业务以及分享BIM业务发展中的案例，推进企业数字化发展落地，提高企业核心竞争力。

第二节　发展环境

一、市场环境

2020年，宁夏全年生产总值（GDP）3920.55亿元，按可比价格计算，比上年增长3.9%，增速分别比一季度、上半年、前三季度加快6.7个、2.6个和1.3个百分点。分产业看，第一产业增加值338.01亿元，增长3.3%；第二产业增加值1608.96亿元，增长4.0%；第三产业增加值1973.58亿元，增长3.9%。

二、发展环境研究及对策

不断探索运用BIM、云计算、大数据、物联网、移动互联网和人工智能等技术，通过对人员、物流、资金、数据和技术的有效集成，对工程项目从设计、生产、施工到运维的全过程、全要素、全参与方的数字化、在线化、智能化的新型智能建造方式将受到空前重视，并将成为现实。相较于发达城市企业来说，宁夏造价行业应对风险的进退空间要小很多，带来的负面冲击很大。行业要抓住机遇，顺应新形势下社会发展趋势，拓宽服务意识，发挥工程造价行业的技术和人才优势，更好地应对即将出现的新要求新挑战。另外，协会将充分发挥桥梁和纽带的作用，引领行业不断进步发展，积极配合上级主管部门及相关单位开展工作，积极参与法律、法规、标准规范、发展规划和战略的研究，做好统计数据的分析。

（本章供稿：殷小玲、王涛）

新疆维吾尔自治区工程造价咨询发展报告

第一节　发展现状

一、综合发展情况

1. 企业发展呈现小而精趋势

2020 年末，新疆工程造价咨询企业共 214 家，工程造价咨询企业数量增长明显，有 92 家专营工程造价咨询企业，占 42.99%。97% 企业登记注册为有限责任公司，市场化程度越来越高；90% 以上的工程造价咨询企业的员工数量不超过 50 人，单一工程造价咨询资质的企业数量保持稳步快速趋势，中小规模企业是造价咨询行业的主要组成部分，企业向小而精方向发展。工程造价咨询企业依然主要分布在乌鲁木齐市，占比近七成，地区分布极不均衡。

2. 行业收入及盈利双增长

2020 年，新疆工程造价咨询行业营业收入 21.87 亿元，较 2019 年同比上升 66.82%，整体发展势头良好。工程造价咨询行业利润总额为 2.30 亿元，较 2019 年同比上升 22.34%，保持增长态势，行业发展形势趋好。

3. 从业人员、注册人员减少

2020 年，新疆工程造价咨询企业共有从业人员 5334 人，从业人员比上年减少 3.44%。注册造价工程师在企业注册执业的有 1539 人，比去年减少 7.73%，注册造价工程师占年末从业人员总数的 28.85%，比上一年降低，注册造价工程师的数量在减少，且呈逐年下降趋势。高学历人才占比过少，从业人员近五成都是专科学历，从业人员学历水平有待提高。高级职称人员 869 人，占全部专业技术人员的比例为 29.06%，比其上一年增长 18.55%。

二、工作情况

1. 丰富党建工作，提升内在动力

开展多样的党建活动，不断丰富党建工作内涵，保持正确政治方向，提升内在动力，为政府、行业和会员提供服务，促进新疆工程造价咨询行业持续发展。通过对 114 家造价咨询企业调研显示，有 40 家企业成立了党支部，从业人员中有 268 名中共党员，与去年相比，党员人数增加 8.5%，基层党组织数量增加 29%。各党支部开展了形式多样的党建活动，协会也培育会员单位党组织先进典型，示范指导会员单位组织开展党建活动，调动企业员工积极性，力保担负起推动经济发展和社会秩序稳定的责任和使命，全面提升行业党建工作水平。

2. 强化组织建设，增强工作动能

始终按照行业协会建设的总体要求提升制度建设，坚持建章立制，规范标准。不断提高认识，加强自身建设，坚持提高社会团体的使命感和责任感，提高服务政府、服务行业、服务会员的水平，做好各项工作。2020 年初，为配合完成各项重点工作，更好发挥行业专家学者的专业优势，完善了专家委员会组织架构，聘请行业内知名专家、学者组成了行业自律与信用综合评定委员会、学术研究及教育培训委员会、工程造价信息化及新技术应用委员会、专业咨询与诉求反映委员会四个专业智库机构，作为专业技术支撑，有针对性地开展各项专业活动。

3. 扎实基础工作，保障行业快速健康发展

利用网站等渠道，及时发布工作动态和行业信息，增强与会员企业之间的交流互动；进一步提高协会网站、会刊质量，及时更新内容，创新发布形式，为行业提供更加快捷准确的信息资料，提高信息化水平。组织工程造价专业知识（技能）竞赛，竞赛专业设置了土建、安装、钢结构、装饰、市政 5 个类别，1308 名从业人员报名参加活动，涉及工程造价咨询企业、施工企业等共 238 家。

通过竞赛，涌现出一批高层次技能型人才，充分发挥其引领示范作用，以点带面，在工程造价咨询行业中营造钻研专业技能、争当技术能手的良好氛围，为工程造价行业快速健康发展提供人才支撑。

4. 凝聚行业力量，彰显社会责任担当

新型冠状病毒肺炎疫情防控期间，及时通过线上方式宣传国家及新疆有关政策，向会员单位发出倡议书。企业捐款捐物共计 149.55 万元，多家企业参与了防控疫情志愿服务，用实际行动为打赢疫情防控阻击战贡献力量。积极发挥行业纽带作用，疫情期间组织 4 期线上公益培训，为会员企业免费安装企业疫情防控监测统计平台，向会员单位推荐住房和城乡建设部组织指导的线上免费职业培训信息，充分利用“互联网 +”形式提高造价执业人员执业能力，提升工作效率。

三、行业发展概况

1. 积极参与重点项目、民生工程建设

新疆工程造价咨询企业克服新冠肺炎疫情的不利影响，积极参与新疆重点工程项目，持续做好重点工程项目服务支持和保障工作，在城镇保障性住房建设、特色小城镇建设、民生工程中也发挥了重大作用。同时疆外造价咨询企业也参与到新疆的工程建设中，为项目顺利开展提供咨询服务。

2. 发挥行业专家优势，不断提升专业能力

2020 年 6 月 24 日，造价咨询与诉求专业委员会组织“诉求与专业咨询十个问题”专业课题讨论会，针对司法鉴定中对造价专业问题的处理、工程结算中遇到不平衡报价应如何处理、招标控制价中是否需要考虑材料价格波动的风险、疫情对目前工程造价的影响有哪些等十个问题进行了交流探讨。

3. 扎实推进人才建设

组织完成二级造价工程师辅导教材配套练习题集的编制并做好考试筹备工作，推动考试制度的实施。组织开展“BIM 建模及模型在工程造价中的应用”线上分享公益讲座直播，参加学习的行业从业人员共计 1095 人。加强企业与高校

的合作，引导高校优化工程造价专业人才培养方案，形成高职、本科、硕士相结合的多层次人才培养结构。

4. 加强行业自律诚信建设

积极参与《自治区工程造价咨询企业及从业人员信用评价管理办法（试行）》的制定工作，并根据中国建设工程造价管理协会《关于动态开展工程造价咨询企业信用评价工作的通知》（中价协〔2020〕21 号）精神，完成 2020 年工程造价咨询企业 7 家信用评价初评工作。

第二节 发展环境

一、政策环境

1. 持续维护社会大局稳定

新疆始终把维护稳定作为压倒一切的政治任务，聚焦总目标、打好组合拳，彻底扭转了暴恐活动多发频发的被动局面，社会环境稳定和谐。扎实开展民族团结联谊活动，促进了各民族广泛交往、深度交融，为经济社会发展提供了最有力保障。新疆作为“一带一路”倡议合作中的核心区，具有良好的人文条件，为新疆企业面向中亚市场的发展打造了更加有力的政治、经济、文化环境。中国中亚睦邻友好关系和各领域的频繁交流合作，为中国新疆企业顺利进入中亚市场注入新的强劲动力。

2. 深化“放管服”改革，优化营商环境

新疆深入推进“放管服”改革，着力优化营商环境，深化一体化在线政务服务平台建设应用，形成了覆盖全区的政务服务体系，企业办事线下“只进一扇门”、线上“只进一张网”。依托现有电子招标投标交易平台，开发“不见面”开标系统。目前，“不见面”开标系统已在 14 个地州市实现全覆盖。

为加强工程造价咨询企业及从业人员信用体系建设，构建以信用为基础的新型监管机制。根据国家相关规定，结合新疆建设工程造价行业实际，于 2020

年印发《自治区工程造价咨询企业及从业人员信用评价管理办法（试行）》，积极引导行业各企业增强依法诚信经营意识，从业人员增强依法诚信执业意识。

发布有关文件，统筹推进新疆住房城乡建设系统常态化疫情防控和经济社会发展工作，稳妥推进建设工程企业复工复产。对审批流程、核查程序等做出了规定，加强审批后核查力度，取消无法定依据的申请材料和证明事项，缩短审批时限，激发市场活力，优化营商环境。

二、经济环境

1. 宏观经济环境向好

新疆坚定不移贯彻新发展理念，坚持一产上水平、二产抓重点、三产大发展，深入推进供给侧结构性改革，坚决破除各种瓶颈制约，有效应对各种风险挑战，着力推进高质量发展，综合经济实力不断跃上新台阶。落实精准扶贫精准脱贫基本方略，全区现行标准下 306.49 万农村贫困人口全面脱贫、3666 个贫困村全部退出、35 个贫困县全部摘帽。

2. 经济发展稳中有进

2020 年地区生产总值增加到 13797.58 亿元，增长速度 3.4%。其中工业生产总值 3633.33 亿元，增长速度 5.8%；建筑业生产总值 1197.03 亿元，增长速度 14.7%；金融业生产总值 1086.45 亿元，增长速度 5.2%；房地产业生产总值 536.36 亿元，增长速度 6.7%。固定资产投资增长速度 16.2%。其中第一产业增长速度 10%，第二产业增长速度 5.4%，第三产业增长速度 18.5%。房地产开发投资 1260.89 亿元，增长速度 17.4%。房屋施工面积 14268.40 万 m^2，增长速度 10%。经济面对新冠肺炎疫情严重冲击表现出强大韧性和旺盛活力。

三、技术环境

1. 不断完善标准体系建设

针对新冠肺炎疫情的持续影响，下发了《关于应对新冠肺炎疫情影响做好我区建设工程计价有关工作的通知》，开展人工费、材料费、运输费相关调研工作。完成农村安居工程、保障性住房经济指标的编发工作；指导地州编制2020年（上、下半年）农村安居工程经济指标；拓宽思路，制定农村安居、保障性住房经济指标修编方案，开展编制工作。发布了《自治区房屋建筑与装饰工程消耗量定额》《自治区市政工程消耗量定额》，完成《安装工程补充消耗量定额》《建筑安装、市政费用定额》（征求意见稿）编制工作。完成并发布《关于新疆建设工程扬尘污染防治增加费计取方法的公告》，为施工现场扬尘污染控制和治理，合理确定工程造价提供了保障，维护了建设各方合法权益。

2. 稳步推进信息化建设

工程造价信息化平台建设和信息服务能力进一步加强，测算发布建设工程主要材料、人工价格信息，开展工程造价数据监测，为建设各方主体提供计价信息服务等。加强工程造价信息平管网站，制定信息发布管理办法及发布实施细则，规范网站信息采集、发布工作。新疆住房和城乡建设主管部门实施"互联网＋政务服务"，为优化办事流程，切实加强工程造价咨询企业的事中事后监管，印发了《关于规范明确自治区工程造价咨询企业相关业务事项的通知》（新建标〔2020〕3号）。制定出台《关于规范明确注册造价工程师相关业务事项的公告》，实现注册造价工程师相关业务和造价咨询企业行政许可业务网上办理。

第三节　主要问题及对策

一、主要问题

1. 造价咨询企业地域优势下降

新疆总面积为166万km^2，一直以来属于老、少、边、穷地区，新疆作为新丝绸之路经济带的核心区，地域、政策优势明显。但新疆工程造价咨询企业"走出去"服务海外工程的数量较少；企业没有进行品牌宣传，企业品牌意识不强。大量进疆企业冲击本地企业，使得本地企业存在学历不高、注册造价师等人员短缺等情况，具备国际咨询服务能力的专业人才不足，地域竞争力下降。

2. 后继人才不足，人才流失较严重

工程造价人才培养数量与市场需求不匹配，人才培养的速度远远落后于市场需求，经验丰富的从业人员严重缺乏。内地进疆企业较多，使学历高、经验丰富的注册造价人员流向内地企业，本地企业从业人员 40 岁以上占其总人数的 41.2%，行业队伍年龄偏大，企业缺乏活力和长远发展的后劲不足。由于造价从业人员要有一定的专业知识基础，同时劳动强度大、收入普遍不高，很多本专业的年轻人跨行业选择工作。目前从业人员严重流失，新人进入行业的人数不断锐减，正日益成为影响新疆未来造价咨询行业发展的重要因素。

二、应对措施及发展方向

1. 依托地缘优势，鼓励企业优化组织模式

响应“一带一路”倡议，依托新疆地缘区位优势，鼓励疆内造价咨询企业联合其他建筑行业协会以及具有国际业务优势的骨干企业成立“一带一路”国际工程咨询服务平台，加强品牌宣传，提升企业知名度和企业竞争力。

2. 发挥行业协会在人才培养中的积极推动作用

通过行业协会组织协调，推动和加强校企合作，发挥企业与高校的桥梁作用，积极引导高校参与造价管理重点课题研究。继续推进校企合作交流平台的搭建，结合企业实际问题进行研究，引导企业在高校人才培养中发挥积极作用。

改善行业的从业环境，吸引人才进入行业，为行业和企业发展注入新鲜血液。建立符合工程造价专业特点的继续教育体系和培训体系，提高继续教育质量，使工程造价专业人才学历、能力双提升，同时提高从业人员职业道德修养和个人综合素质，提升业务水平，增强企业的竞争力。

（本章供稿：吕疆红、赵强）

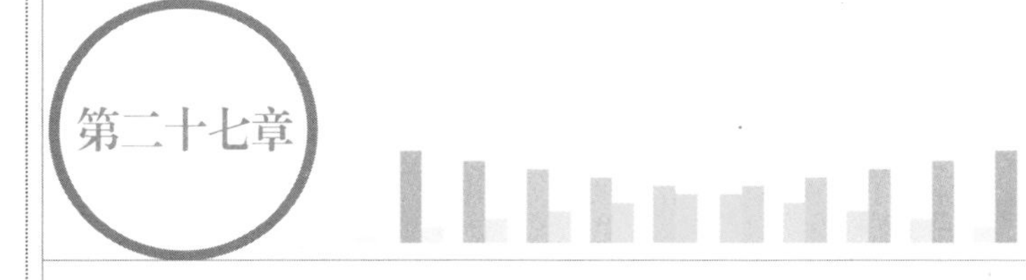

铁路工程造价咨询发展报告

第一节　发展现状

一、全国铁路投资规模持续高位运行

2020年，全国铁路固定资产投资完成7918亿元，其中基本建设投资5550亿元以上，投产新线4933km，其中高速铁路2521km。全国铁路固定资产投资持续高位运行，铁路路网体系建设得到进一步完善。

路网规模：截至2020年底，全国铁路营业里程达到14.63万km，其中高速铁路营业里程达到3.8万km；复线里程8.7万km，复线率59.5%；电气化里程10.6万km，电化率72.89%；西部地区铁路营业里程5.9万km，比2019年增加0.3万km；全国铁路路网密度152.3km/万km^2。

移动装备：全国铁路机车拥有量为2.2万台，与2019年持平，其中，内燃机车0.8万台、电力机车1.38万台；全国铁路客车拥有量为7.6万辆，其中动车组3918辆，比2019年增加2536辆，标准组31340辆，比2019年增加2021辆；全国铁路货车拥有量为91.2万辆，比去年增加3.4万辆。

二、铁路工程造价咨询行业得到持续发展

2020年完成一级注册造价工程师初始注册219人次，变更注册137人次，延续注册224人次，一级注册造价工程师整体规模达2500人，比2019年2270人增加230人，整体人员队伍不断增加。

2020年注册甲级造价咨询企业23家，其中国有独资公司及国有控股公司1家，有限责任公司22家，工程造价咨询业务收入不断增加，合计63627万余元，比2019年61901万元增加2.79%；从业人员不断增加，共计20352人，比2019年16963人增加19.9%；企业营业总收入14192774万元，造价咨询收入占营业总收入0.45%，占比有待提高。

2020年信用评价9家，获评3A级8家，获评2A级1家。

2020年，为进一步做好注册造价工程师继续教育服务工作，完善了网络继续教育考试系统，录制了《铁路通信工程估算定额》《铁路电力工程估算定额》等四册造价标准宣贯网络继续教育视频，增加了学习内容，共组织1500余名造价工程师完成网络继续教育的学习。铁路工程造价咨询行业的专业队伍和企业实力得到不断发展和壮大。

第二节　发展环境

一、铁路建设呈现新特点，交通强国铁路先行

构建现代高效的高速铁路网，建成以高速铁路主通道为骨架、区域性高速铁路衔接延伸的发达高速铁路网。形成覆盖广泛的普速铁路网，优化完善普铁主干线通道，加强地区开发性及沿边铁路建设，畅通铁路集疏运体系及路网“前后一公里”。建成以普铁主干线为骨架、区域性铁路延伸集散的现代化普速铁路网，形成干线综合交通网的主动脉。发展快捷融合的城际和市域铁路网，在经济发达、人口稠密的城镇化地区构建多层次、大容量、通勤式、一体化的快捷轨道网，打造城市群综合交通网的主骨干。城市群中心城市之间及与其他主要城市间发展城际铁路，都市圈超大、特大城市中心城区与郊区、周边城镇组团间发展快速市域（郊）铁路，服务公交化便捷通勤出行。构筑一体衔接顺畅的现代综合枢纽，按照“零距离”换乘要求，建设以铁路客站为中心的综合客运枢纽，强化枢纽内外交通有机衔接，促进客站合理分工及互联互通，推进干线铁路、城际铁路、市域（郊）铁路和城市轨道交通“四网融合”及与机场高效衔接，实现方便快捷换乘，按照“无缝化”衔接要求，建设以铁路物流基地为中心的货运枢纽，

完善货运枢纽集疏运体系、城市配送体系以及多式联运、换装转运体系，提升货运场站数字化、智能化水平，推动货运枢纽向现代综合物流枢纽转型。

二、深入推进铁路建设市场化改革，铁路建设管理方式更加规范

推行单价承包、专业分包等管理模式，规范委托代建管理工作，明确单价承包和 EPC 工程总承包项目工程保险投保规定，强化监理管理，发挥专业管理优势，通过委托代建、全过程咨询等方式，支持地方主导的铁路项目建设；开展铁路公司建设管理工作评价。近年来，我国铁路积极推进分类分层建设，进一步形成路地、路企合资合作铁路建设新模式。2020 年，铁路基建投资中地方政府和企业的资本金占比提高到 59%，推进了杭绍台铁路、盐通铁路、汕汕铁路、杭衡铁路等 EPC 项目，铁路建设市场化改革迈出重要步伐。2020 年，进一步健全 EPC 工程总承包管理制度建设，充分发挥设计、施工企业优势，促进 EPC 工程总承包健康发展。

积极推进铁路建设项目单价承包和专业分包模式。2020 年，提出新开工铁路建设项目将全面推行单价承包模式，积极借鉴浩吉铁路、成兰铁路等铁路建设项目的实施经验，加强建立相关管理制度和合同文本；在总结既有铁路建设项目试点经验的基础上，制定完善施工专业分包管理制度，规范专业分包管理，加强分包单位资质审查，依法全面推行专业分包，进一步促进铁路建设管理模式的改革创新。

三、全面提升铁路工程监督管理能力水平，为推动铁路建设高质量发展提供新保障

2020 年，高质量推进铁路建设，工程监管制度体系建设扎实推进，疫情防控工程监管实现双突破，质量安全监管有力有效，建设市场信用监管进一步深化，工程招标投标领域优化营商环境取得新进展，服务保障市场主体合法权益取得积极成效，调研工作成效明显，信息化监管进程不断推进，铁路工程监管能力水平不断提高，铁路建设质量安全形势总体稳定。铁路工程监督管理能力的提升和监督管理体系的完善，将为铁路工程的发展建设提供新保障新支撑。

第三节　主要工作

一、在服务铁路建设高质量发展方面积极开展相关研究工作

1. 服务区域发展成绩显著

对接京津冀协同发展、雄安新区建设、长江经济带发展、粤港澳大湾区建设、长三角一体化发展、成渝地区双城经济圈建设等国家战略，加快区域铁路重点项目建设，京雄、沪苏通等一批重大项目建成投产；成渝高铁是我国西南地区第一条时速 350km 高铁，为区域经济社会发展提供了服务和支撑。积极开展市域（郊）铁路概算编制办法及费用研究，为区域（郊）铁路发展提供支持。

2. 铁路建设扶贫成果丰硕

明确 14 个集中连片区及百项交通扶贫骨干通道铁路建设扶贫工作措施，加快贫困地区铁路建设，老、少、边地区完成铁路基建投资 4322.7 亿元，占全年投资总额的 74.4%；百项交通扶贫骨干通道工程中的 16 个铁路项目全部开工建设，其中银西、大临等 5 个项目建成开通运营，新投产线路覆盖 26 个国家级贫困县，其中 6 个结束了不通铁路的历史。

3. 境外项目建设有序推进

中老铁路土建主体工程基本完成，万象至琅勃拉邦段提前铺通，为建成“一带一路”、中老友谊标志性工程奠定了基础；雅万高铁全面开工建设；中泰铁路等项目积极推进。

二、在服务铁路建设市场突出问题方面，调整了铁路工程造价标准编制期综合人工费单价

2020 年完成了铁路工程设计概预算编制期综合人工费标准调整的研究工作。调研收集了大量铁路建设人工成本数据资料，分析了近年来铁路建设市场劳务价

格的变化幅度，结合现行定额人工消耗量情况以及国家减费降税的相关政策，提出了人工费标准的调整方案，编制期综合工费单价增幅 15.1%～35.4%。

三、在服务西部铁路建设方面，开展相关造价标准研究补充工作

随着我国东部地区铁路路网建设的不断完善，以大理至瑞丽铁路、成渝高铁等铁路建设为代表的中西部铁路的规划建设，使得我国现阶段铁路建设的重心向中西部转移。中西部地区复杂的地质地形条件、多变的气候环境条件、较为薄弱的基础设施条件，均是新的挑战，陆续开展相关造价标准研究，为支撑铁路建设服务。

《铁路隧道 TBM 及超长工区施工等补充预算定额》(铁建设〔2020〕155 号)发布实施，填补了现行铁路造价标准中隧道 TBM 法施工、巷道式通风等定额子目的空白，满足了铁路建设项目，尤其是西南地区铁路工程设计概预算编制的需要；开展《西南山区铁路高陡边坡防护施工技术经济研究》等工作，组织技术人员开展前期资料收集、现场测定、数据分析等工作，以进一步完善西南山区铁路设计概预算的编制依据为目标，提升造价标准的适应性。

四、在服务铁路运营管理方面，补充了铁路行业技术改造和大修的造价标准

完成《关于规范铁路运输设施设备技术改造工程设计概(预)算编制工作的通知》(铁办发改〔2020〕60 号)；完成铁路大修工程概预算编制办法及定额，目前正在内部征求意见。

(本章供稿：金强、何燕)

化学工业工程造价咨询发展报告

第一节　发展现状

2020年，6家甲级工程造价咨询企业从业人员1500人，其中高级技术职称人员778人，中级技术职称人员507人，一级注册造价工程师89人。2020年咨询业务收入12159.65万元，其中，前期决策咨询、工程实施阶段咨询、工程结算（决算）、全过程工程咨询、工程造价经济纠纷鉴定与仲裁咨询占比分别为62.14%、6.29%、17.61%、12.83%、1.12%。

第二节　发展环境

行业工程造价咨询业务发展前景，取决于国家化学工业未来发展的产业政策、行业发展规划、工程设计施工技术进步、工程造价理念及方法的发展和人才队伍建设。

工程造价咨询服务离不开完善的计价依据支持和相关机构的服务。行业工程造价计价依据体系由化工概算定额、预算定额、费用定额和估算指标构成，目前供化学工业工程造价市场使用的最新版本为《化工建设概算定额》(2015年版)、《化工建筑安装工程预算定额》(2018年版)、《化工建设安装工程费用定额》(2018年版)。这些行业定额合理地采纳了化学工程建设中新材料、新技术、新方法，形成了一大批新定额子目，较好地体现了计价依据的行业平均水平，基本可以满足化学工业工程造价咨询的需要。这些新成果还作为国家《通用安装工程消耗量定额》(2018年版)修订参考依据被广泛采用，成为国家工程计价依据体系中不可或缺的组成部分。

建立专业人才队伍是服务发展环境的重要组成部分。全国建设工程造价员资格取消和二级造价师管理办法出台后根据行业对工程造价人才的需求，及时把资格培训调整到能力培训的方向，经过几年来的实践与探索，形成了具有化工特点的工程造价人才培训服务计划与方法，制定了《关于加强化学工业工程造价人才培训工作的意见》，提出了《关于化学工业工程造价人员队伍建设若干措施》，编写了由《基础知识》《建筑工程》《安装工程》《电仪工程》组成的培训教材。通过培训服务，助力管理人员胜任工程造价管理工作，助力专业人员胜任工程项目立项研究、项目建议书编制、投资估算、设计概算、招标投标标书编制、招标控制价及施工图预算、工程项目结算和决算等咨询服务业务。

第三节　主要问题及对策

行业工程造价咨询业务分布面广、分散度高，并且根据市场需求，向多样化、本专业以外的领域快速发展，但存在以下几个方面的主要问题：

一是企业规模大小不均，需要不断增强生存和发展能力；二是服务领域开发难度不一，需要花大力气突破行业壁垒；三是人才队伍结构有待完善，需要多渠道招揽专业人员。针对这些难题，需要积极采取相应对策，克服困难，重视队伍建设，增强服务意识，提高服务质量，不断推动造价咨询服务健康持续稳步发展。

一、扬长避短，稳步发展

6家工程造价咨询企业中，有2家属于中央企业独立从事工程造价咨询业务机构，4家为独立从事工程造价咨询业务的责任公司，去除统计口径可能存在的差异因素，其中5家企业平均职工人数为全国的47.2%；平均营业额为全国的44.6%，人均营业收入为全国的0.94%，总体来说，企业规模偏小，市场适应能力明显不足，短期内发展潜力不大。今后一个时期，要本着可持续发展的原则，扬长避短，努力发掘企业规模小的优势，量力而行，加强企业管理和成本核算，改进经营方式，采用先进技术与方法，提高服务质量和企业信誉，积蓄力量，脚踏实地，稳步推进，健康发展。

二、强化专业优势，广泛联系合作

企业专业渊源深，从业经历长，经验丰富，专业优势强，这是企业的强项。但是，多年来行业投资主体多元化、咨询业务市场化、专业内部也面临着激烈的市场竞争，对企业的发展形成了一定的压力。面对压力常态化的现实，企业应从三个方面寻求发展，一是强化专业优势，进一步优化工程造价咨询业务类别、工作岗位，分层次、有重点地强化专业人员业务知识和工作能力，推动专业知识和新技术新方法的融合，不断强化专业优势；二是广泛联系合作，发挥工程造价咨询企业市场主体功能，鼓励企业体制机制创新，取长补短，一专多能，广泛开展联系合作，寻求新的发展途径，扩大服务领域，适应市场需求；三是按照市场发展需求，把化学工业工程造价咨询服务业务有机融入石油和化工勘察设计、施工的业务中去，形成新的工作项目和方式，开拓新的发展途径。

三、重视队伍建设，积极培养延揽人才

近 30 年来，工程造价咨询技术发展很快，从预算软件应用到网络技术应用，从管理信息化软件应用到数字造价智能运用，云计算为处理工程造价数据开拓了新思路，大数据技术将开启工程造价咨询的全新发展模式，传统的工程造价咨询模式正在被 BIM 技术所替代。因此，现有工程造价专业人员知识和工作理念、方法更新已经引起了企业广泛重视。要立足于当前需要，着眼于包括工程造价领域的新变化、新需求，全方位加强工程造价专业队伍建设工作，建立激励机制，改进培训服务，提供交流平台和学习机会，鼓励和帮助企业广泛招揽人才，努力建设高端的、复合型的、以化学工业工程造价业务为主、兼具相关领域工程造价咨询服务的专业人员队伍，促进工程造价事业的健康发展。

（本章供稿：鲁随春、韩晓琴、刘汉君、华娟平）

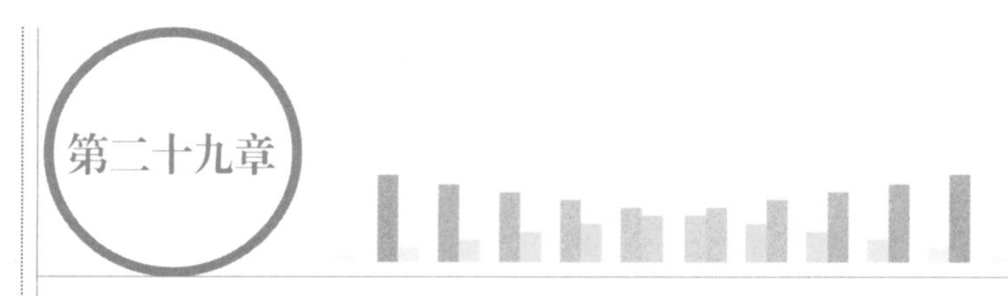

可再生能源工程造价咨询发展报告

第一节 发展现状

一、基本情况

1. 企业总体情况

2020 年，可再生能源造价咨询企业共有 15 家，均为甲级资质企业。其中，信用评价 3A 级企业共 9 家。

从资质类型来看，专营工程造价咨询的企业 2 家，具有多种资质的企业 13 家。具有多种资质的企业中，同时具有工程监理资质的企业 10 家，同时具有工程咨询资信的企业 9 家，同时具有工程设计资质的企业 12 家。可见，行业造价咨询属于企业多元化发展的一个业务板块。

2. 从业人员总体情况

2020 年期末，从业人员 1388 人，其中正式聘用人员 1041 人，占比为 75%；临时工作人员 347 人，占比为 25%。正式聘用人员中，一级注册造价工程师 625 人，二级注册造价工程师 3 人，其他注册执业人员 127 人，占比分别为 45.03%、0.22%、9.15%。正式聘用人员中，高级职称人员 416 人，中级职称人员 390 人，初级职称人员 124 人，占比分别为 44.73%、41.94%、13.33%。高级职称人员占比较 2019 年有所提高。

3. 营业收入总体情况

2020 年，企业总营业收入约 8514832.62 万元。其中工程造价咨询业务收入 44692.02 万元，较 2019 年度增幅为 17.72%。

按业务范围划分，工程造价咨询业务收入中超过 1000 万元的业务领域包括：水电工程 16705.08 万元、水利工程 5968.71 万元、市政工程 6103.36 万元、新能源工程 4457.29 万元、公路工程 1270.17 万元、房屋建筑工程 3757.97 万元。其中，水电业务营业收入占工程造价咨询业务收入的 37.38%，仍为主营业务，但占比较 2019 年有所下降。

按业务阶段划分，前期决策阶段咨询 13477.54 万元，实施阶段咨询 16957.97 万元，结（决）算阶段咨询 4053.79 万元，全过程工程造价咨询 7041.05 万元，工程造价经济纠纷的鉴定和仲裁咨询 1671.25 万元，其他 1490.42 万元。工程实施阶段及前期决策阶段咨询业务收入相对较高。

4. 企业盈利总体情况

2020 年，企业实现利润总额 315664.57 万元（含其他业务），上缴所得税合计 35667.45 万元。

二、行业计价依据与标准规范管理

2020 年，主编的定额标准共 19 项，其中水电标准 13 项，风电标准 2 项，光伏光热标准 4 项。相关成果在统一造价标准、规范各项工作、促进项目建设方面发挥了重要作用。完成了《水电工程勘察设计费计算标准》《太阳能热发电工程投资估算编制规定》《太阳能热发电工程设计概算编制规定》送审稿；完成了《陆上风电场工程工程量清单计价规范》《海上风电场工程工程量清单计价规范》《光伏发电工程工程量清单计价规范》征求意见稿；《水电工程设计概算编制规定》《水电工程费用构成及概（估）算费用标准》《水电建筑工程预算定额》《水电建筑工程概算定额》《水电设备安装工程预算定额》《水电设备安装工程概算定额》《水电工程施工机械台时费定额》7 项定额标准修订工作已完成初稿；审定了《水电工程对外投资项目造价编制导则》《太阳能热发电工程概算定额》工作大纲；

《水电工程执行概算编制导则》《水电工程完工总结算报告编制导则》获得国家能源局行业标准立项并启动编制工作；开展了《水电工程分标概算编制规定》《水电工程招标设计概算编制规定》英文版翻译工作；按期发布《水电建筑及设备安装工程价格指数（2019年下半年）》《水电建筑及设备安装工程价格指数（2020年上半年）》。

三、行业服务

为帮助大家平稳渡过疫情防控特殊时期，向行业内单位免费开放工程类职业资格考前培训在线课程，支持鼓励行业内专业人员利用线上加强学习，进一步提升专业素质和技能水平。

由于可再生能源发电工程建设受地形、地质、气象等自然条件的影响大、建设周期长，工程建设过程中变更索赔时有发生，且变更索赔费用占合同结算金额的比重较大，如何妥善处理变更索赔事项已成为保障合同履约和工程顺利建设的关键问题之一。为总结可再生能源发电工程变更索赔管理的实践经验，促进可再生能源发电工程建设单位和施工单位正确认识和处理工程建设过程中的变更索赔事项，提升变更索赔管理的理论和实践水平，开展了工程变更索赔管理论文征集及优秀论文评选活动，共征集论文139篇。同时，全年4期《水利水电工程造价》准时出版。

第二节 发展环境

一、政策环境

为促进非水可再生能源发电健康稳定发展，2020年1月，国家财政部、国家发展改革委、国家能源局联合印发《关于促进非水可再生能源发电健康发展的若干意见》（财建〔2020〕4号），提出了完善现行补贴方式、完善市场配置资源和补贴退坡机制、优化补贴兑付流程等意见。9月，三部委又联合发布《关于〈关于促进非水可再生能源发电健康发展的若干意见〉有关事项的补充通知》（财建

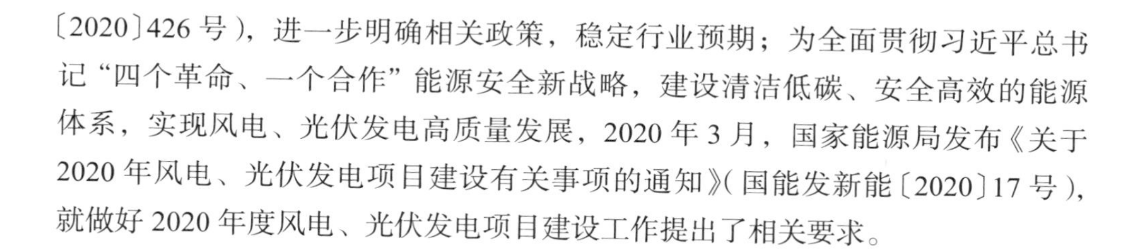
〔2020〕426 号），进一步明确相关政策，稳定行业预期；为全面贯彻习近平总书记“四个革命、一个合作”能源安全新战略，建设清洁低碳、安全高效的能源体系，实现风电、光伏发电高质量发展，2020 年 3 月，国家能源局发布《关于 2020 年风电、光伏发电项目建设有关事项的通知》（国能发新能〔2020〕17 号），就做好 2020 年度风电、光伏发电项目建设工作提出了相关要求。

二、市场环境

2020 年中国可再生能源继续快速发展。2020 年我国新增可再生能源发电装机 1.39 亿 kW，特别是风电、光伏发电新增装机 1.2 亿 kW，创历史新高；利用水平持续提升，2020 年可再生能源发电量超过 2.2 万亿 kW·h，占全部发电量比重接近 30%，全年水电、风电、光伏发电利用率分别达到 97%、97% 和 98%；产业优势持续增强，水电产业优势明显，是世界水电建设的中坚力量，风电、光伏发电基本形成全球最具竞争力的产业体系和产品服务；减污降碳成效显著，2020 年我国可再生能源利用规模达到 6.8 亿吨标准煤，相当于替代煤炭近 10 亿 t，减少二氧化碳、二氧化硫和氮氧化物排放量分别约达 17.9 亿 t、86.4 万 t 和 79.8 万 t，为生态文明建设夯实基础根基；惠民利民成果丰硕，作为“精准扶贫十大工程”之一的光伏扶贫成效显著，水电在促进地方经济发展、移民脱贫致富和改善地区基础设施方面持续贡献，可再生能源供暖助力北方地区清洁供暖落地实施。

2020 年可再生能源生产和消费实现了快速增长，可再生能源装机和发电量稳步增长，有力推动清洁低碳高效能源体系的构建。2020 年度，我国常规水电新增投产 1200 万 kW，大中型常规水电站核准开工规模约 310 万 kW；抽水蓄能新增投产 120 万 kW，核准开工 430 万 kW；风电新增并网装机 7167 万 kW，其中海上风电新增并网装机 306 万 kW；太阳能发电新增装机 4869 万 kW，其中光热发电新增装机 10 万 kW；生物质发电新增并网装机容量 542 万 kW。截至 2020 年底，我国常规水电装机达到 3.38 亿 kW，年发电量 1.35 万亿 kW·h，在建规模约 4800 万 kW；抽水蓄能装机 3149 万 kW，在建规模 5373 万 kW；风电装机 2.8 亿 kW，年发电量 4665 亿 kW·h；太阳能发电装机 2.5 亿 kW，年发电量 2611 亿 kW·h；生物质装机 2952 万 kW，年发电量 1326 亿 kW·h。水电、风电、太阳能发电、生物质发电可再生能源装机容量稳居世界第一。

第三节　主要工作

一、进一步推进定额标准管理工作

继续推进《水电工程设计概算编制规定》《水电工程勘察设计费计算标准》《陆上风电场工程工程量清单计价规范》《太阳能热发电工程概算定额》《水电工程执行概算编制导则》《水电工程完工总结算报告编制导则》等已立项工程定额标准的制（修）订工作，进一步完善定额标准体系；按照建立与市场相适应的工程定额标准管理制度要求，组织开展定额标准动态调整管理与工作机制研究及相关管理办法修订工作。

二、进一步强化工程造价信息管理工作

开展“十三五期间投产电力项目造价统计分析报告”的资料收集和分析工作；按期完成2020年下半年和2021年上半年水电建筑工程和设备安装工程价格指数测算和发布工作；完成《可再生能源发电工程造价信息》2021年度发行工作；进一步做好“可再生能源发电工程造价信息网”“水电工程价格信息系统”和“工程项目造价基础数据平台”运行及维护管理工作等。

三、加强热点难点专题研究工作

以当前在建水电及新能源项目为依托，继续组织开展主要建安工程项目施工工效测定及成本分析、相关费用标准等研究；继续开展可再生能源发电工程变更索赔处理有关计价方法及标准研究工作；根据运行期运行维护工作需要，组织开展水电工程检修费用编制规定及定额标准编制方法研究；为维护公平公正市场环境，开展可再生能源发电工程建设市场制度建设及监管措施研究。

四、继续做好行业相关管理工作

继续做好注册造价师资质和信用评价管理工作；根据行业培训需求，进一步做好水电工程造价培训班和新能源工程造价培训班管理工作；选择行业热点、难点问题，组织召开学术研讨会；继续开展工程造价优秀成果、优秀论文评选活动等。

（本章供稿：郭建欣、周小溪）

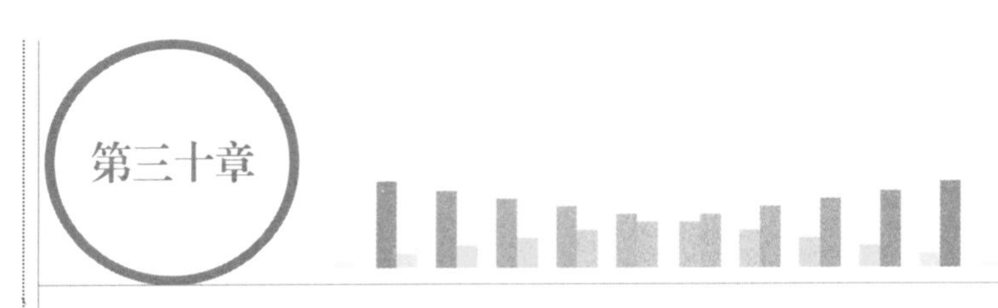

中石油工程造价咨询发展报告

第一节　发展现状

以服务石油建设项目为导向，以合理确定工程造价和有效控制项目投资为核心任务，在项目决策、价值提升、合同管理、投资确定、费用控制、工程审计等各方面为石油工程建设事业做出重要贡献：

一、完善计价依据体系

在国家相关政策、法规和建设行政主管部门规范、规定下，构建了一套完整、齐备的石油工程计价依据体系，包括编制办法规范类、工程计价定额类、设备材料价格类、投资参考指标类和工程造价信息类，五大类三十多项计价依据，基本形成了从工程建设到维修养护全过程的计价依据体系，其中《金属储罐机械清洗预算定额》《大型吊装机械台班指导价》《液压紧固设备施工指导价》等多项计价依据填补了国内空白。坚持实施石油工程计价依据的动态管理，全力做好各类办法、定额、指标等执行和调研分析，及时进行合理、必要的调整和完善，保证和提高计价依据的科学性、合理性和时效性。

二、构建清单计价体系

为了适应国家工程造价管理市场化改革的战略方向，满足石油建设工程精细化管理的需要，根据石油工程特点，研究建立了以工程量清单计价规则为核心、专业工程工程量计算规则为配套、典型工程工程量清单模板为补充的工程量清单计价体系，并在石油建设项目中全面推行工程量清单计价，促进石油工程计价与市场经济接轨、与国际计价方式接轨，既有利于建设单位控制投资，又能够规范工程建设领域招标投标，促进施工企业公平竞争，不断提高技术和管理水平。

三、推进建设信息化体系

近年来，利用信息化、大数据和云平台等先进技术手段，投资开发建设造价管理平台、概预算编制与审查软件、工程量清单编制软件、定额及指标编制软件等一系列信息化项目，逐渐实现了可研投资估算和设计概算文件的编制、线上审查和数据流转等功能，初步设计概算与工程量清单之间的自动转换功能，造价指标的自动生成及编制功能，石油工程设备材料价格信息自动处理与数据库动态管理等，石油工程造价管理信息化建设及应用，大大提升了对工程造价数据的有效管控，促进了石油工程造价管理水平的提升。

四、打造专业人才队伍

每年举办两期建筑和安装造价专业培训班，2016 年以来累计培训造价专业人员 1918 名，组织开展注册造价师继续教育和造价热点难点问题研讨，努力提升造价专业人员业务素质，加强造价专业人才队伍建设，打造了一支包括建设单位、管理与咨询企业、供应商、工程承包单位、设计单位等项目参与各方构成的，素质过硬、技术精湛的石油工程造价专业人员队伍。目前，全行业现有在岗持证石油造价专业人员 13304 人，其中一级注册造价师 892 人。

五、承担全统定额编制任务

编制《全国统一安装工程基础定额》《通用安装工程消耗量定额》《建设项目投资估算编审规程》《建设项目设计概算编审规程》《建筑安装工程费用项目组成》等计价依据；造价工程师考试培训教材编制及造价工程师继续教育；资质管理、

资质升级审查及信用评价等工作，对计价依据改革、定额管理办法、资质管理办法等征求意见及时研究，提出建议措施。

第二节 发展环境

当今世界电动革命、市场革命、数字革命、绿色革命方兴未艾，化石能源清洁化、清洁能源规模化、多种能源综合化、终端能源再电气化加速演进，特别是双碳目标提出后，能源行业面临巨大变革。从外部环境看：绿色发展理念深入人心，能源结构绿色低碳转型已成全球共识，绿色建造技术开始全面推广；住房和城乡建设部2020年7月印发《住房和城乡建设部办公厅关于印发工程造价改革工作方案的通知》（建办标〔2020〕38号），工程造价管理市场化改革步伐加快；中国石油加快构建多能互补新格局、打造提质增效升级版、推动数字化转型，为石油工程造价管理发展提供了新的机遇和挑战。从内在环境看：尽管石油工程造价管理从计价依据、组织机构、专业人员等各方面建立了相对完整的体系，但是，依然存在如新能源、数字化、智能化等项目计价依据缺乏，海外、海洋项目造价管理经验不足，各地区公司之间工程造价管理水平不够均衡等问题，需要不断改进和完善。

适应新的发展形势，需要与时俱进、开阔视野，坚持系统思维、创新理念，充分借鉴国际发达国家主流工程造价管理模式，牢固树立建设项目全寿命周期费用控制理念，切实转变和革新工作重点及方向，着力推动石油工程造价管理高质量发展，更好地服务于中国石油转型升级和战略目标实现。

一、突出计价依据体系完善

落实《住房和城乡建设部办公厅关于印发工程造价改革工作方案的通知》（建办标〔2020〕38号）有关精神，确定石油工程计价依据改革的时间表和路线图；借鉴先进经验，深化计价依据管理国际化对标研究；加强工程造价数据积累，构建石油建设工程造价指标指数体系；结合业务转型和管理需要，进一步完善新业务领域和全生命周期各阶段工程计价依据体系。

二、贯彻工程造价创新发展理念

密切关注工程造价管理发展改革动向，及时跟进专项研究；响应工程造价管理市场化改革，在石油建设项目中全面推行工程量清单计价，实现石油工程计价由定额模式向工程量清单模式转变；采用“走出去、请进来”等方式，丰富培训形式、优化培训资源、深化培训内容，多层级多元化开展造价人员培训，并加快探索领军人才和国际化人才培养模式，全面提升从业人员素质能力。

三、加速石油工程造价与信息化深度融合

密切跟踪数字技术前沿，系统谋划“智慧造价”建设目标和实现路径，按照近期“打基础”，中期“造环境”，远期“成系统”的思路，加快石油造价管理平台完善、工程造价数据库建设、石油工程价格信息研究和管理体系建设，着力构建信息、主体、环境“三位一体”工程造价生态系统，促进行业内各种资源、要素的优化和重组，提升工程造价管理水平。

四、加强全寿命周期造价管理

针对石油建设工程投资规模大、投资回收期长等特点，不仅关注建设期投资控制，同时关注项目建设完成后运营及维护产生的费用，从全寿命周期角度统筹考虑，论证项目是否可行、方案是否优化，避免不科学决策和不合理设计，提升石油建设项目整体投资收益。改变传统工程造价管理注重工程预结算、事后“算账”和控制的模式，更加关注可行性研究、初步设计、招标投标等前期阶段，前移管理关口，积极引导前期阶段的设计优化和投资控制。构建涵盖国内全产业链及海外工程，统一结构标准、统一设备材料价格和统一工程造价水平的投资参考指标体系，为投资控制提供保障。

第三节　主要问题及对策

一、行业造价专业人员管理难度加大

石油建设项目不同于一般的建筑、安装工程，具有工艺技术复杂、设备材料标准高、施工难度大及投资额度大等专业和行业特性，造价人员需要针对石油工程专门培训才能满足上岗要求。石油行业工程造价管理特别是施工企业造价专业人员管理面临严峻问题，持证石油造价人员由于退休、转岗等原因减员严重，已经培训的造价人员没有核发资格证书和执业印章，未能得到及时补充。建议重视这一问题，积极研究对策，给予妥善解决。

二、工程造价课题成果获奖不易

工程造价业务具有行业管理属性，与同在科研单位的其他业务相比，工程造价课题在科技和管理成果评选、标准专利和知识产权获得等方面存在较大难度，对造价专业人员职称评审、职务晋升等造成严重制约，不利于造价人员职业发展和提升，不利于造价专业人员队伍的稳定和发展。

（本章供稿：付小军、李木盛、肖倩）

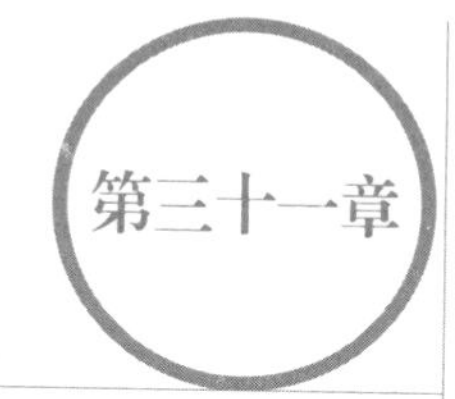

中石化工程造价咨询发展报告

第一节　发展现状

一、工程造价咨询行业情况

中石化工程造价咨询企业共有21家，其中专营工程造价咨询的企业5家，具有多种资质的企业16家；国有企业8家，民营企业13家；2020年营业收入25254万元。一级造价工程师780人，工程造价从业人员12800余人，其中石油工程概预算专业人员3200余人，石油化工预算专业人员8000余人，石油化工概算专业人员约1600人。

二、计价体系建设情况

为有效控制石化项目工程造价，提高投资效益，从1983年开始建设中国石化工程计价体系，发展到今天，已基本建立了一套完善的石油化工工程计价管理体系，并且根据市场构成要素的变化而不断地进行调整、改革、完善和发展。

为适应中国石化工程建设发展，满足工程造价计价依据改革工作需要，已对《石油化工安装工程概算指标》《石油化工工程建设费用定额》《石油化工安装工程主材费》《石油化工安装工程预算定额》《石油化工安装工程费用定额》等计价文件进行修订，工料机消耗量和价格等结构问题得到基本解决。《石油化工行业检修工程预算定额》《石油化工行业检修工程计价规则》的改革修订工作也正在稳步有序推进。

三、企业业务开展情况

企业（包括 5 家工程公司和 5 家施工企业）开展的工程造价业务主要包括可行性研究投资估算、总体设计（基础设计）概算、招标投标工程量清单、招标标底或招标限价、投标报价、费用控制、工程结算、工程审计、竣工决算、工程经济评价等工程造价文件的编制、校对、审核、审定，工程造价计价依据的编制、校对、审核，工程造价咨询业务等。

在建重点项目包括福建古雷炼化一体化项目、中石化宁波镇海基地项目、镇海炼化扩建项目二期、海南乙烯项目、巴陵己内酰胺项目、天津南港乙烯及下游高端新材料产业集群项目等。

四、工程造价信息化建设

工程造价信息化建设工作主要包括：工程造价各专业管理机构的网站；各企业工程建设管理平台中的工程造价管理版块；石油化工工程计价体系应用系统；正在建设阶段的《中国石化工程造价数据平台》等信息化建设项目。

目前，工程造价数据库建设工作处于案例开发工作阶段，正开展工程造价数据采集及数据库建设，完善数据编码体系及数据关联的建设，配套信息化应用软件开发等工作。下一阶段将完成工程造价数据云平台建设，在重点工程项目推广工程造价数据库建设，实现新建项目的全覆盖，达到支撑建设项目估算、概算、预算及全过程工程造价管理数据收集、管理、应用的目的。

五、人才队伍建设

目前，开展工程造价业务主要是以企业人事改革前的专业人员为管理主体，具体业务开展主要是以社会上的工程造价咨询企业作为人力资源依托。近几年，各企业新增工程造价人才资源都是通过大学生招聘。为了人才的培养，每年举办多期培训班，人才队伍建设的培训工作包括全行业和各企业两个层次。

全行业组织的业务培训覆盖我国能源化工领域的国企、民企、合资、独资等造价人员。培训内容总体分为预算专业知识、概算专业知识、项目管理知识等，培训内容覆盖能源化工领域全过程工程造价管理的理论和实践知识，其中预算专业2020年培训人员1430名，概算专业2020年培训人员436名。

企业组织的业务培训是指，各企业在积极参加行业组织的人才培训外，还积极开展本企业工程造价专业人员的实际业务技能培训，人才队伍建设互相形成补充。

第二节 发展环境

石油化工工程造价咨询行业的发展主要依赖于能源化工领域的投资环境，能源化工领域包括炼油、石油化工、煤化工、天然气化工等，投资来源包括国内、国外的中央、地方、民营、合资、独资等企业。这些企业在能源化工领域的投资战略、投资管理模式、工程项目各阶段费用控制方法等都决定着石油化工工程造价咨询行业的发展走向。

一、服务于重点工程建设投资控制的造价咨询

行业的竞争比较激烈，工程造价咨询费用较低。目前，为保证工程造价审定的公正、合理性，中国石化重点工程项目已基本不再采用低价中标的方式。但在能源化工领域工程造价咨询业务中，以低价中标的方式仍然大量存在，这种招标模式必然影响企业的可持续健康发展。

二、服务于工程项目全生命周期修理费管理的造价咨询

企业在生产运行中的设备管理方面，工作目标不仅要保证企业生产的“安全、稳定、长周期、满负荷、优质”运行，还要有效控制行业生产运行成本，实现“降本增效、提高效益，实现公司利润最大化和股东回报最大化”的目标。由于生产企业工程造价专业人员普遍缺少，管理上基本是以框架服务招标、项目服务招标的方式发包给能源化工领域的各工程造价咨询公司。虽然这些项目都偏

小，但项目服务常年都存在，项目服务方式固定，因此该领域工程造价咨询服务的竞争同样激烈。

三、服务于工程结算和竣工决算的审计造价咨询

工程造价审计咨询服务是指在工程结算审计、竣工决算审计、项目在建跟踪审计等各项审计业务中，为建设单位提供的服务，一项政策性强、业务水平高的工作。为了能在这一领域开展业务，各工程造价咨询企业必须不断提高员工自身素质和业务能力水平。开展工作的业务人员要严格按照国家审计法规、审计工作规定、审计工作办法、审计业务规范等开展工作，为工程结算把好关。

四、服务于外部投资的造价咨询

外部投资环境主要包括央属国企、地方国企、外企、民企等，在这些投资领域里，工程造价咨询业务从可研投资估算到竣工决算乃至生产运行阶段的修理费管理，覆盖工程项目全生命周期。工程造价咨询服务基本全部通过招标投标方式发包，而且大部分是以低价中标，竞争非常激烈，能源化工领域的工程造价咨询服务市场已经是一个充分竞争的市场。

近几年，随着我国经济的快速发展，大量地方国有企业和民营企业的资金投入能源化工领域。虽然地方国有企业和民营企业的工程造价咨询服务费都偏低，但大量投资扩大了工程造价咨询服务市场，为行业发展增加了新的驱动力。

随着我国能源化工领域投资市场的对外开放，国外大型能源化工公司开始在我国以合资或独资的方式投资能源化工领域。如福建一体化项目、中沙项目、中科项目、巴斯夫湛江项目、埃克森美孚惠州项目等，这些合资或独资项目投资大、技术先进，在开展工程造价咨询服务项目招标时，大部分以相对合理价中标的方式发包，工程造价咨询服务费比较适中，是能源化工领域工程造价咨询服务比较活跃和发展看好的市场。

第三节　主要问题及对策

一、石油化工工程造价面临的主要问题及应对措施

1. 石油化工工程造价面临的主要问题

（1）工程造价计价体系需要改革、发展、完善。工程造价计价体系需要适应工程建设项目变化情况，进行修编、补充完善和动态调整。

（2）工程造价基础业务建设需要加强。工程造价信息化、智能化建设及应用需要完善。

（3）工程造价计价系统（软件）需要完善，需要建立适应建设项目全过程造价管理的造价文件编制、审核、数据采集、分析、应用的工程造价数据管理系统。

（4）工程造价从业人员配备不足，人员结构不合理，业务水平需要提高。各单位对从业人员重视程度不高，造价业务人员薪酬待遇不高，人才流失严重。

2. 石油化工行业工程造价主要问题应对措施

（1）完善工程造价计价体系

持续深化改革，加强计价体系建设。按照“量真价实、贴近市场”改革思路，建立计价基本要素与市场的联动机制，提高计价依据的科学性和适用性，逐步与市场接轨、与国际接轨。目前，已修订并发布《石油化工安装工程预算定额》《石油化工安装工程费用定额》《石油化工安装工程概算指标》《石油化工安装工程主材费》。新版《石油化工行业检修工程预算定额》和计价规则的改革修订工作正在稳步推进中。下一步将开展《石油化工建筑工程概算定额》《石油化工建筑工程综合定额》《石油化工建筑工程费用定额》《石油化工建设工程工程量清单计价办法》等计价依据修编工作。

（2）工程造价基础业务建设

继续加强基础业务建设工作，全面收集、分析市场价格信息和项目实施价格信息，开展设备材料价格分析和预测研究，建立高效的市场价格联动机制，加强

计价依据的动态跟踪和调整。收集中国石化典型项目造价数据，通过分析整理，建立中国石化工程造价数据库。加强工程造价信息化建设，利用信息技术手段，提升工程造价数字化、信息化管理水平。

(3) 加强工程造价计价依据的动态管理

根据工程造价计价依据编制和动态调整需要，将组织开发中国石化计价依据管理系统，用于概算指标、主材费、非标设备价格等计价依据的编制、合成、动态调整工作。

(4) 工程造价从业人员管理

加强从业人员专业业务管理。通过从业人员技术培训，掌握石油化工工程造价基本业务知识、操作方法；通过专业教育，加强对工程造价理论、工程造价体系文件、石化专业技术知识、专业应用软件、专业技能和工程建设相关知识学习，持续更新、扩展专业知识，提高专业水平。下一步，将完善工程造价业务管理制度和管理方法。改进培训方式，设立对应不同岗位层级的多层次培训体系，开展针对不同层次造价人员的精准化培训工作。完善相关培训内容，努力提高造价从业人员履行岗位职责的能力及业务水平。

二、工程造价咨询行业面临的主要问题及应对措施

1. 工程造价咨询企业自身可持续健康发展问题

这些年，行业企业在各种外部和内部条件影响下，为了企业效益，员工数量基本控制在 30 人左右，企业规模偏小，企业间的竞争势均力敌，服务方式差异性小。作为重点服务于石油化工行业的工程造价咨询企业，必然受行业投资的影响。当国际、国内经济政策发生变化时，行业投资政策一定会调整，一旦行业投资减少，将对行业带来巨大的冲击。

企业要实现可持续健康发展，必然要自我打破行业壁垒，有方向性的调整造价咨询业务结构、人才结构、知识结构，努力实现跨行业发展，包括进入煤化工、天然气化工等国家新能源化工领域。努力开展更高端的造价咨询向工程项目全过程造价咨询业务拓展。

行业目前在国外的投资不断加大，正在按照国家“走出去”战略，开展“一带一路”沿线国家建设，跟随这些建设项目的步伐，企业也已起步开展“一带一

路”海外工程造价咨询服务，这是企业实现可持续健康发展的重要努力方向。

2. 工程计价模式改革问题

随着我国经济社会和信息化的快速发展，工程造价咨询行业必然要经历一场改革。

（1）改革传统计价方法焕发出新的活力

工程造价管理机构要总结中国石化30多年计价体系管理经验，落实工程造价改革工作方案，统一工程量计算规范和清单计价规范，完善工程计价依据和价格信息发布机制，加强工程造价数据积累和分析应用，建立行业和企业工程造价数据库，发布造价指数和市场价格信息。

（2）信息化建设将带来计价模式的改革

随着互联网、大数据、云平台、人工智能等新技术的应用，行业的计价模式也在悄然发生着变化，信息化与造价日常工作正加速融合。企业将向创新型、品牌化方向发展，信息化建设必将是其飞跃的助推器。

中国石化正在建设行业工程造价数据库，将来改革后的传统计价模式将和工程造价大数据库应用模式相辅相成、互为补充。工程计价模式的改革必将助推我国工程造价咨询行业持续健康发展。

（本章供稿：潘昌栋、蒋炜、常乐、周家祥、李燕辉）

第三十二章

林业和草原工程造价咨询发展报告

第一节　工作现状

目前主要工作职责有：组织制定工程造价管理制度、办法和实施细则；对国家投资基本建设项目建议书、可行性研究报告、初步设计、初步设计调整概算、竣工决算、后评价、工程建设标准定额等提出评估、评审意见，对重大或重点项目，组织专家评审；参与直属单位及森工非经营性基础设施建设项目的前期评审论证工作；负责基本建设项目咨询、评审专家库管理工作；负责建设工程相关定额、标准和工程量清单计价规范的编制、修订和宣贯培训工作；负责工程造价信息和各类造价指标及经济参数的采集、整理、测算、调整修订、发布和宣贯培训工作；负责工程结（决）算审查工作，参与调解经济纠纷工作；参与建设项目的竣工验收和后评价工作；负责行业工程造价咨询企业资质认证审查、年检、变更等管理工作；负责行业造价工程师的注册、变更、年审及继续教育，以及培训、考核、注册、变更、年检、继续教育等管理工作；参与编制可研报告申报指南，并提供工程造价信息服务；进行工程质量监督管理；负责中央财政转移支付资金绩效评价工作；负责中央财政转移支付项目储备库入库审查工作；负责中央预算内投资基建项目动态监管和绩效评价工作；负责编制《建设工程造价信息》。

第二节　发展环境

一、新时期发展理念和定位

1. 发展理念

根据党中央、国务院有关决策和部署精神，始终立足于新发展阶段、贯彻新发展理念、构建新发展格局、全力服务于行业发展大局。践行绿水青山就是金山银山的理念，要尊重自然、顺应自然、保护自然，统筹山水林田湖草沙系统治理，走科学、生态、节俭的绿化发展之路；另外，要加强规划引领，优化资源配置，强化质量监管，完善政策机制，助力落实全面推行林长制，科学开展大规模国土绿化行动，增强生态系统功能和生态产品供给能力，提升生态系统碳汇增量，推动生态环境根本好转，为建设美丽中国提供良好生态保障。

2. 林草行业的定位

纵观我国林草行业发展历程，在我国经济建设中的工作重心和定位发生了翻天覆地的变化。进入新时代以来，2012 年，党的十八大首次把“美丽中国”作为生态文明建设的宏伟目标，把生态文明建设摆上了中国特色社会主义五位一体总体布局的战略位置。2017 年，党的十九大提出，加快生态文明体制改革，建设美丽中国。这是党中央在中国特色社会主义进入新时代作出的重大部署，吹响了新时代生态文明建设的号角。多年来，习近平总书记针对生态文明建设发表一系列重要讲话，作出一系列重要批示指示，提出一系列新理念新思想新战略，深刻阐述了社会主义生态文明建设的重大意义、重要理念和重大方略。自从将林草业定位为生态文明建设的主体以来，国家无论从政策上还是在资金投入上都给予了林草行业极大倾斜和有力支持，从而使我国林草行业发展水平和发展质量快速提升，为生态文明建设和社会经济发展提供了有力保障和支撑。

随着国家对林业生态环境的日渐重视及对林草基本建设资金投入的加大，每年审查的项目在数量、项目类型以及项目评审专家队伍建设等各方面，都得到了快速发展。近几年，每年审查的项目数量，从最初的十几个发展到如今 400 余个；项目类型从单一的土建工程项目，拓展到涵盖森林和草原防火、自然保护区建设、林业科技、湿地、林木种苗、林（草）业有害生物防控、重点国有林区公益性基础设施建设、国家公园等多个领域；参与项目审查专家的专业方向由原来的10余个发展到现在的近60个。

二、行业机构分析

1. 社会环境

当前，我国将“放管服”改革作为全面深化改革的重要内容。党的十八大以来，党中央、国务院为促进简政放权、激发市场活力、提高国际竞争力制定了重要战略部署，中央政府职能部门对国家投资项目的审批职责逐步转向为减审批、强监管、优服务职责。从2020年开始，将林草基本建设项目审批权限下放到地方政府组织实施。近几年，机构在增加中央财政林业和草原转移支付资金绩效评价工作、中央财政林业和草原转移支付项目储备库入库审查工作、中央预算内投资基建项目动态监管和绩效评价工作、林业生态保护恢复资金绩效评价工作的基础上，逐渐参与到市场竞争中，开拓林草行业咨询设计工作。

2. 技术发展分析

行业涉及面广、技术水平要求较高，从业人员涵盖了林业、草业、生态、经济、地理、水文、气象、航空、通讯、卫星遥感、建筑类、管理类等近60个专业。专家队伍建设采取行业内与行业外相结合的运行模式，广泛吸收、补充不同行业及相关专业专家参与到林草行业工程建设当中，目前专家库人员已经达到600余人，为行业工程建设顺利开展奠定了技术支撑和保障。

第三节　主要问题及对策

一、面临的机遇

进入新时代以来，2012年党的十八大首次把“美丽中国”作为生态文明建设的宏伟目标，把生态文明建设摆上了中国特色社会主义五位一体总体布局的战略位置。十八大提出的“绿水青山就是金山银山”的理论是对林草行业发展提出的新思想、新观点、新论断，更是为产业的发展指明了方向。2017 年党的十九大又提出加快生态文明体制改革，建设美丽中国。这是党中央在中国特色社会主义进入新时代作出的重大部署，吹响了新时代生态文明建设号角，为行业带来前所未有的发展机遇。

二、面临的挑战

与国内其他行业相比，林草工程造价管理方式和水平长期以来一直存在较大差距。由于受行业传统粗放管理模式的影响，存在着工程造价管理观念滞后、管理过于粗放等现象。在建设项目实施过程中，作为主要投资内容的营造林等几大工程项目，曾出现过未严格按照项目进行管理的问题，直接影响了有关工程建设的健康发展。因此，转变传统管理模式，树立现代工程造价管理理念是一项长期而艰巨的工作，这项工作也是今后在抓好项目管理“以人为本”“以制度管理”“以文化管理”等理念工作的同时，重点关注和解决的问题。

党的十九届五中全会，明确了“十四五”规划重点内容和 2035 年的远景目标。全会提出，推动绿色发展，促进人与自然和谐共生。坚持绿水青山就是金山银山理念，坚持尊重自然、顺应自然、保护自然，坚持节约优先、保护优先、自然恢复为主，守住自然生态安全边界。深入实施可持续发展战略，完善生态文明领域统筹协调机制，构建生态文明体系，促进人与自然和谐共生的现代化。这为我国未来 5 年、15 年行业发展指明了方向，提供了依据。

（本章供稿：杨晓春、杨冬雪、李荣汉、徐宏伟、高钊）

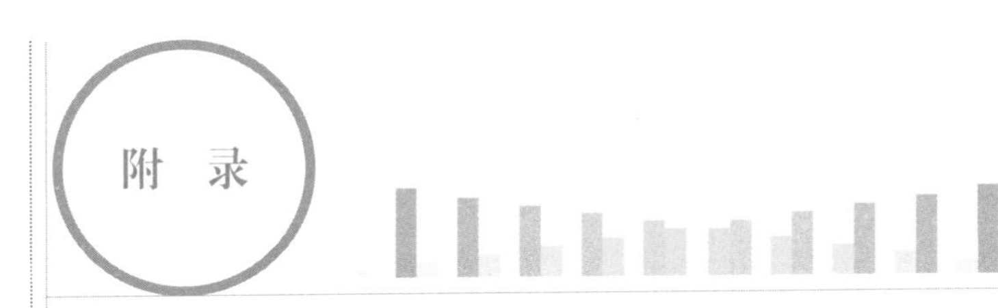

2020年度行业大事记

1月6日，为促进价格争议纠纷及时有效化解，不断提高价格争议纠纷调解公信力，最高人民法院、国家发展改革委、司法部联合印发《关于深入开展价格争议纠纷调解工作的意见》（法发〔2019〕32号），对深入开展价格争议纠纷调解工作作出全面部署。

2月12日，浙江省住房和城乡建设厅发布《关于全力做好疫情防控支持企业发展的通知》（浙建办〔2020〕10号），表示对房地产开发和物业服务企业、建筑业企业、市政公用企业以及企业复工复产进行支持。

2月14日，山东省工程建设标准造价协会举办疫情期间“云办公”——山东省造价咨询企业ERP系统网上培训会，700位行业相关技术人员就“疫情期间，咨询企业如何克服现状、化危为机”互学互鉴、共享发展。

2月14日，为积极有序地推进房屋建筑与市政基础设施工程复工，进一步稳定建筑市场秩序，及时化解工程结算纠纷，维护工程发承包双方的合法权益，江苏省住房和城乡建设厅发布《关于新冠肺炎疫情影响下房屋建筑与市政基础设施工程施工合同履约及工程价款调整的指导意见》（苏建价〔2020〕20号）。

2月17号，山东省住房和城乡建设厅发布《关于新型冠状病毒肺炎疫情防控期间建设工程计价有关事项的通知》（鲁建标字〔2020〕1号），对建设工程工期和工程价款进行了相关调整，以合理降低疫情对工程建设的影响，维护建筑市场各方合法权益。

2月19日，住房和城乡建设部发布《关于修改〈工程造价咨询企业管理办法〉〈注册造价工程师管理办法〉的决定》（住房和城乡建设部令第50号），本次修订是为贯彻落实国务院深化“放管服”改革，优化营商环境的要求，主要修改的内容包括：取消了企业出资人“双 60%”的规定，降低了企业资质标准，明确了造价工程师分为一级造价工程师和二级造价工程师，简化了注册申请材料等。

2 月 19 日，河南省注册造价工程师协会举办疫情下数字经济驱动造价行业变革网络公益讲座，主要内容包括：数字经济发展与深远影响、产业数字化转型方向及路径、建筑数字化转型趋势及变革、传统造价行业现状及变革。

2 月 20 日，重庆市建设工程造价管理协会推出以数字直播“1+N—造价战‘疫’最强音”为主题的在线直播活动，对疫情期间造价相关法律、政策文件进行解读。

2 月 20 日，山西省住房和城乡建设厅发布《关于新型冠状病毒肺炎疫情防控期间建设工程计价有关工作的通知》（晋建标字〔2020〕15 号），以期降低疫情对工程建设的影响，发承包双方合理分担风险，严格落实疫情防控措施。

2 月 21 日，面对疫情管控下停工停产对企业造成的一系列工作困阻，为了提高企业对网上办公方式的认识，河北省建筑市场发展研究会举办“互联网 + 远程办公”线上公益培训会，培训会讲座内容包括“惠咨询”和“惠招标”。

2 月 21 日，江西省住房和城乡建设厅发布《关于新冠肺炎疫情引起的房屋建筑与市政基础设施工程施工合同履约及工程价款问题调整的若干指导意见》（赣建价〔2020〕2 号），积极有序地推动全省房屋建筑与市政基础设施工程施工复工复产，及时化解疫情期间施工工程计价和结算过程中的纠纷，维护工程发承包双方的合法权益。

2 月 21 日，浙江省建设工程造价管理总站和浙江省标准设计站联合发布《关于印发新冠肺炎疫情防控期间有关建设工程计价指导意见的通知》（浙建站定〔2020〕5 号），提出合理顺延工期，并对工程费用进行了相关调整。

2 月 24 日，湖北省住房和城乡建设厅发布《关于新冠肺炎疫情防控期间建设工程计价管理的指导意见》（厅字〔2020〕19 号），以落实湖北省委省政府疫情防控部署，稳定建筑市场秩序，维护发承包双方合法权益。

2 月 28 日，天津市住房和城乡建设委员会发布《关于做好疫情防控推动复工复产工作的实施意见》（津住建政务函〔2020〕27 号），提出支持发展的有关意见：①突出重点，狠抓建设项目开工复工；②优化服务，提高政务服务审批效率；③政策支持，推动建筑企业恢复生产；④缓释压力，促进房地产业正常运行。

3 月 2 日，上海市住房和城乡建设管理委员会发布《关于新冠肺炎疫情影响下本市建设工程合同履行的若干指导意见》(沪建法规联〔2020〕87 号),以指导新冠疫情影响下上海市建设工程合同的履行。

3 月 4 日,广西建设工程造价管理协会举办疫情期间企业相关法律风险防控暨新冠肺炎疫情影响下相关的计价问题及应对措施线上公益讲座。讲座围绕企业关心的扶持政策、劳动关系、工资发放、工伤保险、合同履行等问题进行讲解,并对疫情影响下相关的问题进行解析以及提出应对措施。

3 月 6 日,北京市住房和城乡建设委员会印发《关于受新冠肺炎疫情影响工程造价和工期调整的指导意见》(京建发〔2020〕55 号),以依法妥善处理新冠肺炎疫情对北京市房屋建筑和市政基础设施开复工工程造价和工期的影响,保证建筑市场的平稳有序。

3 月 6 日,浙江省建设工程造价管理协会举办疫情相关计价政策文件应用及索赔实例云讲座,两个小时直播期间的在线收看达 1 万余人次。

3 月 24 日,浙江省建设工程造价管理总站与浙江省标准设计站联合发布《关于调整疫情防控专项费用计取标准的通知》(浙建站定〔2020〕8 号),对浙建办〔2020〕10 号文件中“疫情防控专项费用”的计取标准进行了调整。

3 月 27 日,中国建设工程造价管理协会发布新闻稿《行业携手共进 共克时艰 继续前行》,提出为引导工程造价及相关专业人员正确理解和准确把握有关文件精神,做好工程造价咨询业务,将陆续组织开展《新冠肺炎疫情影响下的工期与费用索赔》讲解、《工程造价咨询企业服务清单》宣贯等网络直播活动。

4 月 9 日,中国建设工程造价管理协会印发《中国建设工程造价管理协会 2020 年工作要点》(中价协〔2020〕13 号),提出了 2020 年协会工作要点:“一、加强党建的统领作用,保障行业健康发展;二、发挥行业管理优势,协助做好工程造价行业的政策制订和制度研究;三、发挥引领作用,助推行业高质量发展;四、拓展会员发展思路,提升会员服务质量;五、不断创新工作机制,加强行业诚信建设;六、完善工程造价专业人才培养体系,提高人才培养质量;七、着力推进信息化建设,打造工程造价信息服务新模式;八、积极开展国际信息交流,探索行业国际化路径;九、推广纠纷调解和职业保险,为行业有序发展保驾护航;十、加强行业宣传,积极做好舆论引导。”

4 月 9 日,为深化供给侧结构性改革,中共中央、国务院印发了《关于构建更加完善的要素市场化配置体制机制的意见》(以下简称《意见》)。《意见》延续十九大和十九届二中、三中、四中全会的精神，结合“市场决定”“政府作用”“问题导向”和“循序渐进”的原则，首次提出了涵盖土地、劳动力、资本、技术、数据五个要素领域的改革方向和具体举措，助力我国制度优势向治理效能的转化，为我国工程造价改革提供有力支撑。

4 月 21 日，为深入落实国务院“放管服”改革要求，优化审批服务，提高审批效率，降低办事成本，服务企业发展，住房和城乡建设部印发《关于实行工程造价咨询甲级资质审批告知承诺制的通知》（建办标〔2020〕18 号），要求简化审批流程、加强事中事后监管。

4 月 23 日，为深化投融资体制改革，加快推进全过程工程咨询，国家发展改革委、住房和城乡建设部联合研究起草了《房屋建筑和市政基础设施建设项目全过程工程咨询服务技术标准（征求意见稿）》，并发送至有关单位征求意见。

4 月 24 日，为全面贯彻绿色发展和生态文明建设战略部署，山西省住房和城乡建设厅印发《绿色建筑专项行动方案》。该方案以降低建筑领域能耗、减少污染、为人民群众提供高质量建筑产品为核心，提出多项重点任务，推动住房和城乡建设领域“四化”发展：提升建筑能效，降低建筑运行能耗，推广绿色建筑，实现产品绿色化发展；提高装配式建筑水平，推行绿色建造，推动建筑工业化发展；推进 BIM（建筑信息模型）技术，推行智慧建造，实现工程建设信息化发展；发挥企业创新主体作用，引导企业开展绿色建筑创新示范，培育科技领军型企业，实现行业创新化发展。

5 月 8 日，住房和城乡建设部召开《建筑法》修订建筑造价有关问题研究启动会议。会议重申建筑业“放管服”改革形势下，工程造价管理改革任务的艰巨性，并强调此次起草建筑造价定位要准确、范围要明确、内容要全面，并对下一步工作做了安排。

5 月 28 日，为加快推进工程总承包，完善工程总承包管理制度，住房和城乡建设部组织对《建设项目工程总承包合同示范文本（试行）》（GF-2011-0216）进行修订，形成了《建设项目工程总承包合同示范文本》（征求意见稿）。

6 月 19 日，广东省住房和城乡建设厅发布《关于进一步推进建筑业企业等资质管理“放管服”改革试点工作的通知》（粤建许函〔2020〕265 号）。通知内容包括以下几个方面：①推动建筑业转型升级，支持使用工程总承包业绩进行企业资质申报；②深化“证照分离”试点改革，逐步推进工程建设企业资质审批告知承诺制；③深入推进简政放权，切实做好省级委托事项的实施工作；④支持企业做专做优，对信誉良好的企业直接核准专业承包资质；⑤优化行政审批服务，做好疫情期间企业资质证书届满换证工作；⑥重视总结试点成效，做好改革试点实施情况的评估工作。

7 月 2 日，按照关于大幅压减建设工程企业资质类别、等级的要求，中华人民共和国住房和城乡建设部办公厅发布了《建设工程企业资质标准框架（征求意见稿）》，并向社会公开征求意见。

7 月 3 日，为推进建筑工业化、数字化、智能化升级，加快建造方式转变，推动建筑业高质量发展，近日，住房和城乡建设部等 13 部门联合印发了《关于推动智能建造与建筑工业化协同发展的指导意见》（建市〔2020〕60 号），明确提出了推动智能建造与建筑工业化协同发展的指导思想、基本原则、发展目标、重点任务和保障措施。

7 月 15 日，为贯彻落实习近平生态文明思想和党的十九大精神，开展绿色建筑创建行动，住房和城乡建设部、国家发展改革委、教育部、工业和信息化部、中国人民银行、国管局以及银保监会印发《绿色建筑创建行动方案》（建标〔2020〕65 号）。

7 月 24 日，住房和城乡建设部印发《住房和城乡建设部办公厅关于印发工程造价改革工作方案的通知》（建办标〔2020〕38 号），决定在全国房地产开发项目，以及北京市、浙江省、湖北省、广东省、广西壮族自治区有条件的国有资金投资的房屋建筑、市政公用工程项目进行工程造价改革试点。

7 月 31 日，为落实《国务院办公厅关于大力发展装配式建筑的指导意见》，开展绿色建筑创建行动，进一步推动钢结构住宅发展，住房和城乡建设部组织编制了《钢结构住宅主要构件尺寸指南》（住房和城乡建设部公告 2020 年第 178 号）。

8 月 10 日，《厦门市城市轨道交通工程预算定额》（土建工程）DB3502/Z 5058—2020 正式颁布实施。该定额填补了福建省城市轨道交通工程计价定额的空白，为厦门市城市轨道交通工程建设提供了一套完整的消耗量定额及基价，进一步规范了建设市场的计价行为。

8 月 18 日，北京市建设工程招标投标和造价管理协会举办国际工程信息咨询服务平台建设发展汇报大会，介绍了平台的发展背景、搭建目的以及对平台未来发展的展望。

8 月 28 日，按照推进全过程工程咨询服务发展的要求，住房和城乡建设部组织起草了《全过程工程咨询服务合同示范文本（征求意见稿）》（建司局函市〔2020〕199 号），发送至全国有关单位征求意见。

8 月 28 日，住房和城乡建设部等 9 部门联合印发《关于加快新型建筑工业化发展的若干意见》（建标规〔2020〕8 号），提出要加强系统化集成设计，优化构件和部品部件生产，推广精益化施工，加快信息技术融合发展，创新组织管理模式，强化科技支撑，加快专业人才培育，开展新型建筑工业化项目评价，加大政策扶持力度。

9 月 2 日，北京市建设工程招标投标和造价管理协会召开 2012 年北京市预算定额修编实测工作启动会。围绕工作方案中的编制原则、依据，消耗量的确定，水平测算与分析等内容进行了介绍并分享经验，提出建设性建议。

9 月 4 日至 8 日，泛太平洋工料测量师协会（PAQS）第 24 届国际会议在新加坡举行，大会的主题为“建筑环境的改变与创新”。中国建设工程造价管理协会作为 PAQS 正式成员国组织，为加强国际同行的交流与合作，推进行业国际化发展进程，向有关单位进行本次大会专业论文征集。

9 月 17 日，江苏省工程造价管理协会、四川省造价工程师协会联合举办 2020 江苏四川工程造价智慧创新峰会，以“科技赋能变革，智慧引领造价”为主题，共同探讨新时代工程造价行业未来的发展方向，进一步引导苏、川两地企业探索在新要求、新模式下向市场化咨询服务业务拓展的路径，抢抓新机遇，适应新变革，共筑智慧造价新生态。

9 月 21 日，为提高工程造价专业人才的综合素质和技术水平，中国建设工程造价管理协会联合广东省工程造价协会组织开展广东省 2020 年度工程造价骨干人才培训班。培训的课程均为当前造价行业较为热点的问题，如数字化建造技术在全过程咨询中的应用、工程咨询标准化服务与创新、工程造价常见争议和解决思路以及咨询业数字化的转型路径等。

9 月 21 日，为满足工程建设需要、落实工程建设标准体制改革要求、完善工程建设规范体系，住房和城乡建设部会同有关部门和行业标准化管理机构，研究提出了《2021 年工程建设规范和标准编制及相关工作计划（征求意见稿）》，并于日前向社会公开征求意见。征求意见稿包括工程建设强制性国家规划、工程建设标准、标准翻译、国际标准以及专项工作 5 项内容，其中工程建设标准包括国家标准和行业标准两项内容。

9 月 21 日，中国建设工程造价管理协会转发《中国太平洋财产保险股份有限公司关于调整工程造价咨询企业保费标准的通知》(中价协〔2020〕64 号)，决定按照“降费减负，简化流程，方便企业”原则，完善投保流程，降低保费标准。

10 月 14 日，为持续推进和完善工程造价咨询行业信用体系建设，中国建设工程造价管理协会发布《关于工程造价咨询企业信用评价工作的补充通知》(中价协〔2020〕66 号)，就信用评价相关问题、开展信用报告和信用修复服务进行了说明。

10 月 30 日，中国建设工程造价管理协会、中国投资协会联合举办2020 中国新型基础设施建设投融资研讨会。会议以“新基建、高质量、优效益”为主题，围绕我国新型基础设施建设情况及发展趋势、新型基础设施投资建设与创新发展的热点难点问题，共同分享全过程工程咨询、两新一重、PPP、BIM 等在新基建方面的应用成果和成功案例。

12 月 4 日，中国建设工程造价管理协会学术教育委员会工作会议在北京召开。会议指出，工程造价专业人才培养是协会的一项重要工作，学术教育委员会组织及参与的活动对推进行业人才队伍建设整体质量有重要意义。协会在开展人才培养相关工作方面，一要坚持需求导向，二要坚持问题导向，三要坚持联动机制。

12 月 21 日，全国住房和城乡建设工作会议在京召开。会议深入学习贯彻习近平总书记关于住房和城乡建设工作的重要指示批示精神，贯彻落实党的十九届五中全会和中央经济工作会议精神，总结 2020 年和“十三五”住房和城乡建设工作，分析面临的形势和问题，提出 2021 年工作总体要求和重点任务。

12 月 23 日，由中国建设工程造价管理协会主编的《BIM 技术应用对工程造价咨询企业转型升级的支撑和影响研究报告》正式出版发行。

12 月 30 日，中国建设工程造价管理协会在成立 30 周年之际，发布《薪火传承再谱华章——中国工程造价行业发展历程》，全面回顾了工程造价管理等发展情况，详细记叙了工程计价机制、工程造价咨询业、造价工程师职（执）业资格制度、工程造价专业学历教育、国际交流与合作、工程造价鉴定与纠纷处理机制建立和发展的背景、现状及前景预期等。